变电站智能辅助控制系统“运检合一”培训教材

主　编　汤晓石
副主编　盛鹏飞　周　刚　刘　彬

中国电力出版社
CHINA ELECTRIC POWER PRESS

内 容 提 要

本书基于电网企业“运检合一”的发展过程，总结了智能辅助控制系统的建设与应用。全书共 11 章，包括概述、变电站智能辅助控制系统主要技术应用、变电站智能辅助控制系统结构、机器人智能巡检子系统、无人机智能巡检子系统、智能视频监视子系统、智能防误子系统、智能化设备状态监测子系统、环境联动控制子系统、智能消防子系统、安全防护子系统。书中案例翔实、贴近实际，解析细致、便于掌握。

本书对变电站智能辅助控制系统的技术应用、架构、子系统配置与应用、功能、建设及运检管理要求进行详细阐述，可供从事变电站运维检修人员和管理人员参考使用。

图书在版编目（CIP）数据

变电站智能辅助控制系统“运检合一”培训教材 / 汤晓石主编. —北京：中国电力出版社，2020.12（2022.4 重印）

ISBN 978-7-5198-4822-4

Ⅰ. ①变… Ⅱ. ①汤… Ⅲ. ①变电站–智能控制–自动控制系统–技术培训–教材 Ⅳ. ①TM63

中国版本图书馆 CIP 数据核字（2020）第 253983 号

出版发行：中国电力出版社
地　　址：北京市东城区北京站西街 19 号（邮政编码 100005）
网　　址：http://www.cepp.sgcc.com.cn
责任编辑：邓慧都
责任校对：黄　蓓　于　维
装帧设计：张俊霞
责任印制：石　雷

印　　刷：三河市万龙印装有限公司
版　　次：2020 年 12 月第一版
印　　次：2022 年 4 月北京第二次印刷
开　　本：787 毫米×1092 毫米　16 开本
印　　张：13
字　　数：282 千字
定　　价：65.00 元

前言

为进一步提升电网设备运行水平，提高运维检修效率效益，解决规模发展需求和人力资源供给的矛盾，完成生产力的飞跃，实施变电运维与变电检修专业的深度融合，采用变电运检专业“运检合一”模式已成为运检专业发展的必然趋势。

“运检合一”这种在模式上的创新和改革能够对业务优化再造，可以在变电专业方面实现“安全、优质、高效”的运检管理。相比于传统运维一体的优化模式，“运检合一”创新模式克服了其在生产效益提升方面的不充分，使得运维、检修两个专业在所属部门的联系更加紧密，打破了组织关系、个人技能要求等壁垒，能够深度挖掘人员潜力，充分发挥不同专业的优势，进一步调动人力资源再分配，释放人力资源“红利”，为充分发挥员工个人潜能和提高生产力创造了条件。“运检合一”是在运维一体基础上的发展和创新。

当前，在互联网技术日益发展的时代浪潮中，智慧城市、智能电网、大数据、物联网、云计算等新技术、新成果相互融合，快速发展，为社会发展、企业经营、人民生活带来了新的动力，注入新的活力，生产、经营、生活各个领域已开启智能时代。2020 年初，国家电网有限公司印发 2020 年 1 号文件《国家电网有限公司关于全面深化改革奋力攻坚突破的意见》，根据意见精神，国家电网有限公司未来将加快坚强智能电网建设，推动构建能源互联网产业链，进一步提高电力系统各环节效率，发挥科技创新驱动，将 5G、人工智能等前沿科技深化应用，综合智能运检技术手段，统筹综合效能服务、多能供应服务、清洁能源服务、新兴用能服务四大重点领域业务，推动我国综合能源服务产业持续健康发展。

国网浙江省电力有限公司通过构建主网运检管控中心为核心，实现体系“纵、横”联动拓展应用，不断深化机器人、移动作业、工业视频等新技术应用，彻底解决运检管理与现场执行实时管控能力、反馈能力、处置能力不足问题，打造业务管理更高效、现场指导更实时、运检管理更精益、工作环境更智能的运检新模式，全面提升电网设备本质安全、运检工作效率效益，大力推进“运检合一”不断发展。变电站智能辅助控制系统在此背景下应运而生，辅助设备监控通过将变电站消防、安防、视频、机器人、在线监测等各类辅助设备设施标准化接入变电站辅助设备监控系统实现，同时具备智能感知、集中监控、数据分析、预警研判等功能。该系统的应用通过前沿智能技术，将变电站多个独立的辅助控制装置（也称子系统）有机整合、互通互联，实现了智能管理、前端感知、远程监视、远程控制、数据统计、影像记录等多种实际应用功能，实时掌控变电站设备及其环境状况，促进了变电运检管理效益、效率大幅提升。

国网嘉兴供电公司在“运检合一”的发展过程中，通过对智能辅助控制系统的建设与应用，组织编写了《变电站智能辅助控制系统“运检合一”培训教材》。本书对智能辅助控制系统的技术应用、架构、子系统配置与应用、功能、建设及运检管理要求进行详细阐述，并采用典型案例进一步解释，从而指导运检人员更好地应用和维护好智能辅助控制系统，给其他单位在智能辅助控制系统的深化应用提供参考。

全书共 11 章，包括概述、变电站智能辅助控制系统主要技术应用、变电站智能辅助控制系统结构、机器人智能巡检子系统、无人机智能巡检子系统、智能视频监视子系统、智能防误子系统、智能化设备状态监测子系统、环境联动控制子系统、智能消防子系统、安全防护子系统，书中案例翔实，贴近实际，解析细致，语言平实，便于掌握。

本书在编写过程中得到了运检管理技术专家、技能专家和管理人员的大力帮助和支持，在此表示衷心感谢。同时参考了一些国内外的专著和论文，对这些文献的作者在此一并表示深深的感谢。由于对新技术的应用时间短，编写组成员水平有限，书中难免存在疏漏和欠妥之处，还请读者批评指正。

编　者

2020 年 10 月

目　　录

第1章

概　述

1.1　变电站智能辅助控制系统概念

随着电力行业的不断发展，变电站自动控制系统也在不断完善，对于变电站一、二次设备的状态监视、控制等功能已经比较全面。但是，电力系统的扩大、供电可靠性的高要求、减员增效的要求，都要求电力行业技术人员不断探索更多的技术手段，以保障主要设备的安全稳定可靠运行，及时发现隐患缺陷并跟踪其发展趋势，同时做好附属设备、运行环境、安全管控等方面的监视控制工作。在此背景下，提出变电站智能辅助控制系统，应用在变电站多个场景中。综合了先进网络技术、计算机技术、传感器技术的变电站智能化装置不断完善，由分布式的、孤立的装置逐步向互联互通发展，并逐步形成了变电站智能化辅助控制系统。

目前，国内电网系统变电站智能辅助控制系统通常由多个子系统组成，包括机器人智能巡检子系统、无人机智能巡检子系统、智能视频监视子系统、智能防误子系统、智能化设备状态监测子系统、环境联动控制子系统、智能消防子系统、安全防护子系统以及相关的信息数据传输装置。目前，智能变电站内智能辅助控制系统平台与各个子系统之间一般采用 DL/T 860（IEC 61850），实现设备信息采集、设备控制、设备监视和设备联动。

1.2　变电站智能辅助控制系统主要应用

1.2.1　视频监控子系统

视频监控子系统按构成可分为前端设备、传输设备、终端设备。各种摄像机为前端设备。传输设备主要包括线缆、光纤、无线传输设备等传输介质。终端设备主要是视频及图像信号处理设备，如硬盘录像机、存储设备、流媒体服务器等。

视频监控子系统不仅要能够清晰地采集图像信息，而且对于关键的点位要能够自动地进行多角度的运动监控。从而更严谨地记录变电站的设备运行情况、工作人员活动情况以及其他告警点的准确情况。例如，当消防报警子系统中某一信号点有告警信号上传至辅助控制平台时，该点位最近的摄像机就调转镜头，记录实时情况。

视频监控应支持以下操作控制功能：

（1）支持视频系统模式预设，支持摄像机预置位的设置及调用。

（2）支持摄像机在线控制，镜头的旋转、变倍、调焦、光圈控制。

（3）支持视频通道配置，支持录像设置。

（4）支持视频轮巡及轮巡方案设置。

（5）支持录像文件调用。

（6）具备失电后自动恢复功能。

1.2.2 环境监测子系统

变电站的环境监测子系统由室内温度、室内湿度、GIS 室六氟化硫气体的浓度和氧气的浓度、电缆沟内水位、排水坑内水位、风速、空调、风机和水泵等检测或控制部分构成。这些和环境相关的参数都可以用相应的传感器采集。一般的传感器可以采用 MODBUS 协议通信，并通过 485 串口上传至辅助控制平台。

这些遥测量和遥信量都可以在辅助控制平台上与相应的执行机构联动。具体实现功能如下：

（1）当室内的温度和湿度超过临界值后就要启动空调和风机，并生成告警信号；当温度和湿度降至设定值后，风机和空调自动关闭，并自动复归告警信号。

（2）当 GIS 室六氟化硫的浓度超过整定值时就启动风机，并上送告警信号。待人工确认后，手动复归告警信号。

（3）当遥测量水位信号高于整定值时，排水泵自动运行，并上送告警信号；当水位信号低于整定值时，水泵自动停止，并自动复归告警信号。

（4）当测得风速高于整定值时，自动生成告警信号。

1.2.3 门禁子系统

门禁子系统由门禁控制主机、门磁、读卡器、解禁开关、电源等部分构成。其中，门禁控制主机是门禁子系统的控制中枢，控制门磁得失电，从而实现开门及关门。门磁的开关状态也是由门禁控制主机来采集的。

门禁子系统可根据需要与视频子系统联动。当门禁有开关门动作或有门磁的开门状态时，自动生成告警信号，对应的摄像机应该转动到相应位置，采集并记录图像信息。门关闭时，摄像机复位，告警信号复归。

1.2.4 灯光智能控制子系统

灯光智能控制子系统由智能控制单元、继电器、灯具组成。其运行原理是：智能控制单元与辅助平台通过 MODBUS 协议通信，智能控制单元的开关量输出来控制继电器，从而实现对灯光的控制，智能控制单元的开关量输入可以采集开入信号，用于子系统间的联动。

当受控设备为摄像机补光灯时，要求与安全警卫系统的告警信号联动。当安全警卫子系统有告警时，就近位置的摄像机的补光灯打开，对应的摄像机也转动至告警点。若摄像机为红外摄像机，可不用安装补光灯。当受控设备为室内照明灯光时，灯光智能控制子系统可以考虑与门禁子系统联动。当有门禁状态为开门时，对应的室内灯光自动开启，自动生成灯光开启告警信号；当门禁关闭时，灯光自动关闭，告警信号复归。

1.2.5 安全警卫子系统

安全警卫子系统主要由红外对射、红外双鉴、电子围栏及其主机等设备组成。红处对射用于变电站大门上方防入侵告警，当发生大门上方入侵时，红外对射就会生成告警信号。红外双鉴是室内一种防入侵设备，是一种运动特征检测设备。当检测到运动特征信号时，就会产生告警信号。电子围栏是安装在变电站围墙四周的防护线，一般是合金材料。合金线上带有电压可调的直流脉冲。该直流脉冲由电子围栏主机提供。

安全警卫子系统的每个设备的告警信号都是开关量，则可以直接用于与视频子系统联动。当报警发生时，相应告警点位就近的摄像机转动到告警位置，采集并储存图像。这个开关量信号也可以接入智能灯光控制单元，从而实现与灯光的联动。

1.2.6 消防子系统

消防子系统通常由消防主机、烟感、手报、声光报警、感温电缆组成。消防子系统通过通信模块与智能辅控平台通信，上传消防数据。

为实现信息的共享，提高系统效率，消防子系统可以与环境子系统、视频子系统、门禁子系统、灯光子系统进行联动。当烟感或手报产生告警后，对应位置的摄像机会转动至相应位置，采集图像，同时该区域的门禁立即处于打开状态，该区域风机打开。若是在电缆层，该区域的照明自动打开，并生成告警信号，该信号不能自动复归，必须待值班人员到现场进行确认后，在消防主机上复位后，告警信号才能复归。

采集的数据信息主要包括以下几个方面。

（1）火警类信息：包括各防火区域烟感、温感、感温电缆等设备当前火灾报警信号；消防设备（设施）当前火警、启动、反馈、监管、屏蔽、故障等信息。

（2）状态类信息：消防系统各装置的实时运行、故障、通信等信息。

（3）动作、反馈类信息：包括固定式灭火装置、消防水泵、风机动作及反馈信号等。

（4）监管类信息：非火警告警信息，装置异常状态的响应，包括空调停机信号、防火门关闭信号等。

（5）屏蔽类信息：因现场各种原因，需对火灾报警控制器部分功能或者信息进行屏蔽时，应上送的屏蔽信息。

（6）模拟量信息：包括消防装置的液位、压力、流量、温度等数据信息，以模拟量数据上送。

（7）主设备信息：包括变压器重瓦斯保护动作信号、断路器分闸位置信号等通过保护测控装置上送的信息。

1.2.7 在线监测系统

以实时数据、分析数据、历史数据、趋势分析的方法展示油色谱、铁心、容性设备、避雷器等在线监测数据，从而实现设备监测状态实时智能感知、实时监控。

在线监测运行监视内容和要求。

（1）在线监测的主要对象包括变压器、GIS 和断路器、避雷器等。

（2）在线监测监视范围包括变压器（油色谱检测、铁心接地电流、局部放电等）、GIS、断路器（SF_6 气体压力/密度、SF_6 气体的微水含量、局部放电等）、避雷器（全电流、阻性电流、动作次数等）等变电站主设备在线监测的数据、故障告警、运行工况等信息。

1.2.8 智能辅助控制平台

变电站智能辅助控制系统主要实现设备操作联动、视频监视与安防设备联动、电缆沟水位监视、功能室内温湿度监视、空调、照明等设备的综合监控和一体化集成联动。各个子系统的数据通过计算机网络协议进行数据上传，通过智能辅控平台统一处理，从而进行统一的集成和联动。

智能联动应满足以下要求。

（1）安全防范系统入侵报警联动。

1）打开报警防区的灯光照明。

2）发送报警联动信号。

（2）消防系统火灾报警联动。

1）支持火灾报警相关区域门禁紧急开门。

2）联动照明设施，启动声光告警。

3）支持现场空调、风机的开启/关闭联动。

4）发送报警联动信号。

（3）环境监测越限告警联动。

1）室外微气象（台风、暴雨等）数据越限告警。

2）发送告警联动信号。

（4）SF_6 气体监测浓度越限联动。

1）SF_6 气体浓度越限告警，支持排风机启动。

2）发送告警联动信号。

（5）宜支持主设备遥控预置信号、变位信号。

1.3 变电站智能辅助控制系统架构

变电站智能辅助控制系统架构包括四个层级：感知层、网络层、平台层、应用层，计算机及网络安全防护贯穿各层次。感知层实现泛在智联，网络层实现全时空覆盖，平台层实现开放共享，应用层实现智能应用。

1.3.1　系统架构

系统总体架构图如图 1－1 所示。

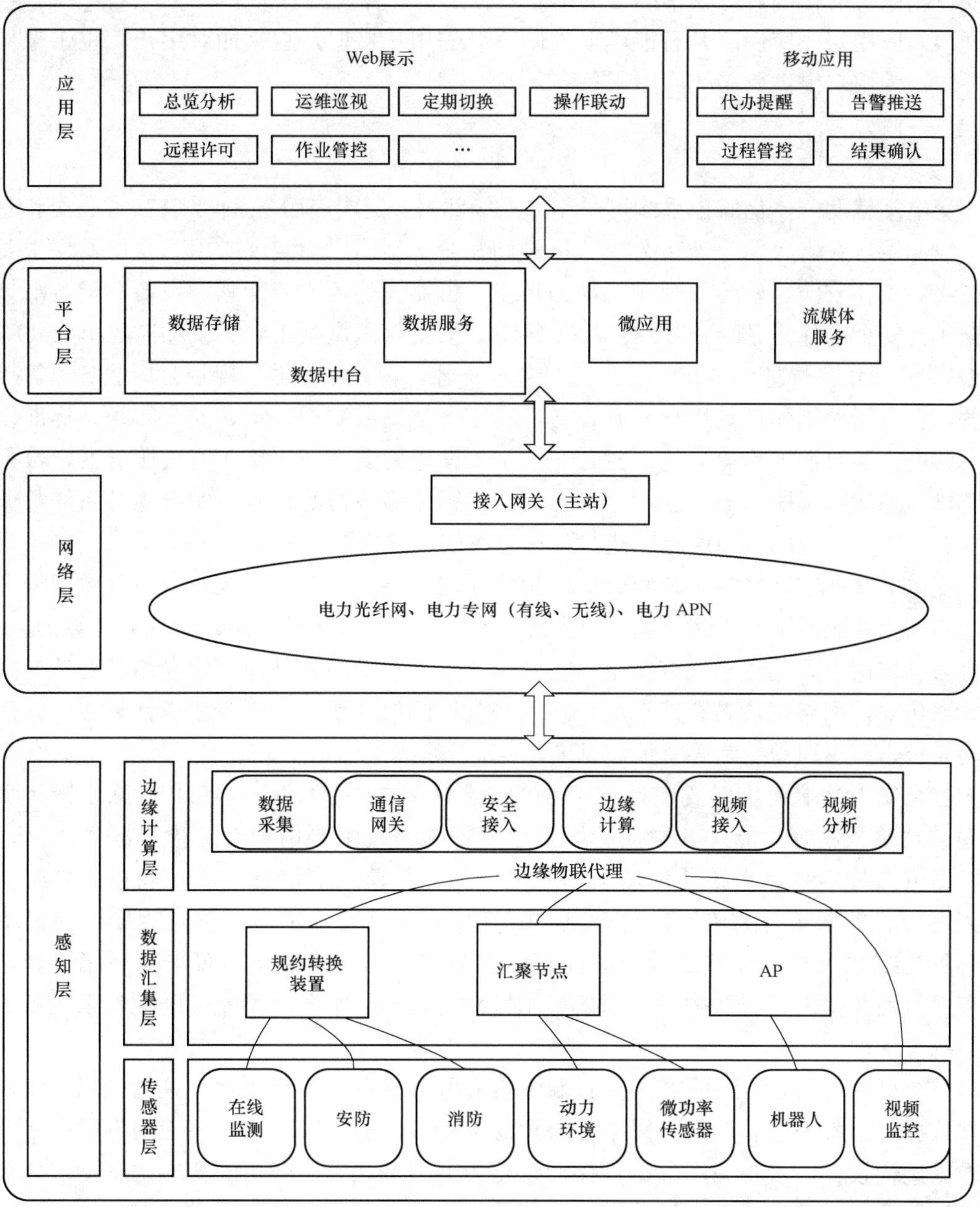

图 1－1　系统总体架构图

（1）感知层。感知层是系统四层架构的最底层，也作为上层结构的基础，主要的功能为负责现场终端的信息采集和数据信号的处理。

（2）网络层。网络层是通过现有的计算机网络、移动网络、卫星通信网络等，对感知层的数据进行传输。

（3）平台层。平台层，顾名思义，位于感知层和网络层之上，应用层之下，是智能辅助控制系统的核心，对收集的各类信息数据进行计算及处理。

（4）应用层。应用层是智能辅助控制系统的用户接口，直接面对用户，位于架构的最顶端，为用户提供所需的应用服务。

1.3.2 结构设计

变电站辅助一体化监控系统可采用“二级部署、四层应用”，即系统在省公司和变电站二级部署，在省公司、地市公司、运维站和变电站四层均实现应用。变电站层主要部署在线监测、安防、消防、视频、动力环境、机器人等各类智能感知设备，配置汇集控制器（含安全芯片）、规约转换装置（CMU）、安全接入微型平台、视频监控单元（NVR或DVR）、辅助网关机（AMC）、边缘计算服务器、视频服务器、视频分析服务器等接入设备，以及子站工作站等用户交互设备，实现变电站层数据采集、安全防护、标准化接入、站内交互界面展示等功能。省公司层主要在电力云上部署接入网关服务器、数据库服务器、视频管理服务器、应用服务器、程序微化服务器等设备，实现主站系统数据集中存储、检索、挖掘、使用等功能。系统总体部署架构图如图1－2所示。

变电站智能辅助控制系统综合应用模块采用分层、分布式结构设计，具体根据应用现场的实际情况而定。各级子模块因供应厂家较多，可采用独立组网、独立计算的方式。后台与感知层设备间可通过有线电力专网、电力无线专网和其他无线网络等通信方式进行数据传输，网络模块具有终端泛在接入、数据开放共享、云计算边缘计算协同、信息驱动需求、应用因需定制等特征，见图1－3。

整个变电站端模块以变电站主辅设备全景大数据库为核心，实现信息汇聚、实时处理、站端预案等功能。其中，智能巡检机器人系统主要由智能巡检机器人本机、当地机器人监控后台、无线通信基站、充电房、微气象站等设备组成，以自主导航、按计划巡检、数据实时上传、自动充电方式完成变电站智能巡检任务。视频监控模块包括可见光视频监控、红外热成像监控、智能监控。动环监控模块可采集环境数据、安全警卫、消防报警、智能控制、门禁等子模块的信息，实现对智能辅助控制系统各子模块的统一管理。

整个模块采用独立组网方式，后端模块采用B/S程序架构设计，通过电力有线专网实现数据的远程传输和访问，采用“公司总部一级部署、变电站多级应用”的网络及业务数据架构设计，可将站端数据直接通过电力专网上送省级公司的变电站辅助一体化系统主站服务器，满足“变电站现场一次部署，主站及公司多级应用”的需求。模块网络拓扑图见图1－4。

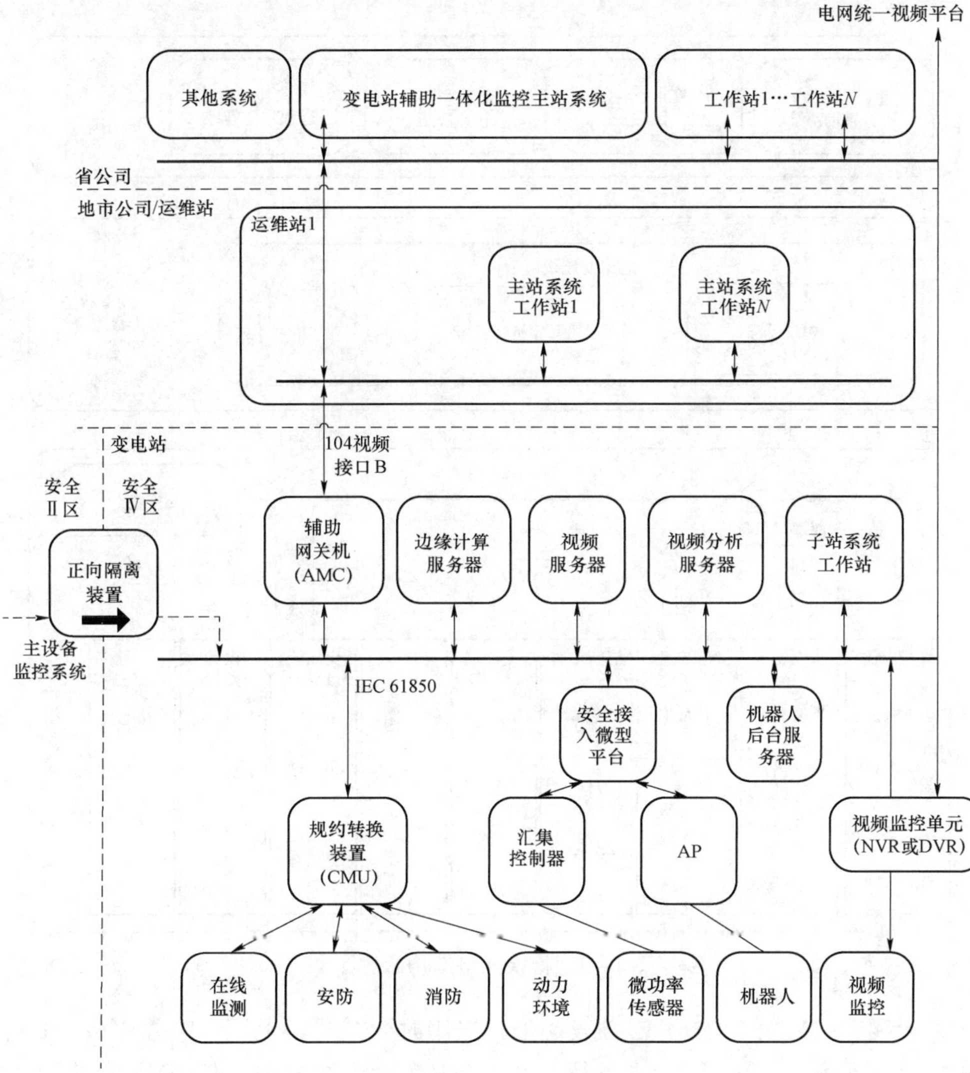

图1-2 系统总体部署架构图

智能辅助控制系统模块中的消防、安防、灯光控制等传统变电站辅助设备一般通过电缆方式接入动环监控主机，动环监控主机将采集数据以TCP/IP通信方式传输给智能接口设备，智能接口设备进行规约转换后以DL/T 860协议与物联网模块进行通信。

视频监控设备采用电力标准接口与系统网络模块进行通信；巡检机器人的数据通过专用对接协议（SDK）进行数据传输；主变压器振动、油色谱监测数据经转换后以IEC 61850协议与系统网络模块进行通信；智能辅助控制系统应用模块通过网安隔离装置接收变电站自动化站控层系统的各类遥测、遥控、遥信数据，实现主辅设备间的实时联动、数据分析功能，为一键顺控提供开关闸刀的位置判据。

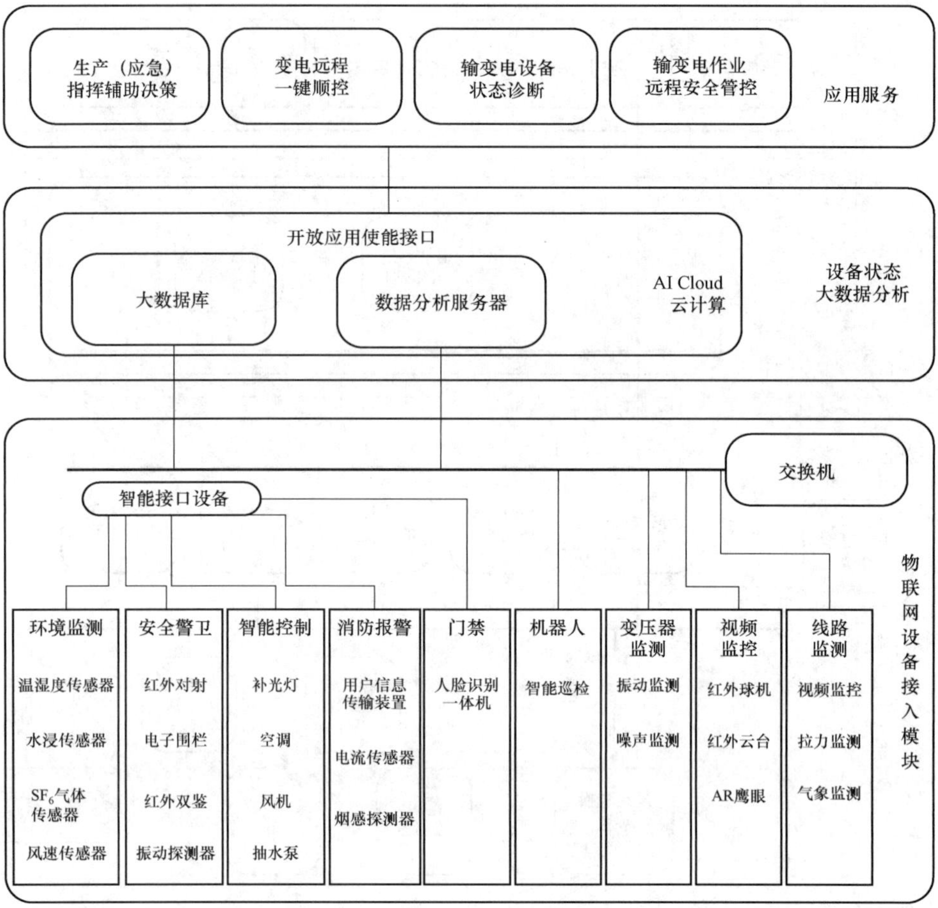

图 1－3　模块网络结构示意图

电力无线专网采用 1785MHz 频段通信，采用时分方式，上下行时隙比按 3:1 配置，单点最大上行速率 12Mbit/s，最大下行速率 10Mbit/s。经无线专网传输的设备需要对采集的数据进行加密，最后经微型安全模块接入信息内网。

通过安全加密芯片与电力无线专网的组合使用，可解决变电站巡检机器人通过自建 WiFi 方式与巡检后台间进行通信而带来的信息安全问题。通过该技术，巡检机器人可通过电力无线专网安全、可靠地接入信息内网，将机器人智能诊断的文本类数据上传，为巡视机器人数据与内网中各模块数据的互联互通、数据共享提供了基础。

另外，电力无线专网中的安全模块具备从终端、网络、边界三个维度构建移动安全防护网的能力，为移动应用、现场作业、数据采集、智能巡检等业务场景提供了传输通道，可有效防范计算机及网络系统的安全风险。

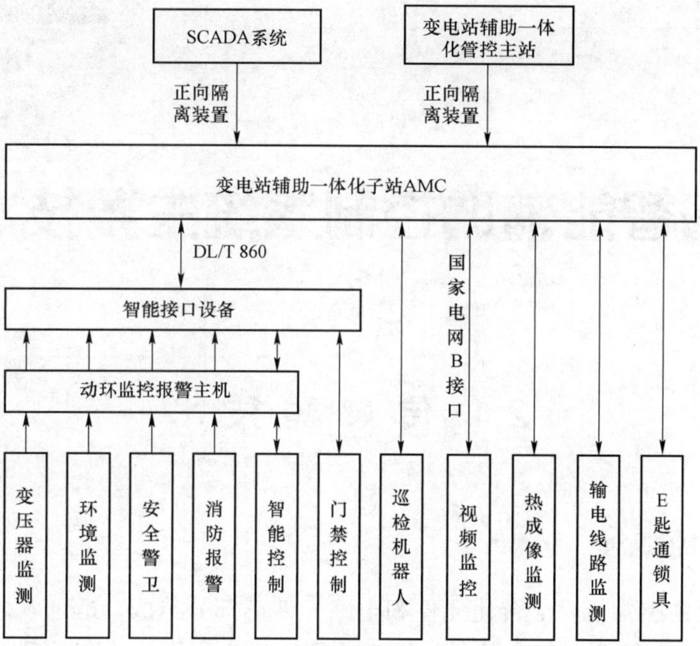
SCADA系统
变电站辅助一体化管控主站
正向隔离装置
正向隔离装置
变电站辅助一体化子站AMC
DL/T 860
国家电网B接口
智能接口设备
动环监控报警主机
变压器监测
环境监测
安全警卫
消防报警
智能控制
门禁控制
巡检机器人
视频监控
热成像监测
输电线路监测
E匙通锁具

图 1－4　模块网络拓扑图

第 2 章

变电站智能辅助控制系统主要技术应用

2.1 传感器技术

2.1.1 传感器的概念

传感器主要由感知元件、转化元件和电路元件三部分组成，是可以把各种物理信号、化学信号、生物信号等非电气量信号以既定规则转化为便于传输和处理的电气量的装置。

2.1.2 传感器的分类

传感器有很多种类，通常按测量原理、输入形式、结构形式和物理量来分类。

电力系统中，传感器一般按照物理输入量来分类，物理输入量包括电流、电压、温湿度、风速、水位、气压、超声波、形变、红外、声音、状态、磁通、气体等，相应的传感器可以分为电流传感器、电压传感器、温湿度传感器、速度传感器、水浸传感器、气压传感器、超声波传感器、形变传感器、红外传感器、声音传感器、状态传感器、磁通传感器、气敏传感器等。

2.1.3 变电站智能辅助控制系统中传感器的应用

传感器在变电站智能辅助控制系统中有较多应用，是智能辅助控制系统的基础，相当于人类感觉中的触觉、嗅觉、视觉等，可以实现对电力设备运行状态及变电站环境信息的测量感知，不同种类的物理输入量通过各类传感器，转换为电信号由辅助控制系统的接收端接收。有线传感器采集的信息可通过光纤、电缆等方式上行转发至汇聚控制器，无线传感器采集的信息可通过电磁波发送给相应基站，然后进行处理及上送控制器。

变电站内环境及周边环境主要由温度、湿度、SF_6、水位等传感器采集。继电保护室、开关室等重要房间均配置至少一套温湿度传感器（可根据房间面积大小适当增加传感器数量）。电缆沟、电缆层等电缆集中布置区应配置温湿度、水浸、水位传感器，电缆沟最低点配置水浸传感器。GIS 室、SF_6 配电装置室等应配置 SF_6 传感器、红外传感器。变电站排水系统区域应配置水位传感器、水浸传感器。

随着物联网的快速发展，变电站将加装变压器震动、箱柜凝露监测、开关柜触头测温、套管宽频监测等智能感知设备，凭借 5G 技术，将传感器和智能感知设备采集处理后的数据和信息无线传输。

2.2 通 信 技 术

2.2.1 变电站辅助控制系统的通信原则

目前，智能变电站内智能辅助控制系统平台与各个子系统之间一般采用 DL/T 860（IEC 61850），实现设备信息采集、设备控制、设备监视和设备联动。

传感器、门禁控制主机、灯光智能控制单元、电子围栏主机、消防子系统与辅助平台通过 MODBUS 协议通信，通过通信模块与智能辅助控制平台通信。

动环监控主机将采集数据以 TCP/IP 通信方式传输给智能接口设备，智能接口设备进行规约转换后以 DL/T 860 协议与物联网模块进行通信。变电站巡视机器人采用安全加密芯片与 1.8GB 电力无线专网的组合通信。

数据接入网关机是通过 TCP 方式与变电站的网关机、安全接入平台设备进行连接。辅助控制平台主机应可与站端后台进行通信，接收站端后台的调阅命令，且满足站端本地系统的监控要求。

对于视频监控等流量较大且对传输媒介要求较高的数据，可考虑在变电站内组建有线专网，实现视频等有线智能感知终端采集数据，通过有线专网，传送至规约转换装置，再通过标准规约上送。

2.2.2 变电站辅助控制系统的组网技术

在变电站内组建低功耗无线专用网络，实现无线智能感知终端采集数据，通过无线专用网络，汇集到就地的汇集节点。汇集节点通过有线专用网络上送至边缘物联代理。同时，在变电站内组建有线专网，实现视频等有线智能感知终端采集数据，通过有线专网，传送至规约转换装置，再通过标准规约上送至边缘物联代理。

边缘物联代理对数据进行清洗、整合、计算等处理，在源端实现数据融通和边缘计算；同时边缘物联代理利用安全接入技术，实现专网数据安全接入内网。边缘物联代理处理好数据后，上送至站内数据网关机，数据网关机实现数据标准化上送。

通过电力有线专网实现数据的远程传输和访问，采用“公司总部一级部署、变电站多级应用”的网络及业务数据架构设计，可将站端数据直接通过电力专网上送至省公司的变电站辅助一体化系统主站服务器。

目前变电站到运检班、地市公司、省公司各环节的有线网络已覆盖。变电站感知设备采集数据出站，采用现有有线网络传输，在现有网络架构下增加或扩容通信设备。

2.3 计算机技术

2.3.1 计算机分类

计算机有很多分类方式，一般主要按数据处理对象、功能用途、性能规模等三种方式进行分类。

按数据处理对象分类，处理模拟量的计算机为模拟计算机；处理数字量的则为数字计算机，当前数字计算机是主流。可以处理模拟量和数字量的计算机被称为混合计算机。

按功能用途分类，可分为通用计算机和专用计算机两种，通用计算机的功能比较全面，可以在大多数的工作场景中使用，但并没有某方面的特殊性能，常见的计算机都是通用计算机。专用计算机功能较少甚至单一，但性能强大，能够胜任特定任务。

按性能规模分类，可以分为微型计算机、小型计算机、中大型机、巨型机以及工作站等。其中微型计算机又称个人计算机（台式机、笔记本等），是日常生活工作学习中最常见的计算机。小型计算机规模小，便于采用先进工艺，可靠性高，符合部门性要求，往往在中小型企业中使用。中大型机具备较强的性能，可以应用在政府、银行等单位或大公司，又称企业计算机。巨型机运算速度极快，可以亿次或十亿次为单位，且储存容量巨大，可应用于航天、国防等领域。工作站也具有较高的运算速度，一定程度上具有中大型机的功能，又兼具微型机的操作简单、界面友好，目前在商业、金融领域应用较多，也可用作网络服务器。

2.3.2 计算机硬件

计算机的硬件是计算机的“身体”，是各种电子元部件及物理部件的组合。这些电子元部件和物理部件包括处理器（运算器、控制器）、存储器（RAM、ROM）以及输入/输出设备等。

运算器：运算器的主要功能有两个，为算数运算和逻辑运算。算数运算是指二进制的加减乘除以及更复杂的乘方开方等运算。逻辑运算是指二进制的与、或、非等运算。运算器从存储器中提取数据，进行算数或逻辑运算后，送回存储器或者短时暂存在运算器中，这个过程就是运算器的运行，就能够实现计算机的各种操作，完成各项任务。

控制器：控制器也是处理器（CPU）的一部分，顾名思义，它的主要功能就是控制，用来控制计算机内各个功能模块的协作运行，执行各种操作指令。

存储器：存储器是储存计算机数据和程序的“仓库”，可以在存储器中放入数据和程序，称写入，也可以从存储器中提取数据和程序，称读出。存储器又可分为内存储器和外存储器。内存储器俗称“内存”，是计算机内数据交流中心，内存的读取和写入速度直接影响计算机的运算速度。外存储器一般就是常见的硬盘、U 盘等。

输入/输出设备：输入/输出设备是计算机不可或缺的部分，输入设备一般包括键盘、鼠标、摄像头、麦克风等。输出设备一般包括屏幕、打印机、音响等。

2.3.3　计算机的软件

软件是指计算机运行的全部程序及这些程序运行所需要的数据集合。如果把硬件比作计算机的身体，那么软件就是计算机的“灵魂”，没有软件，硬件就是一堆电子“砖头”。软件也是计算机和用户之间的桥梁。软件分为系统软件和应用软件两种。

系统软件一般包括操作系统、计算机语言、数据管理程序。操作系统可以使计算机所有软硬件合理的协作运行，是管理和控制计算机软硬件系统的程序。主流的操作系统有 Windows、Linux、MacOS、Android 等。计算机语言是计算机硬件可以识别和执行的语言程序，常见的语言处理程序有 C 语言、C++、VB、JAVA 等。数据管理系统主要是用来处理大量数据和开发软件的程序，常见的有 SQL Server、Oracle 等。

应用软件是供用户使用的程序，是为解决某类问题而设计，可满足不同用户、不同领域的需求而开发的，比如管理软件、游戏、教育软件、办公软件等。

2.3.4　计算机技术在辅助控制系统的应用

变电站是一个复杂的系统，包含一次和二次等主设备，还包含众多的辅助设施。任何系统的运行都离不开计算机技术，将计算机技术与变电运检业务融合，通过智能巡检机器人、工业视频、智能传感等方式，建设变电站智能辅助控制系统，实现全站电气设备、周围环境的实时状态监视和智能控制，保障电网安全运行、提高经营绩效。变电站现场一般主要部署各类智能感知设备，配置汇集控制器（含安全芯片）、规约转换装置（CMU）、安全接入微型平台、辅助网关机、服务器等设备，以及子站工作站等计算机设备。

2.4　边　缘　计　算

2.4.1　概念

边缘计算是指在设备、用户、数据源头处，采用计算机和网络技术，采集数据进行计算并提供就近服务。

边缘计算将运算中心的部分或全部运算任务分散转移到网络边缘的设备上，分担数据中心的运算压力，使真正的有效数据如涓涓细流流向数据中心，缓解“交通压力”，使数据中心的计算更加高效，减轻负担，为用户提供更快速的响应。

边缘计算宜在网络边缘的中小型计算机或智能设备上完成，可以是 PC、智能手机、智能家居、智能装置等网络终端，也可以是变电站内的各种传感器、摄像头、测温仪、机器人等终端。

2.4.2 在变电站内的应用

随着物联网技术的发展，变电站设备及环境监测设备智能化程度越来越高，辅助控制系统得到了进一步的发展，依靠温湿度传感器、安防系统、照明系统、图像监控系统、智能巡检机器人等全方位实时的监控变电站内部主辅设备状态及周边环境，并能够在数据源头进行简单的计算和信息传输，减轻辅助控制系统处理大量视频、测温图片等数据的压力，同时可以接受运检班的控制命令，快速响应对变电站环境的调控，提升变电站设备本质安全水平。

2.5 数 据 中 台

2.5.1 概念

数据太多可能产生无效数据，提取和筛选数据可能还会占用大量资源，如能从应用角度提前对数据进行相应规划，数据才会产生应有的价值。

数据中台通过一套规划管理体系，保证系统中各个数据具有高品质、时效性、一致性，同时建立起数据结构和目录，通过共享和开放让数据流动起来，使前台知道自己需要的数据存放在哪里，从哪里提取和加工。在确保数据安全的前提下，前台能感知系统中的数据存储情况。因此，简单地讲，数据中台就是系统后台和前台之间的一个中间处理平台，使前台能够安全快速地得到所需的高质量的数据。

2.5.2 数据中台的能力

数据中台可针对不同应用提供个性化的数据探索和分析工具，以多样化的方式提供给前台系统，帮助前台去探索和发现数据的价值。

数据中台拥有强大的数据处理和服务能力，保证数据的质量和针对性。构建好数据服务的治理结构的前提下，数据中台中会针对前台逐渐形成各种数据服务。

数据中台能够持续记录和跟踪中台上流转的数据服务和读取写入行为，记录数据服务和应用次数，分析两者之间的相互联系和支撑力度，度量该数据服务的价值。

第3章

变电站智能辅助控制系统结构

3.1 智能辅助控制系统架构设计

以变电运检业务为导向，利用变电站感知设备采集的数据，实现辅助监视、辅助控制、告警推送、智能联动等辅助设备监控，智能化辅助控制系统应支持以下运检监视功能：

（1）可查看变电站辅助设备各子系统分图；

（2）可查看全站告警信息；

（3）可查看变电站全站总览三维模型；

（4）可查看辅助设备区域信息及三维模型；

（5）可查看辅助设备状态和运行信息；

（6）在线监测、安全防范、消防、环境监测、SF_6气体监测、照明监视等子系统符合变电站辅助设备监控的要求。

智能化辅助控制系统应能满足变电站无人值守要求，能实时将站内辅助控制信息上送到远方，所以变电站辅助控制系统应满足下列要求：

（1）变电站智能辅助控制系统架构实现省级、地市级、站级三级中心独立部署，系统部署网络在信息管理大区，主站系统可根据实际需要部署相应省级、地市级服务云平台上；

（2）变电站智能辅助控制系统的架构设计要具备扩展性和前瞻性，以便后续其他新型辅助控制功能相关业务的扩展；

（3）变电站智能辅助控制系统要达到运检管理、维护方便要求，该系统不应提高运检学习成本；

（4）变电站智能辅助控制系统应灵活开放，支持多类型硬件终端，实现融合优化。

变电站辅助控制系统架构包括感知层、网络层、平台层、应用层。

3.1.1 感知层架构设计

感知层是最基础的一层，通过相关感知识别技术，使设备之间得以连接。利用安防、消防、动力环境、机器人、视频监控等辅助设施，油色谱在线监测装置、局部放电传感器、开关触头测温等智能感知设备，通过规约转换装置、汇聚节点、安全防护装置等，将变电站设备运行状态及其运行环境上送到网络层。

目前变电站安装了工业视频、环境监测、消防、安防、防误装置、箱体温湿度装置等辅助设施，变压器（包括换流变压器）油色谱、铁心电流、设备局部放电等在线监测，巡检机器人等智能感知设备。随着电力行业的快速发展，变电站将加装变压器振动、箱柜凝露监测、开关柜触头测温、套管宽频监测等智能感知设备，利用 WiFi、ZigBee、LoRa、NB－IOT 等先进的无线组网技术，实现感知设备采集数据的远传。

感知层主要由传感器层、数据汇集层和边缘计算层组成，具体架构设计图如图 3－1 所示。

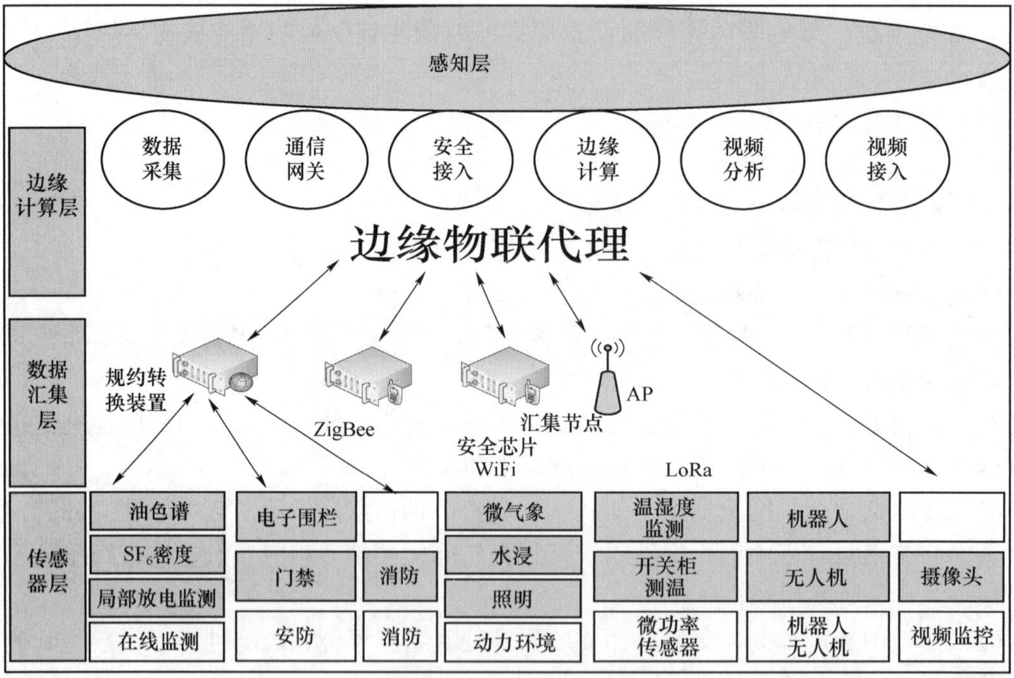

图 3－1　感知层架构设计图

感知设备的数据可通过有线和无线两种方式进行传输，而在原来的变电站基础之上进行有线网络的部署存在一定的困难，所以优先考虑无线传输方式，在变电站内组建低功耗无线专用网络，实现无线智能感知终端采集数据，通过无线专用网络将采集到的数据进行汇集，并通过汇集点将数据进行上送。而对于视频监控等流量较大对传输媒介要求较高的数据，可考虑在变电站内组建有线专网，实现视频等有线智能感知终端采集数据，通过有线专网，传送至规约转换装置，再通过标准规约上送。

3.1.2　网络层架构设计

网络层位于感知层、平台层之间，是一个强大的枢纽中心，很好地将感知层和平台层连接起来。网络层是进行变电站感知设备数据的传送，因此有线和无线网络传输通道的建设，是实现变电站感知设备数据标准化接入和快速传输的重要途径。

随着电力行业不断升级改造，智能感知手段不断丰富，需要采集和上送的数据量增大，现有变电站的网络带宽无法满足日益增长的变电业务应用需求。研究无线或有线网络的组网方式，实现出站网络带宽大于 100MB 的目标。

网络层架构主要包含变电站出站网络和数据网关机，具体架构设计图如图 3－2 所示。

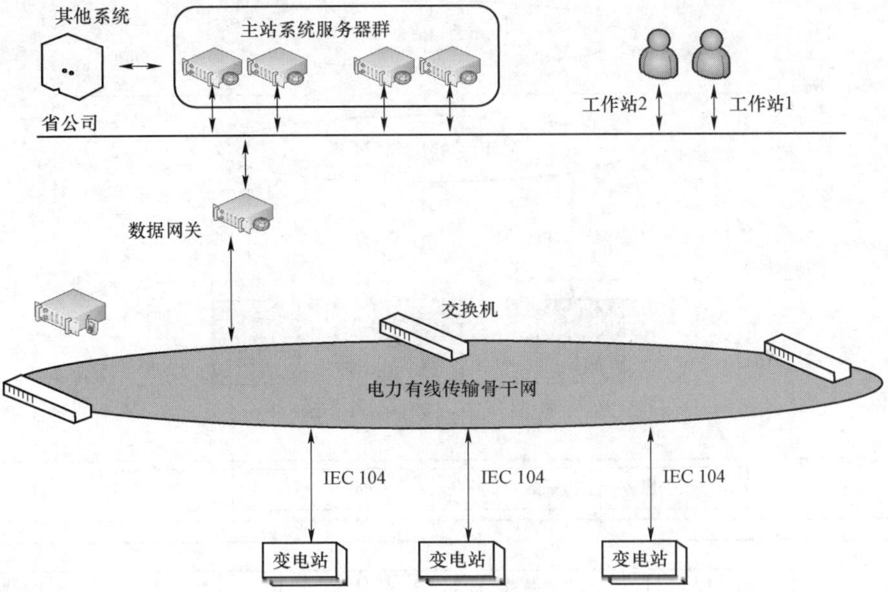

图 3－2　网络层架构设计图

1. 站端架构设计

出站端网络架构主要由省公司数据中心网络、数据通信网、地市公司信息 CE、地市传输网络或光纤部分组成。具体架构如图 3－3 所示。

图 3－3 中的省公司、数据通信网络、地市公司信息 CE 之间链路采用 OTN 传输，带宽为 10GB，当前链路带宽利用率为不足 1000MB，可满足信息内网网络接入带宽需要。地市公司信息 CE 与变电站信息网络接入采用地市公司传输通道，地市公司传输设备及资源限制，无法满足变电站多业务接入需求，需在变电站内增配一套 MCE 交换机。

2. 接入网关架构设计

数据接入网关机是通过 TCP 方式与变电站的网关机、安全接入平台设备进行连接，通过 IEC 104 定义的各类报文格式，接收变电站内各类感知设备的数据和事件，同时，通过接口方式，将各类遥测、事件数据向外提供服务。具体架构设计图如图 3－4 所示。

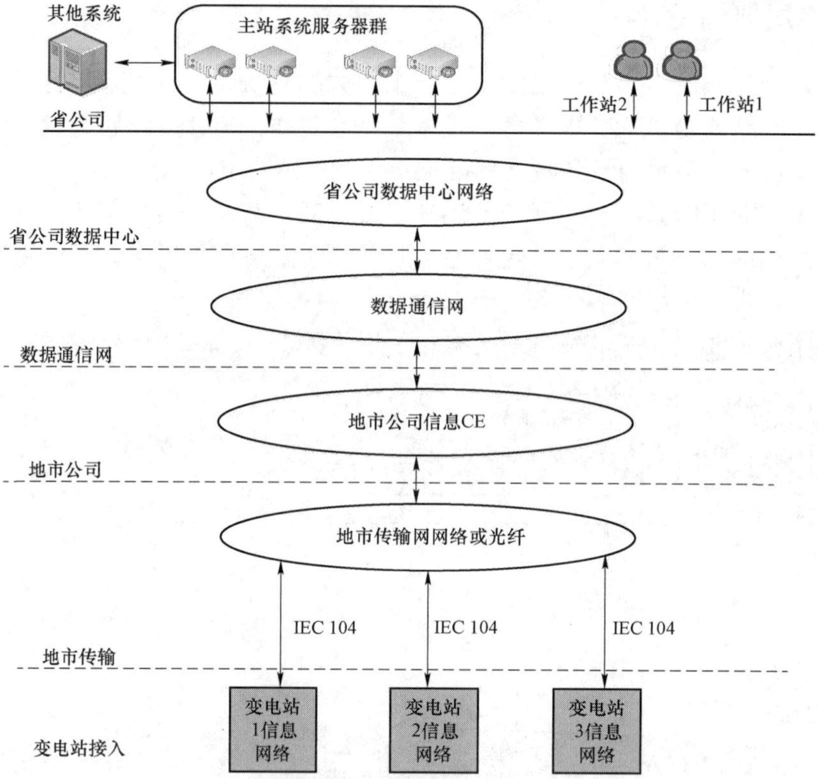

图 3-3　出站网络架构图

图 3-4　接入网关架构设计图

3.1.3　平台层架构设计

网络层将相关数据上送到平台层，平台层继而将所得到的海量信息资源借助相关技术进行整合，从而打造成一个互联互通的大型网络。平台层对海量数据进行采集、计算、存储、加工，然后经过统一的标准和口径进行出口。

平台层主要包含采集服务、视频服务、应用服务、数据存储，具体架构设计如图 3－5 所示。

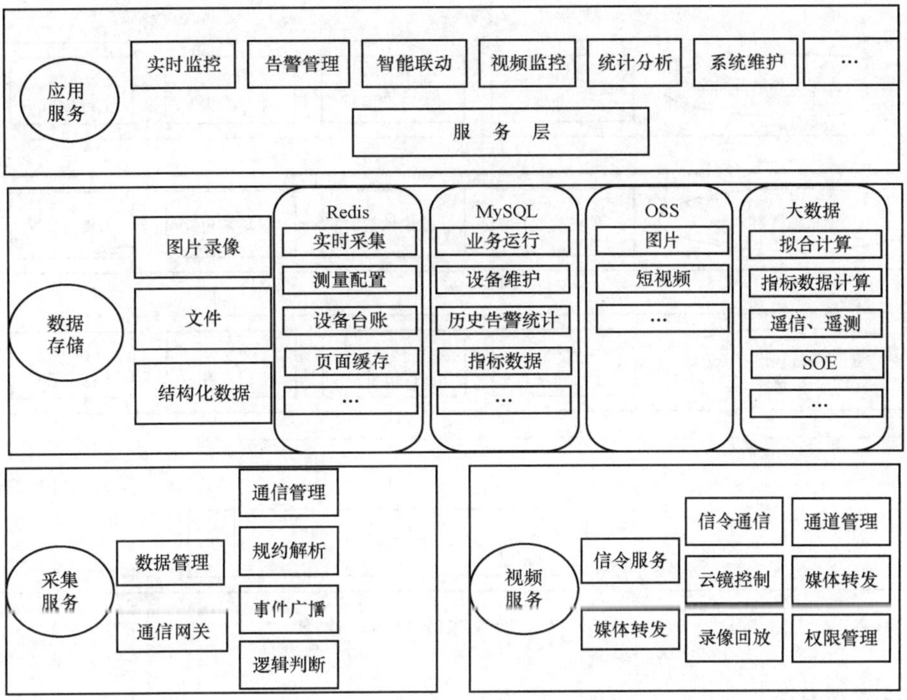

图 3－5　平台层架构设计图

1. 采集服务架构

采集服务是平台层最核心的服务平台之一，通过 TCP 方式和接入网关机进行通信链接。具体架构设计如图 3－6 所示。

其中的通信管理模块功能是将收到的终端报文按照自定义的唯一识别标志发送给相应的规约处理及其他模块，同时将应用下发的报文发送给接入网关机。采集服务通过逻辑判断模块等核心模块，实现告警事件生成，判断告警复归等功能，并将各类遥测、事件数据保存至大数据平台，同时通过事件广播模块将实时告警主动推送至应用服务。

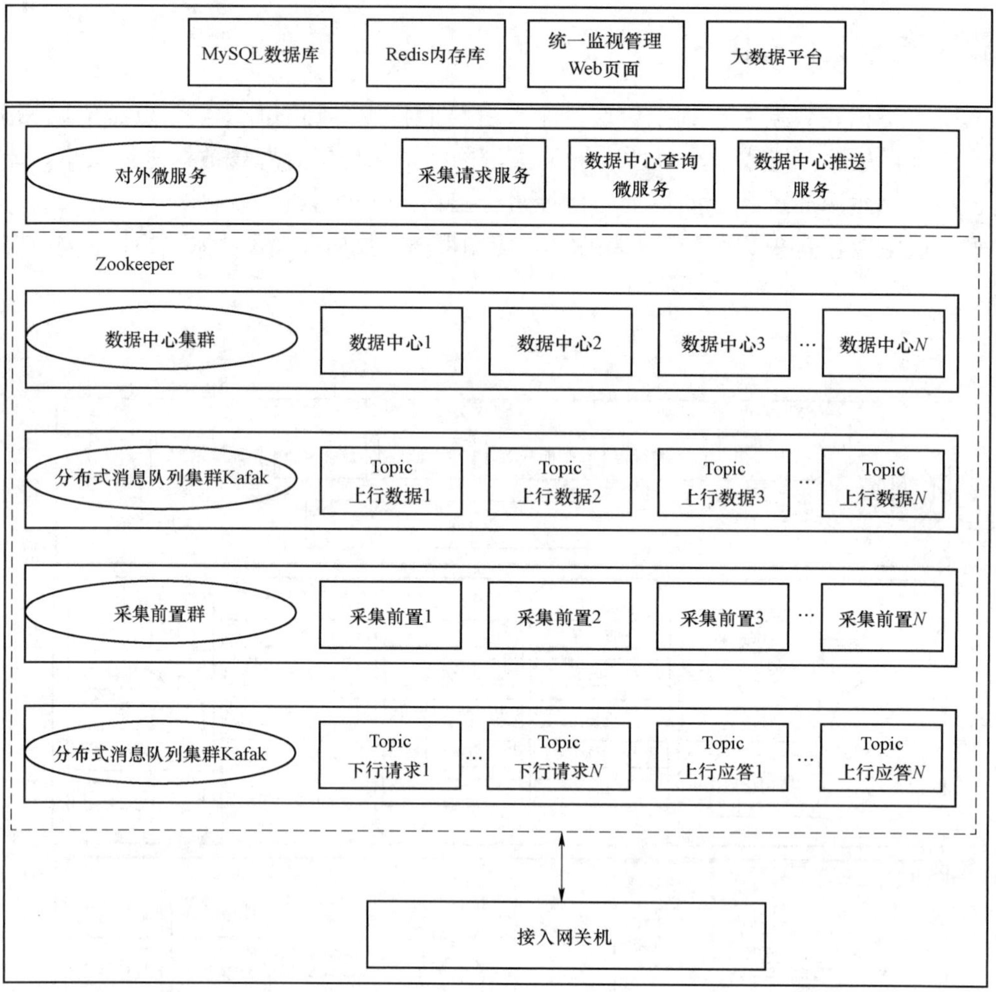

图 3－6　采集服务架构设计图

2. 视频服务架构

视频服务架构可遵照 Q/GDW 1517.1—2014《电网视频监控系统及接口　第 1 部分：技术要求》进行搭建，架构设计图如图 3－7 所示。

根据视频监控系统的组成以及统筹各部分的重要功能、基本接口及音视频编解码格式等各个方面的要求，对摄像头装置、硬盘录像机等硬件设施进行统一管理，通过信令服务与变电站视频子站服务交互，通过流媒体转发及实时视频重定向服务将标准视频流推至前端，实现视频预览、控制、录像检索及回放等主要功能。

3. 数据存储架构

数据存储主要存储感知设备台账、系统管理数据、业务类数据、采集类数据、统计类数据等。数据存储架构设计图如图 3－8 所示。

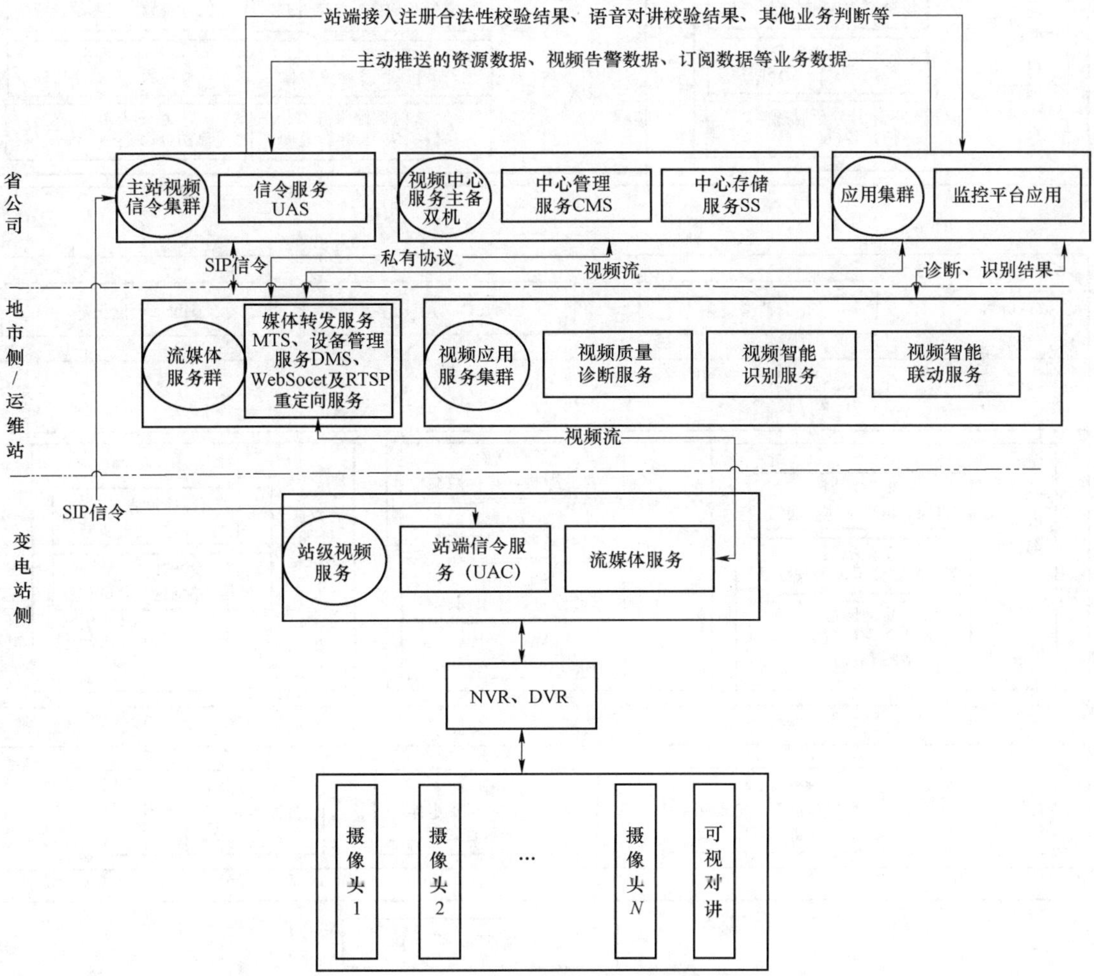

图 3－7　视频服务架构设计图

系统中智能感知设备台账、量测采集信息台账、统计结果数据；智能压板、智能防误钥匙箱运检数据、指标数据；组织机构、人员权限数据；平面图数据，图与设备关联等信息数据；智能图像识别及高级应用产生的数据以及系统运行的基础数据都存储至 MySQL。采集服务的海量数据包括遥测数据、遥信数据、SOE 事件数据存储至 Hbase 中，统计数据的计算使用 Hive 进行统计，统计结果回传至 MySQL。同时引入 Redis 缓存，实时数据、Web 页面数据等存储至 Reids。

4. 应用服务架构

应用层架构主要采用 Dubbo+ZooKeeper+Nginx 组合的成熟技术架构，具体架构设计图如图 3－9 所示。

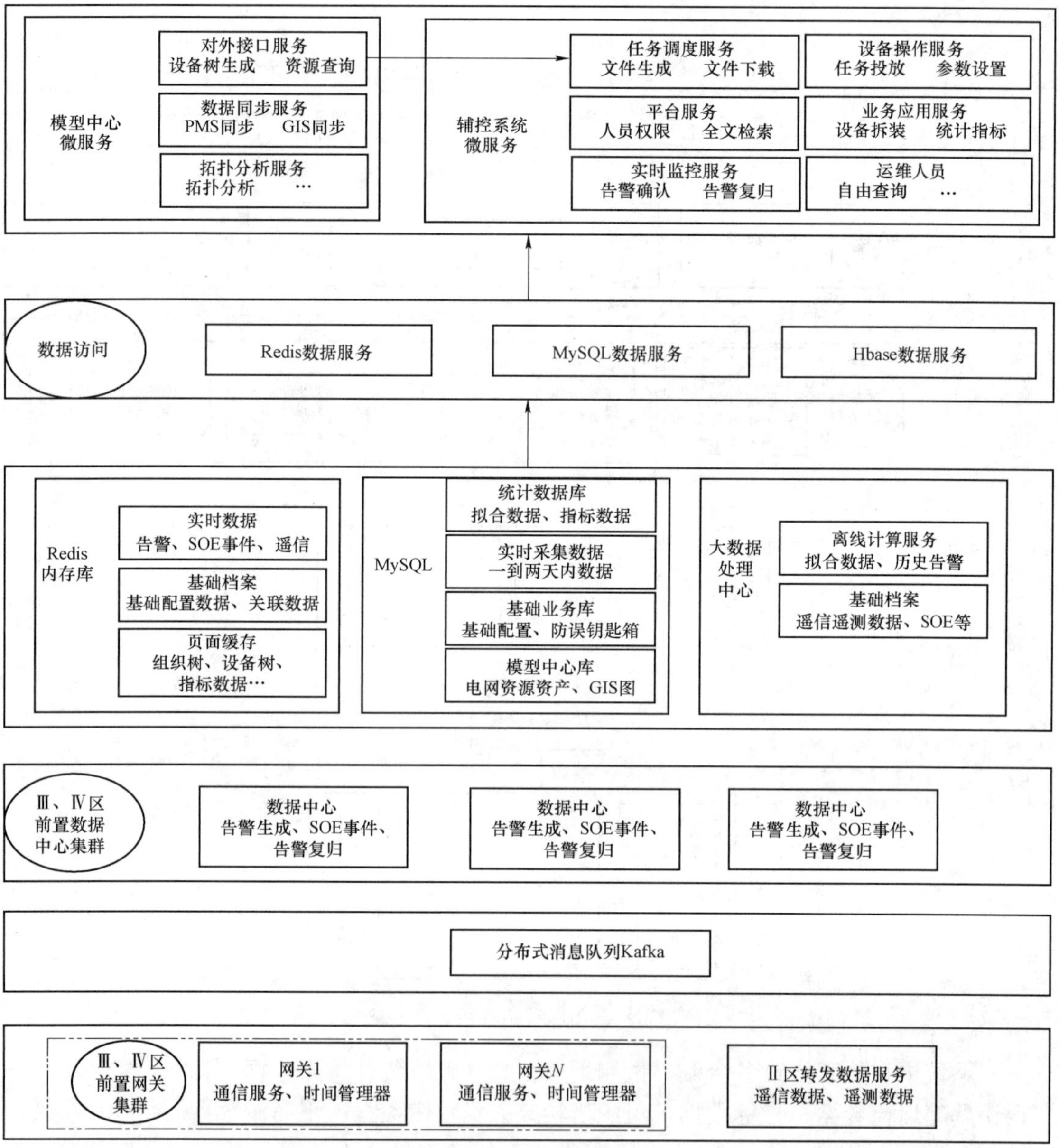

图 3－8　数据存储架构设计图

应用服务主要采用 Dubbo+ZooKeeper+Nginx 的微服务架构，Dubbo 是开源的分布式服务框架，使各个层之间解耦合（或者最大限度地松耦合）。ZooKeeper 对分布式应用起到强大的分布式协调服务，这些服务主要包括数据发布/订阅、命名服务等分布式基础服务。Nginx 是一款自由的、开源的、高性能的 HTTP 服务器和反向代理服务器，实现负载均衡。

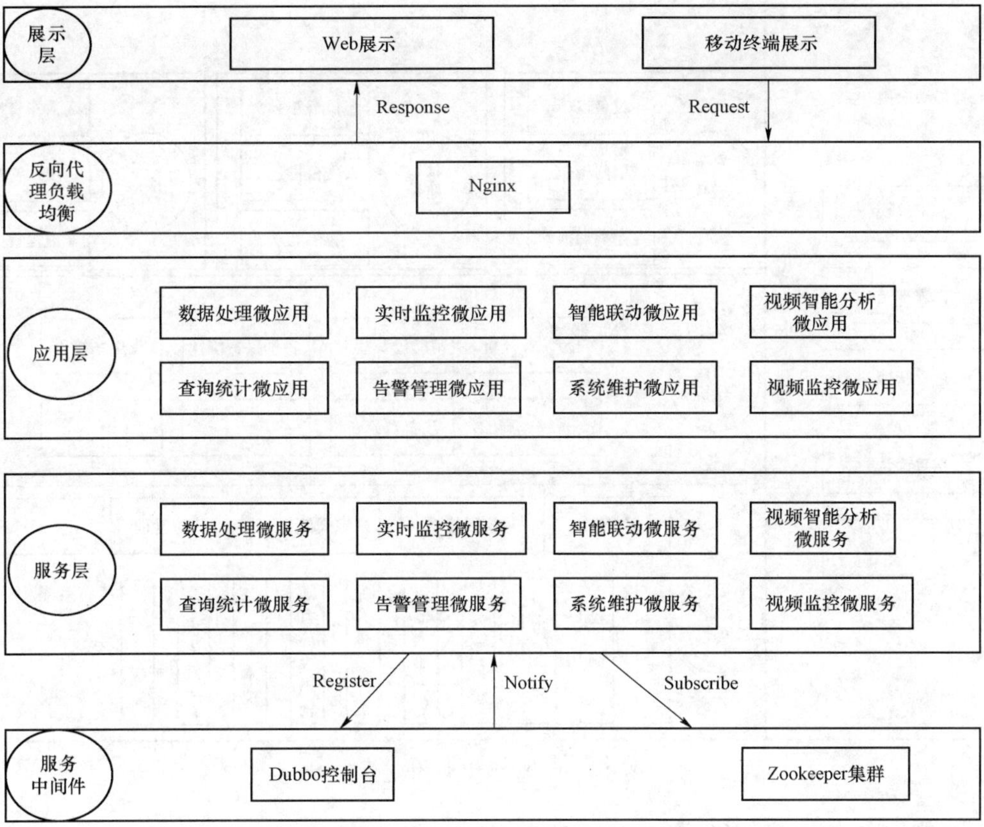

图 3－9　应用服务架构设计图

3.1.4　应用层架构设计

应用层是用户接口，位于架构的最顶端，系统通过一系列的分析和处理后将最终的数据以可视化窗口为用户提供相关的服务。

应用层架构主要包含 Web 展示和移动应用，应用层架构设计图如图 3－10 所示。

1. Web 展示主要功能

（1）辅助监控：以视频子系统为主体，融合消防子系统、动力环境子系统、在线监测子系统等，直观展示变电站设备的运行状态，实现变电站设备辅助监视、辅助控制、告警推送、智能联动等功能。

（2）机器替代：综合运用视频子系统、机器人子系统、在线监测子系统、压板子系统等，实现设备外观检查、表计识别、红外测温、压板检查、“五小”箱检查等设备巡检功能，实现倒闸操作中设备状态转换的辅助判断，实现部分定期切换工作机器替代。

（3）作业管控：综合运用人脸门禁、智能车闸、锁控子系统、视频子系统等，深化应用人脸识别、视频分析、轨迹跟踪等功能，覆盖变电站现场作业全过程，实现作业现场人员、设备、安全的全面管控。

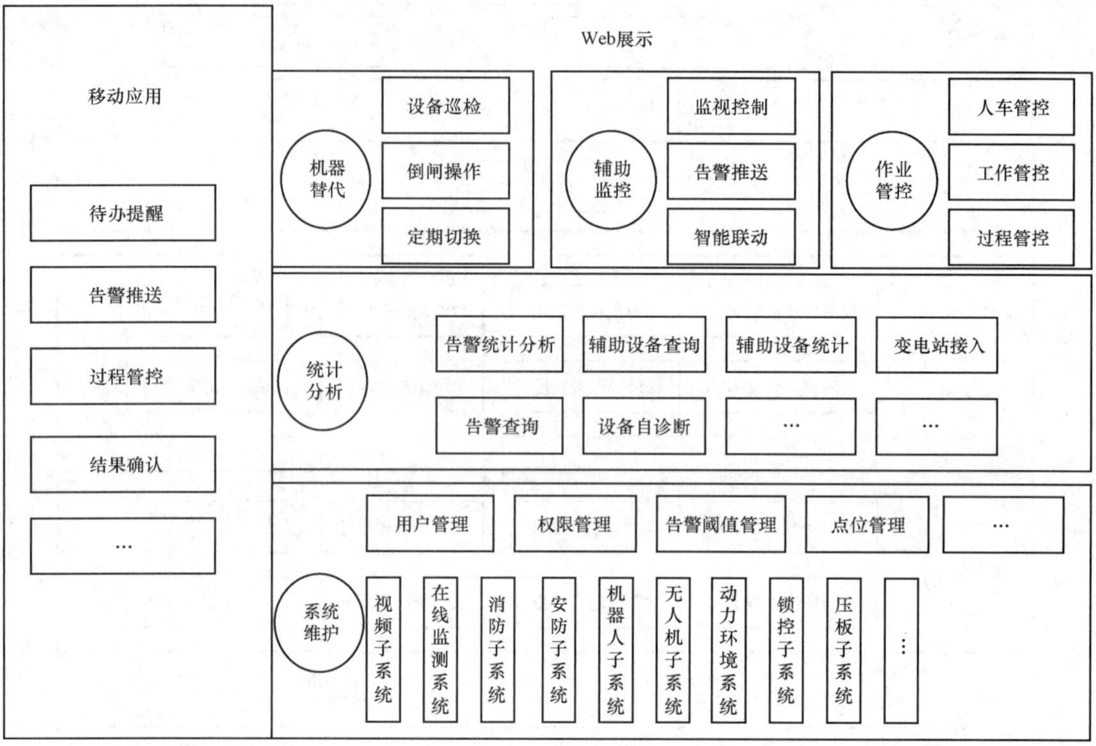

图 3–10　应用层架构设计图

（4）统计分析：利用数据库中的数据融合应用，进行变电站接入覆盖率、辅助设备信息、告警信息等统计和分析，结果以表格、图形显示。

（5）系统维护：对用户的相关信息、使用权限进行配置，实现用户权限的分层分级管理；对各类辅控设备告警阈值进行设置，实现自动告警和推送。

（6）各子系统应用。

1）视频子系统：具备视频实时监控、视频轮播、录像回放、视频预置位管理、视频台账管理、视频缺陷管理、视频维保管理、视频质量诊断功能，实现辅助设备信息查看、状态监视及远程控制。

2）在线监测子系统：具备 SF_6 气体监测、油色谱监测等在线监测模块，实现变电站内 SF_6 气体、油色谱等相关指标的页面展示。

3）消防子系统：具备消防总览、消防意见合格书、消防实时监控、消防台账管理、消防缺陷管理、消防维保管理等消防相关应用功能，实现变电站消防设施集中监控和电子化管理，完善消防设施管理制度，提升消防设施管理水平。

4）安防子系统：具备安防总览、安防实时监控、安防台账管理、安防缺陷管理、安防维保管理等安防相关应用功能，实现安防设备运行状态集中化管理。

5）机器人子系统：具备机器人总览、机器人实时监控、机器人巡视、机器人巡视数据查询、机器人台账管理、机器人维保管理、机器人质量诊断功能，实现机器人巡视信息查看、状态监视及远程控制。

6）动力环境子系统：具备动环总览、设备数据曲线、动环实时监控、动环台账管理、动环缺陷管理动环相关应用功能，实现对变电站机房中的动力设备及环境变量集中监控和管理。

7）无人机子系统：具备无人机总览、无人机实时监控、无人机巡视、无人机巡视数据查询、无人机台账管理、无人机维保管理、无人机质量诊断功能，实现无人机巡视信息查看、状态监视及远程控制。

8）锁控子系统：具备远程开锁授权、锁控记录查询、锁控台账管理、锁控维保管理锁控相关应用功能，为变电站锁具管理提供智能化平台。

9）压板子系统：具备压板实时监控、压板投退表设置、压板记录查询、压板巡检管理等压板相关应用功能，实现变电站硬压板投退状态监测、压板状态采集和推送等功能，提升压板管理水平。

2. 移动应用主要功能

（1）待办提醒：将计划内工作推送至移动端，提醒运检人员完成待办任务，并根据业务类型提醒运检人员准备工作、安全注意事项，实时跟踪业务流程。

（2）告警推送：结合主辅设备监控，设备重要告警信息智能推送至对应人员，及时发现设备异常、缺陷。

（3）过程管控：通过移动端对现场作业人员、作业进程、作业安全等进行实时管控，掌握现场进度与安全。

（4）结果确认：系统自动完成各类任务后，主动将结果推送至移动端，以便人工进行确认。

3.2　智能辅助控制系统技术特征

3.2.1　组网技术

无线 WiFi 接入网主要由移动终端、无线链路、安全接入区和管理信息大区等部分组成，安全接入区主要包含接入交换机和微型安全接入平台。无线 WiFi 接入网典型结构如图 3－11 所示。

图 3－11 中，集中监管系统和无线网络管理系统采用省—地市两级部署模式，各地市通过集中监管系统对管辖范围内所有微型安全接入平台和移动终端的 MAC、IP 和相关证书进行备案和统一管理，省信通分公司集中监管系统和各地市集中监管系统进行级联和统一管理。无线网络管理系统对无线 AP 和接入交换机进行统一管理。无线 WiFi 网络通过微型安全接入平台与管理信息大区进行网络连接，安全接入区内接入交换机实现无线终端的准入管控，无线 AP 为移动终端提供无线接入通道。

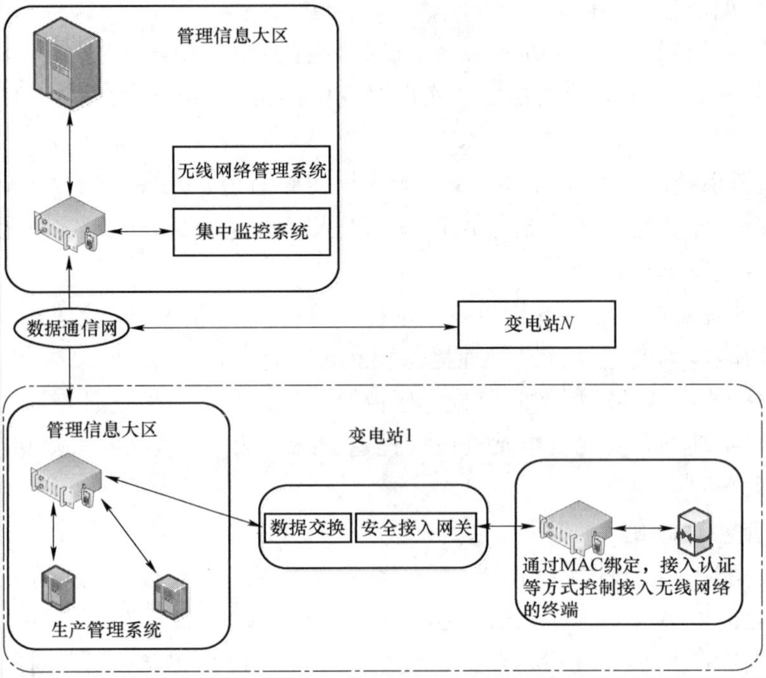

图 3-11　无线 WiFi 接入网典型结构

3.2.2　应用层技术特征

1. C/S 结构

Client/Server（客户机/服务器）结构，应用相关技术将任务进行合理分配到 Client 端和 Server 端，由此减轻系统的通信压力，将两端的硬件环境发挥到更大。

2. B/S 结构

Browser/Server（浏览器/服务器）结构，是在 Internet 技术发展的前提下，通过一定的技术对 C/S 结构进行优化、改进的结构。该结构下，用户界面可以依靠 WWW 浏览器进行交互，事务逻辑主要通过前端和服务器端实现。随着 WWW 浏览器技术的日益成熟，可充分应用在 B/S 结构上，结合浏览器的多种 Script 语言（VBScript、JavaScrip）和 ActiveX 技术，用通用浏览器实现原来需要复杂专用软件才能实现的强大功能，并节约了开发成本，是一种全新的软件系统构造技术，使得 B/S 结构成为现代应用软件优先选用的体系结构。

3. B/S 与 C/S 对比

Client/Server（客户机/服务器）结构，具有浏览便捷性（应用浏览器即可浏览）、扩展升级容易、人机交互界面友好等特点，但是安全性较低；Browser/Server（浏览器/服务器）结构，虽然浏览便捷性较差（需安装客户端）、扩展升级困难、人机交互界面一般等特点，但安全性高，而且目前 B/S 结构的大型管理软件已占据管理软件领域的主导地位，所以展示层优先选用 B/S 结构。

3.3　智能辅助控制系统主要硬件要求和软件功能

3.3.1　主要硬件要求

变电站主要部署在线监测、安防、消防、视频、动力环境、机器人等各类智能感知设备，配置汇集控制器（含安全芯片）、规约转换装置（CMU）、安全接入微型平台、视频监控单元（NVR 或 DVR）、辅助网关机（AMC）、边缘计算服务器、视频服务器、视频分析服务器等接入设备，以及子站工作站等用户交互设备。

以下是根据设备类型对所配置感知设备的要求。

1. 变压器类

应能监测变压器中油中溶解气体、铁心夹件接地电流、振动在线监测、局部放电、顶层油温、绕组温度等情况，感知设备可分别考虑油色谱在线监测装置、铁心接地穿心式电流传感器、加速度传感器、超声/特高频/高频传感器、温度传感器等。

2. 开关类

应能监测 GIS 设备的局部放电情况、SF_6 气体密度、微水监测、分合闸线圈电压电流（机械特性检测）、伸缩节螺栓位移偏移量，感知设备可分别考虑特高频、超声波传感器、SF_6 密度、微水在线监测装置、穿心式电流传感器、形变传感器等；应能监测隔离开关的触头温度、合闸位置，感知设备可分别考虑机器人力传感器、姿态传感器；应能监测断路器的分合闸线圈电压电流（机械特性检测）、断路器动作次数、SF_6 气体密度、微水监测（充 SF_6 断路器），感知设备可分别考虑穿心式电流传感器、视频/无线读表计、SF_6 密度、微水在线监测装置；应能监测开关柜的温度（触头及母线）、暂态地电波局部放电、超声波局放、SF_6 气体密度、微水监测（充 SF_6 开关柜）、开关柜内温湿度监测，感知设备可分别考虑温度传感器、TEV 传感器、超声波传感器、SF_6 密度、微水在线监测装置、温湿度传感器等。

3. 互感器类

应能监测互感器的局部放电、末屏电流、过电压、电容量、介损（电容式）、SF_6 气体密度、微水监测（SF_6 电流互感器），感知设备可分别考虑宽频域过电压及绝缘在线监测装置、介质损耗在线监测装置、SF_6 密度、微水在线监测装置等。

4. 站用电类

应能监测蓄电池浮充电压、均充电压、单体内阻、直流控母、合母电压监测、绝缘监测、母线电压等，感知设备可分别考虑蓄电池在线监测系统、直流系统绝缘检测仪、站用电监测系统等。

5. 其他类

应能监测避雷器的泄漏电流、阻性电流、动作次数，二次硬压板状态、大电流端子状态、消防、安防、视频、动环等系统、GIS 室 SF_6 气体/含氧量含量、箱门开闭状态监测、箱内温湿度等，感知设备可分别考虑视频/机器人、压板在线监测装置/挂轨式机器人、挂轨式机器人/在线监测、辅控系统接入、SF_6 气体/含氧量监测装置接入、门磁传感器、温湿度传感器。

以下是对各类接入设备应能满足功能的要求。

（1）汇集控制器（含安全芯片）。汇集各类无线（如 WiFi、ZigBee、LoRa）前端感知设备的采集数据，通过加密芯片对数据进行加密，再通过标准的通信协议上送至边缘物联代理。

（2）规约转换装置（CMU）。以被监测设备为对象，接收与被监测设备相关的装置发送的数据，进行规约转换，实现与站端监测单元进行标准化数据通信的装置。

（3）安全接入微型平台。平台主要由安全接入模块、身份认证模块、数据转发模块和数据过滤模块组成，通过对安全芯片或安全模块解密和转发等功能，实现变电站各类前端无线传感器数据安全接入电力内网。

（4）视频监控单元（NVR 或 DVR）。单元是进行图像存储处理的计算机系统，具有对图像/语音进行长时间录像、录音、远程监视和控制的功能。

（5）辅助网关机（AMC）。以辅助监测设备为对象，接收与辅助监测设备相关的装置发送的数据，并对数据进行加工处理，实现与站端监测单元进行标准化数据通信的装置。

（6）边缘计算服务器。边缘计算服务器是指在靠近物或数据源头的一侧，采用网络、计算、存储、应用核心能力为一体的开放平台，就近提供最近端计算服务。

（7）视频服务器。主要是对站端视频设备（如摄像机、可视对讲等）进行管理和控制，与主站视频服务进行信令交互，以实现前端设备接入主站视频监控平台的连接注册，主要实现注册、刷新注册、认证、注销；资源上报、资源信息获取；调阅实时视频、云镜控制；录像检索、录像回放；历史告警查询、语音对讲和广播、事件订阅及通知等。

（8）视频分析服务器。实现变电站图像智能识别高级应用功能，主要从流转发服务器获取视频流，进行分析，将分析结果传回主站应用平台。目前可以支持的图像智能识别分析功能有视频质量分析、人脸识别、安全帽识别、区域入侵、表计识别、开关刀闸状态识别、火焰识别等。

3.3.2 主要软件功能

变电站辅助控制系统应用基于光字和图形化进行可视化设计，实现了安防、消防、环境监控、灯光智能控制、视频、锁控、压板等子系统数据采集、变电站监控、辅助巡检、运行监视、智能应用、统计分析，以及各子系统应用等功能。满足可视化程度高、界面简洁、查询条件较少、操作便捷等特点，同时遵循标准化设计原则，存储于主站系统的信息可通过标准接口提供给相关系统进行应用。

1. 实时监控

对消防、安防、动环、视频等子系统的综合监控，包括图标、视频、告警灯多种监控方式，实现辅助设备的信息查看、状态监视及远程控制。

实时监控分为光字监控和图形监控。光字监控通过告警时间展示、实时视频监控、设备本体控制及联动，实现对辅助设备运行状态的可视化监控及远程控制。图形监控通过图形形式（平面图）直观地展示辅助设备基本分布概况以及关联的告警提示。

2. 辅助巡检

实时辅助巡检主要实现变电站设备根据已制定的巡检任务实时远程视频巡检，SF_6 气体浓度检测、温湿度检测等环境信息数据采集、告警、视频检查确认功能，然后生成巡检报告，在巡检报告管理中展示（见图 3－12）。

图 3－12　巡检任务实时远程视频巡检

3. 运行监视

运行监视分为全景监视、作业监视、通道监视、消防监视、安防监视，切换标签页即可跳转（见图 3－13）。

图 3－13　运行监视

（1）全景监视。全面了解变电站的现场情况，包括车辆、人员在现场以及设备场地的环境状况。

（2）作业监视。通过视频对每个检修施工作业区域进行远程监视。

（3）通道监视。通过视频实现对道路、巡视通道、门厅等区域的实时监视，监视进出室内（主控室、继保室、通信室、蓄电池室）的人员情况。

（4）消防监视。通过视频实现对消防主机、主变压器固定灭火装置、烟感探头、温感探头等消防设备及消防区域的实时监视。

（5）安防监视。监视进出变电站大门人员及车辆的情况，同时对变电站周界进行防入侵监视，配合门禁、电子围栏、红外对射等安防设备，实现对安防区域的实时监视。

4. 智能应用

智能应用可包括设备联动策略、告警联动配置、智能入所。设备联动策略主要用于制定变电站主设备与辅助设备监视联动及辅助设备间的相互联动策略，实现对变电站主设备的全面监视和主设备运行环境的自主改善。告警联动配置主要以设备告警信息，建立触发辅助设备联动策略，达到辨识告警真伪，减少告警信息数量，优化改善主设备运行环境的目的。智能入所通过图像识别技术，对人脸和车牌号进行识别，实现入所的智能化管理。

（1）人员智能入所。

1）当有人员要进入变电站时，自动触发联动视频，通过人脸识别技术识别人员信息，与辅助控制系统内置信息比对判别，实现变电站大门自动开启和关闭。

2）内部人员要进入变电站时，通过人脸识别，可以进入变电站。

3）当外部人员需要访问变电站时，先同相关人员预约时间，对姓名、手机号码、预约时间、人脸图像等个人信息进行登记；外部人员按照预约时间到达变电站门口，通过人脸识别进入变电站。

（2）车辆智能入所。

1）当内部车辆要进入变电站时，通过车牌号识别技术识别车牌号信息，与系统内置信息比对判别，实现变电站大门自动开启和关闭。

2）当外部车辆需要访问变电站时，先同相关人员预约时间，将车辆信息记录到系统中；外部车辆按照预约时间到达变电站门口，系统识别车牌号信息，与系统内置信息比对判别，实现变电站大门自动开启和关闭。

5. 动力环境子系统

利用 SF_6、温湿度、微气象、水浸等传感器实时监测变电站环境情况，推送告警信息并联动相应辅助设备，便于运检人员及时处置（见图 3－14）。

通过视频及其他辅助设备实现对变电站内环境的实时监视，自动推送告警信息，并实现对站内空调、除湿机、风机、水泵、照明等辅助设备的联动控制。

图 3－14　动力环境子系统界面

6. 视频子系统

视频子系统可包括视频实时监控、视频轮播、录像回放、预位置管理等。视频实时监控展示所选摄像头的实时监视画面，并可对该画面进行控制调整。视频轮播根据预先设定好的轮播任务实现视频的自动巡视。录像回放是授权用户可以按指定查询条件检索录像文件，并对查询出来的录像文件进行点播回放或下载到本地客户端，以便进行事后追溯。视频预置位管理能够实现对各个摄像头预置位的新建、修改、删除、查询等功能。

7. 安防子系统

展示运检班各变电站安防设备运行概况，实时推送安防告警信息，便于运检人员及时处理异常信息。安防实时监控以告警循环滚动和实时视频方式展示变电站安防子系统运行情况，借助安防摄像头对安防区域进行实时监视、录像，对各门禁进行远程操作，并对非法入侵进行安防告警。

8. 消防子系统

展示全省及各地市消防告警信息情况、全省消防缺陷分布情况、消防各类指标以及消防联动的各类设备，包括这些系统下各类设备的状态信息。

9. 无人机子系统

展示无人机巡视子系统运行情况，及时将无人机各种情况进行信息上送，方便运检人员实时掌握无人机情况。

10. 统计分析

对辅助设备视频的质量进行分析，图表展示故障及异常情况，方便运检人员进行了解。

3.4　智能辅助控制系统接口要求

站级辅助子站（AMC）部署于变电站内的安全Ⅳ区网络，通过前端采集平台采集终端设备的遥测遥信数据，解析 IEC 104 定义的各类报文，通过数据业务处理后，将各类遥测、事件数据保存到大数据平台中。

不同设备之间将依靠智能辅助一体化平台 I1 规范实现与 AMC 的通信，并具备接受指令、传送数据信息等功能，具有多种通信接口，主要包括安全警卫、灯光智能控制、环境监测与控制、消防安防系统等各个子系统，且对各个子系统实现配置和管理，确保各个子系统之间的联动。

3.4.1 辅助设备监控站端系统与辅助设备集中监控系统接口要求

1. 物理接口

辅助设备辅助网关机与辅助设备集中监控系统通过安全Ⅱ区调度数据网实现交互，采用 10MB/100MB 自适应工业以太网 RJ45 接口。

2. 接口协议

辅助设备辅助网关机与辅助设备集中监控系统、调度主站系统的通信协议采用 DL/T 634.5104 协议，文件传输宜采用 DL/T 634.5104 协议扩展方式。DL/T 634.5104 协议规范应符合国际电工委员会 IEC 60870－5－104 以及 DL/T 634.5104《远动设备及系统　第 5－104 部分》标准要求。

3.4.2 通信规约接口要求

1. Ⅰ2 接口 InterfaceⅠ1

Ⅰ1 接口是综合监测单元或符合 DL/T 860 的一体化监控平套监测装置和站端监测单元之间的接口，应满足 DL/T 860 的要求。

2. Ⅰ2 接口 InterfaceⅠ2

Ⅰ2 接口是综合监测单元或符合 DL 634.5104—2002 通信规约的一体化监控平套监测装置和控制站（主站）之间的接口，应满足 DL/T 634.5104—2009《变电站通信网络和系统》的要求。

3.4.3 主设备监控系统与辅助设备集中监控系统接口要求

1. 物理接口

主设备监控系统与辅助设备站端监控系统、辅助设备集中监控系统通过Ⅰ区与Ⅱ区之间防火墙通信，采用 100MB 或更高速率工业以太网 RJ45 接口通信。

2. 接口协议

辅助设备站端监控系统、辅助设备集中监控系统接收主设备监控系统联动信息，消息建议采用的 UDP 协议，报文格式应按照 CIM/E 语言格式规范。

3.4.4 辅助设备站端监控系统与视频监控站端系统接口要求

1. 物理接口

辅助设备监控主机与视频监控主机通过Ⅱ区与Ⅳ区之间正向隔离装置通信，采用

100MB 或更高速率工业以太网 RJ45 接口通信。

2. 接口协议

视频监控主机单向接收辅助设备监控主机主辅设备联动信息，应采用 UDP 协议，实现辅助设备监控主机联动数据的发送。

3.4.5　协议转换装置与辅助网关机、辅助设备监控系统接口要求

1. 物理接口

协议转换装置与辅助网关机、辅助设备监控系统采用 10MB/100MB 自适应工业以太网 RJ45 接口。

2. 接口协议

辅助设备监控主机、辅助网关机与协议转换装置通信协议采用 DL/T 860 通信协议。DL/T 860 通信协议应符合国际电工委员会标准 IEC 61850 标准以及 DL/T 860.3—2004《变电站通信网络和系统》要求。

3.4.6　视频监控主机与变电信息综合处理系统接口要求

1. 物理接口

视频监控主机与变电信息综合处理系统通过安全Ⅳ区数据通信网实现交互。采用 100MB/1000MB 自适应工业以太网 RJ45 接口。

2. 接口协议

视频监控主机与变电信息综合处理系统的通信协议采用国网视频接口 B 协议。视频接口 B 协议应符合 Q/GDW 1517.1—2014《电网视频监控系统及接口》要求。

3.4.7　辅助设备集中监控系统与变电信息综合处理系统接口要求

1. 物理接口

辅助设备集中监控系统与变电信息综合处理系统接口通过Ⅱ区与Ⅳ区之间正向隔离装置通信，采用 100MB 或更高速率工业以太网 RJ45 接口通信。

2. 接口协议

（1）总述。

1）辅助设备集中监控系统与变电信息综合处理系统接入分为模型文件和监测数据信息两部分。

2）模型文件仅包含辅助设备台账信息，满足国网“企业信息模型 SG－CIM4.0”要求。

3）监测数据信息为辅助设备动态数据，满足国网“企业信息模型 SG－CIM4.0”要求。

（2）模型文件传输。

1）接入要求。

a. 模型文件通过隔离装置自带的传输工具 Client 和 Server 端软件进行传输，模型文件变化时采用增量更新模式。

b. 文件格式采用 E 文件，文件格式满足 Q/GDW 215—2008《电力系统数据标记语言—E 语言规范》。

c. 文件名称要求：辅助设备—地市名称—变电站名称—时间（YYYYMMDD）。如：辅助设备—北京市—房山变电站—20190321。

2）模型文件要求。

a. 模型文件包含 Entity、Type、Time、DeviceModel 等字段。

b. Entity 表示系统所属地市公司。

c. Type 表示模型文件类型，包括消防监视、安防监测、在线监测、环境监测、SF_6 监测、灯光控制等类型。

d. DeviceModel 表示设备类型，包括但不限于：

a）消防监视子系统：区域火灾报警控制器、固定灭火装置、前端监测装置。

b）安防监测子系统：电子围栏、红外对射、双鉴探测器、门禁控制器。

c）在线监测子系统：变压器、电抗器、断路器、GIS、容性设备、金属氧化物避雷器。

d）环境监测子系统：微气象传感器、水泵、风机、空调。

e）SF_6 监测子系统：SF_6 风机、SF_6 控制器、SF_6 传感器。

f）灯光控制子系统：灯、照明控制器。

第4章

机器人智能巡检子系统

4.1 机器人智能巡检子系统建设要求

变电站是电力系统的重要组成部分，其运行工况对电力系统安全稳定运行、改善人民生活水平、推动国民经济以及现代化建设等方面都具有举足轻重的作用。尤其是信息化时代的来临，人类社会向信息时代的快速迈进的同时，电网也在向大容量、特高压方向迅猛发展，一旦电力系统出现设备异常或故障，导致区域性停电，必将对区域内经济发展造成损失，更有甚者可能危及国家安全。在这样的大环境下，依靠人工巡检的传统运检方式已难以跟上电力系统不断前进的脚步，以机器人巡检为特色的智能巡检方式呼之欲出。

作为电力特种机器人系列中的一种，变电站智能巡检机器人的投入使用，可以一定程度上解放运检人员，完成变电站巡检工作中的周期重复性和部分人工实现难度较大的工作，有效解决传统人工巡检方式单一、巡检成效不显著、巡检科技含量低等弊端，从远程化、智能化、信息化的多维角度优化巡检手段，为变电站无（少）人值守以及智能变电站巡检提供新的思路。

机器人智能巡检子系统通过“机器代人”的方式，以预设程序或实时遥控机器人开展变电站设备巡检，其巡检对象主要包括设备温度、仪表指示等，具有巡检模式多样化、巡检水平智能化、巡检任务标准化、巡检结果客观化等优点，同时机器人智能巡检子系统将巡检时间、对象、路线、结果整合为报表呈现，实现巡检全过程管理数字化，为设备运行状态分析和检修决策提供数据支撑。

4.1.1 机器人智能巡检子系统基本架构与功能

1. 机器人智能巡检子系统基本架构

机器人智能巡检子系统（简称“机器人子系统”）按其组成部分，通常可分为变电站智能巡检机器人、本地监控端、远程集控端、充电房、环境信息采集系统、机器人通信基站等部分。

（1）变电站智能巡检机器人（简称“机器人”）：是指可在变电站内自主移动开展设

备巡检的装置，主要由可移动载体、通信部件和检测部件等组成。

（2）机器人本地监控端：是指由计算机、通信设备、客户端软件和数据库组成，主要用于机器人监控、巡检计划编排和巡检数据分析、存储。

（3）机器人远程集控端：计算机、通信设备、集控客户端软件和数据库组成，通过内部网络远程集控各变电站本地监控后台，可协助运检站（班）实现对下辖变电站机器人监控、巡检计划编排、巡检结果查询和分析。

（4）充电房：安装有充电装置、自动门、网络设备等设施，配合机器人实现全天候自主充电。

（5）环境信息采集系统：主要包括温湿度传感器和风速仪等环境信息采集终端。

（6）机器人通信基站：用于实现机器人与本地监控端数据交互的网络设备。

根据其网络构架，机器人智能巡检子系统通常可分为两层结构，即移动层和基站层，如图 4－1 所示。

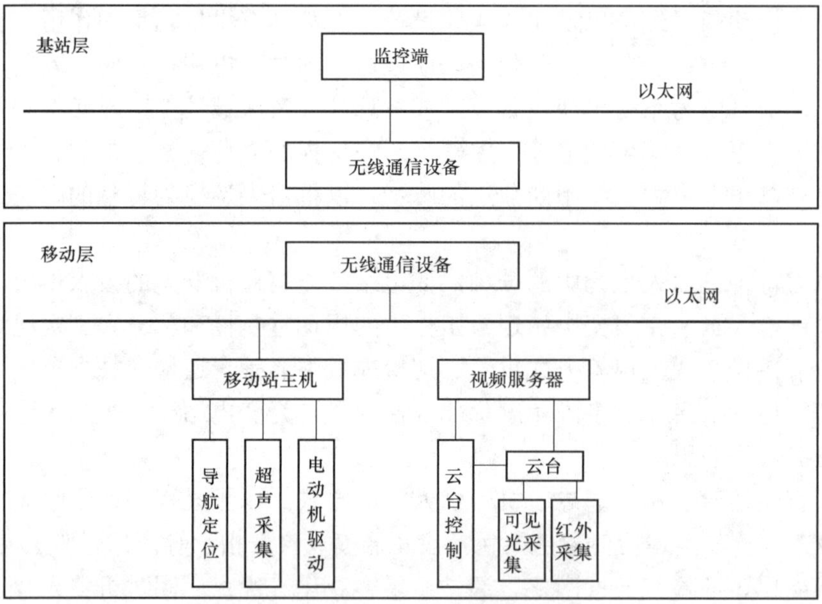

图 4－1　机器人系统分层式控制结构图

移动层主要实现机器人的导航与移动控制、可见光及红外测温数据采集和上传、电能管理等功能，与基站层相配合，共同完成机器人自主式巡检。其主要包括工控机、移动控制、定位导航、检测仪器、电能供应、通信网络等系统以及机器人机械部件等部分。

基站层主要对移动层采集的设备巡检数据进行存储和分析，进而实现远程诊断。此外还包括实现系统监测和机器人运动预设等功能。其主要由监控计算机、网络交换机以及相应的无线通信设备组成。

根据其系统功能，机器人智能巡检子系统通常可分为机器人本体控制系统、自主充电系统、信息采集及处理系统、远程监控系统、大数据处理系统、导航系统等。

（1）机器人本体控制系统：主要实现云台操控、数据采集仪器控制（如可见光相机、红外热像仪等）、数据传输控制、机器人运动控制、避障控制、机器人电源管理和充电控制等功能。

（2）导航系统：利用传感器定位机器人在变电站中的精确位置，识别可行道路和不可行障碍物，并规划最优可执行路径。

（3）自主充电系统：可实现机器人本体电能状态检测，在需电能补给时，自主控制机器人返回充电室补充电能。

（4）信息采集及处理系统：读取各类仪表、设备状态、设备测温、设备噪声等数据，并进行相关分析。

（5）监控系统：即用户的操作系统，可实现人机信息交互，交互内容主要包括机器人状态、各类巡检任务与巡检数据等。

（6）大数据处理系统：完成机器人各类巡检信息的存储、整合、处理，可自主生成统计报表，实现设备运行工况在线分析或评价。

2. 机器人智能巡检子系统基本功能

（1）机器人智能巡检子系统巡检功能。

1）可见光巡检：通过配备的可见光相机，获取设备外观状态、分合状态和表计指示等信息，并将上述信息以图像和数据形式实时传输至本地监控端。

2）红外巡检：通过配备的红外成像仪，获取设备本体、引线和接头部位温度信息，并将上述信息以图像和数据形式，实时传输至本地监控端。同时，红外成像仪可实现自动对焦，热成像图囊括图像中的温度最高温度及位置。

3）噪声巡检：通过配备音频采集设备，获取设备运行噪声数据，并以音频数据形式通过无线传输设备，实时上传至本地监控系统。

（2）机器人智能巡检子系统运动功能。

1）自主导航定位功能。

2）防碰撞功能：在巡检过程中，如遇到正面障碍物可自动停止或绕行，在障碍物移除后继续开展巡检。发生碰撞时，能够第一时间停止前进并发出报警信号，防止造成进一步损坏。

3）防跌落功能：在巡检过程中，遇到台阶、坑洞等障碍，能够第一时间停止前进并发出报警信号。

4）越障功能。

5）涉水功能。

6）爬坡功能。

7）续航功能：机器人电池供电一次充电后的续航能力不小于 5h。

8）充电功能：电池完成一次充电所需时间应不大于 5h。

（3）机器人智能巡检子系统自动充电功能。机器人具有电能检测和自主充电功能，在巡检任务完成后或巡检任务进行中，检测到电池电量不足时，启动电能补充模式。

（4）机器人智能巡检子系统双向语音对讲功能。机器人具备获取音频、视频和播放语音功能，并可在本地监控系统实时传输音频、视频数据。

（5）机器人智能巡检子系统机器人自检功能。机器人具备各部件自检功能，包括电源、驱动、通信和巡检模块等部件的自检功能，在发生异常时应就地停止巡检，向监控主机端发送设备异常信息。

（6）机器人智能巡检子系统通信功能。

1）机器人可遥控操作，最大遥控距离不小于 1km。

2）多台机器人在同一空间内工作时，其无线控制信号应能相互区分。

3）本地监控端能无延时、高可靠接收机器人采集的信息，如图像、语音、数据等，并进行相关处理。

（7）机器人智能巡检子系统智能报警功能。

1）机器人异常报警：包含电源异常、驱动异常、检测巡检功能异常、数据传输异常。

2）被检设备异常报警：包含设备过热、设备三相温差异常、表计指示异常、设备分合指示异常等。

（8）机器人智能巡检子系统环境信息采集。具有温度、湿度和风速等环境因素数据采集功能。

（9）机器人智能巡检子系统状态监测功能。具有机器人实时状态监测功能，可监测机器人的巡检状态、电能状态及异常报警状态。

4.1.2 户外机器人智能巡检子系统建设典型方案

以常规 220kV 变电站户外机器人智能巡检子系统为例，其建设方案中通常考虑户外巡检机器人选配、本地监控端安装、充电室安装、环境信息采集及通信基站安装、巡检辅助道路浇筑五个方面。电气接线主要包括充电室电源接线、无线网桥接线、风速、风向、气压以及温湿度传感器接线，如图 4－2 所示。

根据常规 220kV 变电站设备分布情况，全站可共设置 7 个区域巡检任务，分别为 220kV 设备区域、110kV 设备区域、主变压器区域、35kV 线路设备区域，35kV 电容器区域、35kV 电抗器区域、35kV 站用变压器区域，巡检路径根据现场具体情况细化。其主要设备的检测类型为红外测温和可见光图像，主要包含设备本体、套管、接头的温度和设备仪表、状态等指示（特殊位置的除外）。

1. 巡检机器人选配

选配的户外机器人，其本体需包含传感单元、导航单元、控制单元、驱动单元、电能单元等部件的实现要求。

（1）传感单元：主要包括可见光相机、红外热像仪、数字云台、安防传感器等模块，用于实现设备可见光图像获取、设备红外测温、设备表计读取、机器人防碰撞等功能。

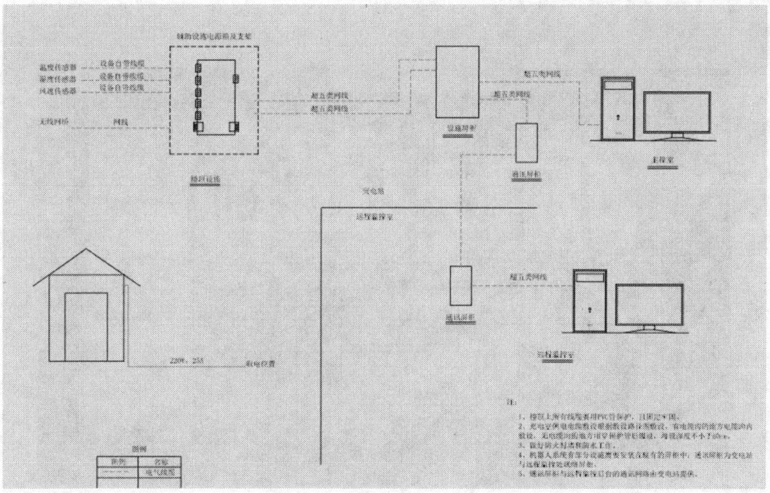

图 4－2　户外机器人智能巡检子系统电气连接图

注：

1. 楼顶上所有线缆要用 PC 管保护，且固定牢固。
2. 充电室供电电缆敷设根据敷设路径图敷设，有电缆沟的地方电缆沟内敷设，无电缆沟的地方用穿保护管后埋设，埋设深度不小于 60cm。
3. 做好防火封堵和防水工作。
4. 机器人系统有部分设施需要安装在现有的屏柜中：通讯屏柜为变电站与远程监控处联络屏柜。
5. 通信屏柜与远程监控后台的通讯网络由变电站提供。

（2）导航单元：主要包括可以实现自主定位导航和采集所在运行环境的位置数据的传感器。目前主流的导航方式除了激光导航之外，还有磁导航。

（3）控制单元：是机器人的核心单元，主要负责对传感单元采集的数据信息进行集中处理、运算及对执行机构的控制。目前机器人控制单元通常采用低功率、无风扇散热、零噪声设计，各接口均采用隔离技术，存储模块采用工业级固态硬盘，确保控制单元在各种恶劣环境下的长期稳定可靠运行。

（4）驱动单元：保证机器人在各种路况下的驱动能力，实现机器人开展巡检时自主行走。主要设备通常采用大功率无刷直流电机模块，模块自带高分辨率码盘，以实现电动机的精确控制。目前轮式机器人通常采用四轮驱动，或者两轮驱动方式。

（5）电能单元：提供机器人各功能单元所需能量。目前通常配备锂电池，其储存电能可以满足机器人 5h 以上续航要求。同时，具备电能量自动检测功能，当检测到电能量达到预设值及以下时，触发自主充电模式。

2. 本地监控端选配及安装

本地监控端包括机器人管理、任务管理、实时监控、巡检结果确认、巡检结果分析、用户设置、机器人系统调试维护 7 大模块。同时，本地监控系统的硬件应具有自动备份功能。通常本地监控系统安装在主控室或通信机房内，并配备配套的麦克风和音响，如图 4－3 所示。

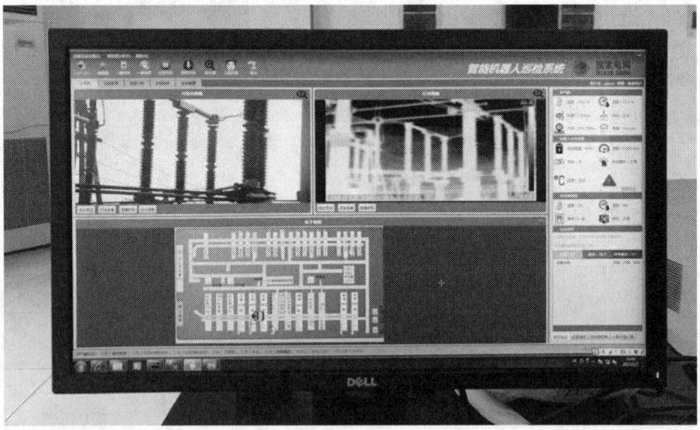

图 4–3　户外机器人本地监控端

（1）机器人管理模块：一个变电站内存在多台机器人时，可通过此模块切换，显示实时监视界面中各个机器人的巡检状态以及实时画面。

（2）任务管理模块：运检人员可以根据不同的巡视需求，通过设置巡检范围、日期、并生成所需的巡检任务。

（3）实时监控模块：运检人员可以通过此模块，实时监视巡检机器人的任务执行进度，同时可手动远程控制巡检机器人行进、云台转动、摄像头拍照录像等功能。

（4）巡检结果确认模块：运检人员在此模块对巡检任务完成后的各类数据、告警等进行确认，并生成巡检任务报告。

（5）巡检结果分析模块：主要是让运检人员对巡检数据开展横向或纵向对比，并生成比对结果报表。

（6）用户设置模块：主要是对设备的告警阈值、人员权限、告警消息的订阅等进行设置。

（7）机器人系统调试维护模块：主要是由厂家人员进行机器人调试、维护时使用。

3. 充电房安装

充电房用于机器人的电能补充，可满足非工作状态下的停放需求。通常，机器人的自主充电房占地面积约 2～4m^2，材料可采用镀锌板框架，输入电源采用 220V 交流电源。机器人可自动开启、关闭充电房门，并与内置充电座配合完成全天候自主充电（见图 4–4）。

4. 环境信息采集及通信基站安装

环境信息采集用于全天候实时监测变电站现场气象数据，包含环境的温湿度、风速等，并通过有线网络将上述气象数据实时回传至机器人监控后台供运检人员查看，通过算法融入检测结果中去，确保检测数据的准确、可靠（见图 4–5）。通信基站用于实现巡检机器人车载端与本地监控端之间的双向数据交互，目前主流的无线设备采用 2.4GHz 频段。

图 4－4　户外机器人充电房

图 4－5　环境信息采集及通信基站

5. 巡检辅助道路浇筑

为全面发挥智能巡检机器人的功效，有效扩展机器人的巡检区域，全局统筹巡检任务编排，通常需增加机器人巡检辅助通道。巡检辅助通道一般要求宽度为 1.2m，厚度为 15cm，并有防滑处理，如图 4－6 所示。

图 4－6　机器人巡检辅助通道

4.1.3　户内机器人智能巡检子系统建设典型方案

户内机器人智能巡检子系统主要由机器人本体、轨道系统、通信供电系统、服务器及监控平台等组成，系统原理如图 4－7 所示。

户内智能巡检机器人通常安装于变电站的户内开关室、GIS 配电室和继电保护室，以固定轨道巡检形式，通过预设运动轨道移动到各个设定的检测区域，通过可见光、红外光、局部放电、声音等多种智能传感装置采集各开关柜、屏柜、GIS 的运行状态数据，这些数据首先通过低压载波方式传送到控制箱，再通过网络将数据回传到变电站监控后台，信号传送方式可以是电力载波的有线通信，也可以是无线通信，根据现场实际需求配置。

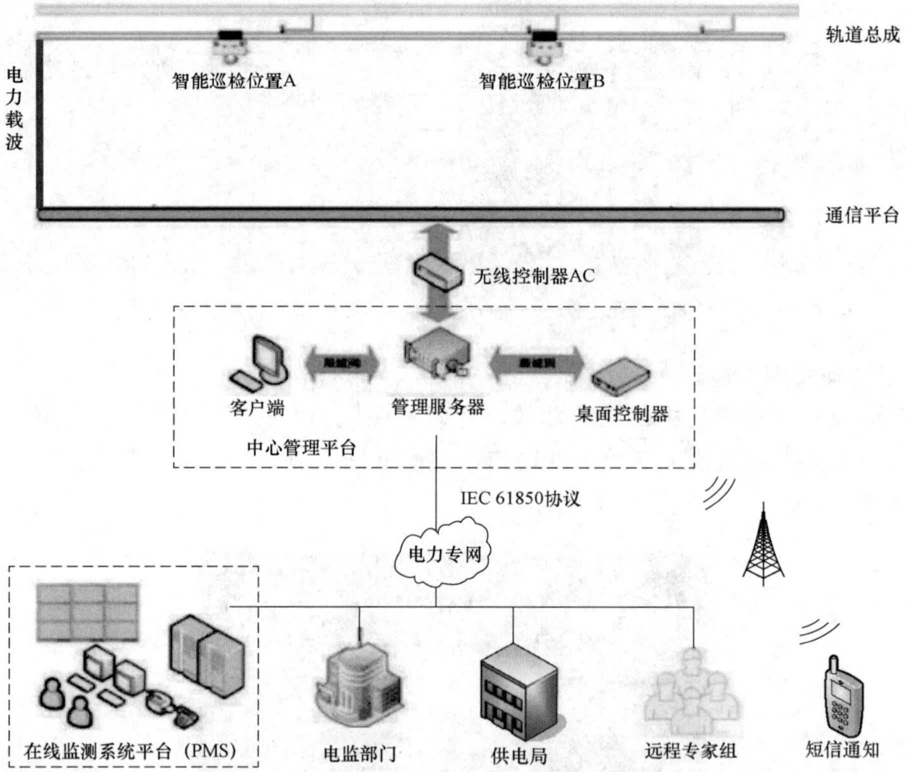

图 4－7　智能巡检机器人系统原理

1. 巡检机器人选配

户内智能巡检机器人本体结构由运动机构、控制平台、升降机构、检测平台和智能云台五部分组成。

（1）运动机构：运动机构采用伺服步进电动机驱动，水平运动驱动机构导向轮与驱动轮相结合，纵向驱动机构采用定位精准的伺服步进电动机，在一定行程内可精确定位。

（2）控制平台：由电动机驱动与定位检测系统组成，驱动控制器由专用伺服电机控制系统构成，定位检测系统由工业位置条码标签与条码扫描仪组成，通过条码实现机器人巡检系统的准确定位。

（3）升降机构：是指部署于机器人运动平台上的伸缩机构，供机器人上下移动，以监测柜体上不同高度的探测对象。

（4）检测平台：装载有防碰撞传感器、智能音响和对讲系统等。

（5）智能云台：可实现水平 360°、垂直 －45°～+45° 运动，搭载视觉传感器、局部放电传感器、红外传感器、气体检测传感器、声音传感器等。

2. 本地监控后台安装

本地监控端可参考户外机器人智能巡检子系统建设典型方案。

3. 动力、控制、通信系统安装

（1）动力电源。户内机器人采用的是 220V 单相电源，通常从户外充电房里配电箱内取电至控制箱。控制箱输出电源接入轨道滑触线，供户内机器人用电。

（2）控制及通信箱安装。机器人系统对通信系统、供电系统进行了集成，将配电装置、通信装置布置于控制箱中，在为轨道进行不间断供电的同时，通信信号可全覆盖机器人运行区域。

4. 轨道布置及安装

水平运行轨道是指根据开关室、继保室或 GIS 室的实际结构与布局，部署在开关室柜体上端的滑轨，供机器人横向运动。通常根据现场勘查情况，在每个开关室或 GIS 配电室安装一套轨道系统，为了最大程度覆盖室内所有测点，机器人运行轨道需要设置设备的前面和后面，所以一般轨道整体铺设成 S 形或 U 形，如图 4－8 和图 4－9 所示。

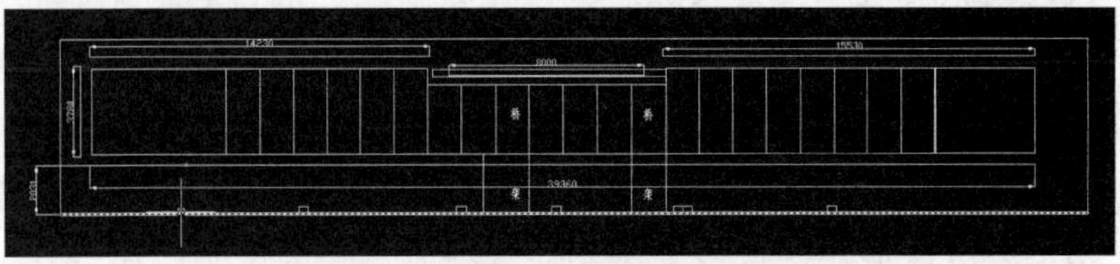

图 4－8　开关室轨道布置平面图

图 4－9　开关室轨道布置实物图

4.2 机器人智能巡检子系统管理要求

4.2.1 土建管理要求

1. 系统前期踏勘管理

机器人智能巡检子系统开工建设前，运检管理单位与施工单位开展现场联合踏勘，确定充电房、本地监控系统、无线基站及环境信息采集及通信基站等设施的安装位置，明确设备电源接入方案、巡检辅助道路规划设计、全站设备巡检点位等需求。

施工单位根据现场踏勘情况和运检管理单位要求，绘制机器人巡检路径图、土建施工图、电缆走向图、设施定置定位图等，编制整个工程的“三措一案”资料（安全措施、组织措施、技术措施及施工方案），提交运检管理单位审核。

2. 系统设计审核管理

运检管理单位组织召开设计审查会，对施工单位提交的机器人巡检路径图、土建施工图、“三措一案”等资料进行审查，并提出修改意见。重点审核内容如下：

（1）巡检路径或导轨铺设需对适用范围内设备全覆盖，尽可能利用站内原有道路，避免或尽可能减少电缆盖板路径的使用，采用小迂回路线，路径应尽量呈回形，避免断头路径，满足拍摄角度最近、最优原则，并应综合考虑设备检修时道路冗余需求。

（2）电源接入方案及电缆走向等草图满足安全可靠要求，电源开关配置满足回路级差要求，审核后的草图应提供给设计单位出正式施工图纸。

（3）新修路径、充电房基础的土建施工图纸应明确土建用料、水泥厚度或铺设方法、路面平整度、道路切边等要求，审核后的草图应提供给设计单位出正式施工图纸。

（4）明确项目各实施环节进度管控、施工过程中对草坪等原有设施破坏后的修复处理等内容。

3. 系统施工管理要求

（1）施工单位应具备相应的资质，施工人员应经安规考试合格，经批准备案并书面公布后方可进入现场作业。

（2）施工单位应对现场施工质量和施工安全负责，严格按图纸施工，施工工艺和标准等符合要求；运检管理单位对施工单位落实基建施工环节各项要求负有督促职责，对施工过程中出现的问题应合理协调，落实解决措施。

（3）充电房地基浇筑在夯实的地面上并采取防止地基沉降措施，基础应高出道路面，对地势低洼变电站的充电房应提出增加基础厚度等其他特殊要求；充电房应与变电站主接地网相连，且接地端可靠接地；采用的防火材料施工单位应出具权威机构的防火检测报告，满足变电站消防要求；充电房应安装牢固，做好防台风、防雨及温湿度控制等措施。

（4）施工单位应严格按照充电房电缆走向图施工，电源电缆应采用阻燃电缆，电缆规格、敷设方式、防护措施、电缆标识、防火封堵等应满足相关要求；相关电源接入站用电源配电屏的工作应由本单位检修单位或其他有资质的单位施工。

（5）巡检辅助道路应与变电站环境协调，尽量与原有道路相匹配；巡检道路的宽度、倾斜度、防滑措施、排水设施、工艺标准等应满足有关验收要求。

（6）环境信息采集及通信基站等辅助设施应按照定置定位图施工，并做好防台风、防雨等防护措施，布线清晰、走向合理。

（7）运检管理单位应加强巡检机器人现场土建施工现场的安全管控，若发现施工人员的不规范作业行为，有及时制止并纠正的职责。

（8）机器人智能巡检子系统的土建施工应委托具有施工资质的专业队伍和人员进行，且施工手续齐全、工作流程清晰、人员责任明确。

（9）土建施工单位要加强安全文明施工，施工材料、工器具等应由运检管理单位指定地点存放，不得随意放置，现场施工过程中要保持变电站内环境卫生，施工完成后需将施工产生的垃圾清理干净。

（10）施工过程应做好原有道路、草坪等周边环境设施的防护工作，对施工中损坏的变电站原有道路、草坪等，施工单位应按照运检管理单位的要求，尽量恢复原貌。

4. 设备新（改、扩）建管理

（1）对于已规划实施机器人项目的新建变电站，要统筹考虑后续机器人项目的建设。新建变电站的机器人充电房、巡检辅助道路、电缆施放等应随同变电站主设备同步设计、同步施工、同步验收。

1）在变电站可研初设（审查）阶段，运检管理单位应与设计部门、基建部门沟通，将机器人充电房、巡检道路等列入设计考虑范围，设计部门提供的变电站图纸清册应包含机器人充电房、巡检道路等设计图纸。

2）在变电站基建施工阶段要结合变电站土建工作，完成机器人充电房建造、巡检道路铺设等基建配合工作。

3）在变电站电气设备安装阶段，应考虑机器人巡检的覆盖率和便利性，在不影响设备功能和安全要求条件下，设备表计、观察窗位置等应高度适宜、朝向统一。

（2）已安装巡检机器人的变电站，在改、扩建工程的规划设计，基建施工，电气安装等阶段，统筹考虑机器人项目的实施，改、扩建间隔的机器人设备表计，状态指示朝向调整等工作应一并完成，改、扩建间隔的机器人巡检点位完善工作应与改、扩建工程同步验收、投运。

4.2.2　调试管理要求

1. 系统巡检点位设定

运检管理单位应以变电站现场设备和技术规范为依据，参照标准巡检点位库，编制巡检点位表和温度、表计等正常值、告警值设置参数和计算公式，并形成标准文档提供给施工单位。

巡检点位应满足适用范围内设备全覆盖要求，实际施工过程中，可以根据现场设备实际情况进行巡检点位的适当增添或删除，但应履行变动审核确认手续。

由于设备原因巡检无法覆盖的点位，运检管理单位应协助施工单位提出解决途径，通过更换表计或观察窗玻璃、加装反光镜、结合设备停役调整表计朝向等方式提高巡检设备覆盖率。确实因地理环境、设备安装等特殊原因无法覆盖、数字无法识别的，须经专业管理部门评估并出具联系单。

2. 系统巡检路径优化

机器人智能巡检子系统安装调试过程中，还应根据现场实际情况不断优化巡检路径，以满足巡检点位采集要求。巡检路径应尽量采用小迂回形式，当变电站原有道路和新建巡检道路无法满足适用范围内设备全覆盖要求时，应增加巡检道路。

3. 系统调试过程管控

运检管理单位应根据现场设备实际情况，全程参与和监督施工单位的安装调试过程，指定专人或团队协调解决机器人安装调试过程中的各类问题。本地监控系统应参照标准进行功能设计，满足各类巡检任务编制、数据分析、报表报告生成和实时告警等要求。机器人安装调试过程中，施工单位应加强机器人信息安全管理，运检管理单位负责监督落实。

机器人安装调试完毕，施工单位应向运检管理单位出具调试报告，内容包括机器人基本功能介绍、巡检点位及巡检设备覆盖率、机器人巡检数据与人工巡检数据对比情况、调试存在的问题及整改措施等。

4.2.3 检测管理要求

1. 检测分类

机器人智能巡检子系统的检测主要包括两类，即型式试验和出厂试验。

（1）型式试验。型式试验是指具有资质的检测单位，接受制造厂家的委托，将其生产的机器人按照既定的试验项目逐项检测，并根据检测结果出具试验报告。通常，存在以下情况之一时，需进行型式试验：

1）新设备定型、投产前；

2）连续批量生产的设备每五年一次；

3）生产设备发生重大变化时；

4）在正式量产阶段，产品在设计、工艺材料、元器件等方面发生较大变动，导致存在影响机器人性能时；

5）出厂检验结果与型式试验存在不可忽视的差距时；

6）国家技术监督机构或其委托的技术检验部门要求型式试验时；

7）按合同规定进行型式试验。

（2）出厂试验。制造厂家的检验部门，在每台机器人系统出厂前，负责根据既定的检验项目逐项检测，确认全部试验项目合格后，出具合格证，表明产品达到出厂标准，产品允许出厂。

2. 检测项目

型式试验和出厂检验需执行的检验项目可具体分为 21 个大类、共 62 项检验项目，具体如表 4－1 所示。

表 4－1　　型式试验和出厂检验具体项目

序号	检测项目		型式试验	出厂检验
1	结构和外观	整机外观结构	●	●
2		外壳表面	●	●
3		电气部件布线	●	●
4		机器人本体重量	●	○
5	工作环境适应性	高温试验	●	○
6		低温试验	●	○
7		湿热交变试验	●	○
8	电磁兼容性	静电放电抗扰度试验	●	○
9		射频电磁场抗扰度试验	●	○
10		工频磁场抗扰度试验	●	○
11	整机防护性能	IP 防护试验	●	○
12	检测设备性能	红外测温准确度	●	●
13		可见光成像质量	●	●
14		红外成像质量	●	●
15	可靠性试验	机械振动试验	●	○
16		防跌落功能	●	○
17		续航能力	●	○
18	运动系统	最大速度	●	○
19		爬坡能力	●	○
20		转弯半径	●	○
21	云台性能	云台性能	●	○
22	自主导航性能	自主导航及定位准确度	●	○
23	防碰撞功能	防碰撞功能	●	●
24	越障功能	越障能力	●	○
25	涉水功能	涉水能力	●	○
26	自主充电功能	自主充电功能	●	●
27	双向语音功能	语音对讲功能	●	●
28	通信性能	通信性能试验	●	●
29	辅助照明功能	辅助照明功能试验	●	●

续表

序号	检测项目			型式试验	出厂检验
30	状态指示功能		状态指示功能试验	●	●
31	电池性能试验		充放电次数	●	○
32			放电特性试验	●	○
33			安全试验	●	○
34	自检功能		通信信号自检	●	●
35			电池模块自检	●	●
36			驱动模块自检	●	●
37			检测设备自检	●	●
38	智能报警功能		三相温差异常	●	●
39			过热报警	●	●
40			各类表计读数	●	●
41			设备分合状态	●	●
42			机器人报警	●	●
43	监控系统软件测试	系统性能	识别分析响应时间	●	●
44			日常操作的响应时间	●	●
45		任务管理功能	任务设置功能	●	●
46			任务执行方式功能	●	●
47			任务展示功能	●	●
48		实时监控功能	巡检监控功能	●	●
49			巡检地图功能	●	●
50			音视频控制功能	●	●
51			云台、运动控制功能	●	●
52			任务控制功能	●	●
53			控制模式切换功能	●	●
54			一键返航功能	●	●
55			通信中断返航功能	●	●
56		巡检结果确认功能	设备告警确认功能	●	●
57			巡检结果浏览功能	●	●
58			巡检报告功能	●	●
59		巡检结果分析功能	对比分析功能	●	●
60			生成报表功能	●	●
61		用户设置功能	用户设置功能	●	●
62		系统调试维护功能	机器人系统调试维护功能	●	●

注 ●表示规定必须做的项目；○表示规定可不做的项目。

3. 结果评定

在型式试验或出厂试验的某一项目检测过程中，若出现检测结果不符合标准要求、缺少配件造成无法检测、任一模块故障等情况，则认为该项检测结果不合格。

4.2.4　验收管理要求

1. 验收内容及标准

机器人智能巡检子系统的验收内容，主要包括但不局限于技术资料完整性、网络信息安全性、技术性能指标达标率、监控系统实用率、系统施工建造质量可靠性、系统售后服务能力、系统巡检覆盖范围和设备表计识程度。

2. 验收流程

机器人智能巡检子系统的验收过程，按照先后顺序，主要分为施工单位自验收、运检管理单位预验收、系统试运行和系统交接验收四个阶段。

（1）施工单位自验收。施工单位应根据招标文件协议，通常在机器人智能巡检子系统土建施工、设备安装、设备调试环节基本结束后，开展自验收工作，以确保满足机器人智能巡检子系统的各项技术要求。设备运检管理单位接受验收申请，在施工单位完成自验收、结论合格，出具自验收报告。

（2）运检管理单位预验收。运检管理单位组织开展预验收，通常在收到验收申请后的一周内。预验收时主要开展对系统实用功能、设备巡检性能、巡检数据及分析结果的验证和记录工作，确保变电站智能机器人巡检子系统符合原先的产品技术文件和工程设计要求，并出具预验收报告。运检管理单位出具的预验收报告是施工单位进行整改的根据，且整改情况需反馈给运检管理单位。

（3）系统试运行。在运检管理单位预验收后，机器人智能巡检子系统应开展试运行，时间不少于一个月。通过系统试运行，可以对系统运行可靠性、任务执行正确性、数据采集准确性进行识别，并形成系统试运行报告。在系统试运行期间各项功能验证合格后，可由设备运检管理单位向上级管理部门，提出系统交接验收申请。需要注意的是，在系统试运行期间，常规人工巡视继续开展。

（4）系统交接验收。系统交接验收，通常在接到设备运检管理单位验收申请后的一周内组织开展。系统交接验收主要开展系统的预期各项功能和技术要求确认工作，并出具预验收报告。施工单位和运检管理单位根据提供的系统交接验收报告进行复查整改，并反馈整改情况。

3. 验收要求

（1）各流程验收过程中，各级验收方应依据验收评价表，逐个项目、逐台设备验收，并按变电站填写验收报告。

（2）各流程验收过程中，应采用文档资料审查、当地机器人监控系统核查、现场机器人测试等方式逐项进行验收，验收过程应全程录像，并存档。

（3）各流程验收过程中，机器人智能巡检子系统各项指标应满足验收评价表要求，机器人对变电站设备的巡视全覆盖达标率、设备表计全识别达标率应达到100%（确实因地理环境、设备安装等特殊原因无法覆盖、无法识别的须经核实后才能通过验收）。

（4）各施工单位应及时整改各流程验收中发现的问题，直至全部整改验收通过。

（5）机器人网络信息安全验收应与机器人验收同步开展。

4.2.5 运行管理要求

1. 系统运行管理要求

（1）系统巡检内容。机器人使用模式分为单站式和集中式两类。单站式是指机器人固定在某个变电站开展巡检，而集中式是指机器人在多座变电站轮转开展巡检。变电站的地理分布、巡视周期等是机器人集中式使用应综合考虑的因素，机器人转运方案需在投运前完成制定。

例行巡检、全面巡检、专项巡检、特殊巡检是机器人巡检的主要四种类型。

1）例行巡检：针对变电站内设备外观、异常声响、设备渗漏、状态指示、各类表计数值及辅助设施外观、变电站运行环境等要素开展的除红外测温外的常规性巡检。

2）全面巡检：指在例行巡检的基础上，增加变电站内设备各类接头温度、辅助设施运行状况和变电站运行环境等要素进行全方位巡检。

3）专项巡检：指根据实际需要，开展单类变电设备巡检，巡检类别分为全站红外测温、油位油温表巡检、避雷器泄漏电流表计巡检、SF_6压力表计巡检、液压表计巡检、设备状态识别等。

a. 大风后；

b. 雷雨后；

c. 冰雪、冰雹、雾霾天气时；

d. 新设备投入运行后；

e. 设备在检修、改造或长期停运后重新接入系统；

f. 设备缺陷有发展时；

g. 设备发生过负荷、负荷剧烈变化、设备发热、设备冲击、设备跳闸等异常情况；

h. 重要保供电任务时；

i. 存在较大电网风险事故（事件）时。

（2）系统巡检周期。机器人巡检周期原则上需满足对应变电站（无人值守）人工巡视周期。

（3）系统运行维护要求。

1）已配置机器人智能巡检子系统的变电站，其现场运行专用规程中应完善机器人子系统设备运行维护内容，包括明确系统使用方法、系统操作流程和相关注意事项等。

2）机器人智能巡检子系统的日常运行维护管理工作应由专人负责。

3）运检管理单位应做好机器人智能巡检子系统设备台账和运行维护记录管理工作。

4）运检管理单位应定期（如月度或季度）开展机器人智能巡检子系统的运行分析，

总结存在的问题并进行改进。

5）机器人智能巡检子系统的运行、使用情况应纳入交接班。

6）机器人智能巡检子系统报警值设置应依据相关规范标准设定，并留存书面记录。

7）运检管理单位应根据变电站内设备运行工况，对应制订机器人智能巡检子系统月度巡视计划并开展巡检工作。

8）机器人智能巡检子系统应做到变电站设备全巡视覆盖和设备表计全识别。

9）正常情况下，机器人智能巡检子系统白天开展例行巡检、全面巡检、专项巡检（以可见光为主），夜间开展设备专项巡检（以红外测温为主）。

10）已配置机器人智能巡检子系统的变电站，应定期开展机器人的巡检数据比对分析，保证巡检准确性。对存在明显差异的比对结果，应及时查明差异原因，并根据实际情况进行处理。

11）已配置机器人智能巡检子系统的变电站，在完成全部验收环节后，可根据系统运行情况，降低人工巡检频次，逐步由机器人巡检取代人工巡检。

12）在变电站开展新改扩建、土建施工、设备检修时，及时调整机器人智能巡检子系统巡检任务范围，对可巡检区域内设备巡检，重新规划路径开展巡检。全部设备巡检恢复应与全部施工结束同步。

13）机器人智能巡检子系统无法开展巡检任务时，应首先恢复人工巡检。

14）运检人员应定期检查机器人红外测温记录、仪表检测记录和设备报警记录，分析上述巡检数据，并根据分析结果进行处理。

16）视频、图片数据应根据需要至少保存三个月以上，其他巡检记录宜长期保存。

2. 系统维护管理要求

（1）运检管理单位将系统维护工作纳入日常运行维护管理，以系统维护手册为基础，编制实用化作业卡，开展机器人智能巡检子系统维护、检查工作。

（2）运检管理单位应定期检查机器人智能巡检子系统网络信息安全情况，包括阶段性更新主机及数据库账号口令，阶段性安装系统补丁、梳理病毒库等。

（3）运检管理单位应定期（如季度或半年度）对机器人智能巡检子系统进行全面检查，包括机器人监控系统运行状况、巡视通道状况、充电房状况等，并记录留档。

3. 系统异常处理要求

（1）巡检设备异常处理。机器人智能巡检子系统的监控系统发现设备异常、发出告警信息后，运检人员应及时检查机器人监控系统，及时现场确认、核实。如为误报警，则应对机器人进行检查、维护。

对机器人智能巡检子系统发出的设备告警，按照严重程度分类进行处理，具体处理方式如下：

1）对已达到严重及以上等级缺陷的设备报警信息，运检人员应及时到现场进行复核，并根据复核情况上报上级管理部门；

2）对一般缺陷的设备报警信息，应安排运检人员使用机器人智能巡检子系统对设备缺陷发展情况进行定期跟踪。

（2）机器人智能巡检子系统异常处理。机器人智能巡检子系统发生异常时，运检管理单位应及时开展维护保养工作，确保机器人智能巡检子系统具备持续良好运行条件，并记录以下内容：

1）异常发生的时间、地点、现象；

2）已完成和未完成的巡检任务；

3）系统损坏情况。

4. 系统档案管理要求

机器人智能巡检子系统应纳入档案管理的文件包括以下部分：

（1）机器人智能巡检子系统验收、运检管理制度。

（2）机器人智能巡检子系统出厂合格证、产品说明书、操作手册、维护手册、型式试验报告、出厂试验报告、设计施工方案、安装调试报告、竣工图纸、交接验收报告、设计变更说明（含修改后的安装说明）、系统台账、检修记录等资料。

（3）机器人智能巡检子系统巡检路线图、巡检点位图、巡检点位表、巡检计划表、巡检结果报告、备品备件清单。

5. 系统培训管理要求

运检人员应熟悉机器人智能巡检子系统结构和原理，掌握机器人智能巡检子系统运行维护管理要求，熟练掌握机器人智能巡检子系统巡检操作技能。运检管理单位应每半年开展一次机器人智能巡检子系统技能培训，培训内容包括运行维护管理要求、机器人巡检操作、日常维护、异常处理等。

4.3 典型应用案例

4.3.1 机器人发现设备异常及缺陷

220kV 某变电站机器人发现 1 号主变压器 220kV A、C 套管油位计失灵异常。

（1）设备概况。

1）机器人信息：该机器人型号为 E100+型，投运时间为 2017 年 9 月。

2）主设备信息：缺陷（异常）主设备为 1 号主变压器 220kV 套管 A、C 相油位计，型号为 BRDL W1－220/630－4，投运日期为 2003 年 3 月 21 日。

（2）事件经过。2018 年 3 月 30 日，运检人员对某变电站智能机器人历史巡检数据进行整理过程中发现 1 号主变压器 220kV 套管 A、C 相油位近 9 个月内未发生任何变化，B 相油位随着季节的变化有明显的变化。其中，A 相油位在 75%左右，C 相油位在 60%左右，具体如图 4－10 所示。

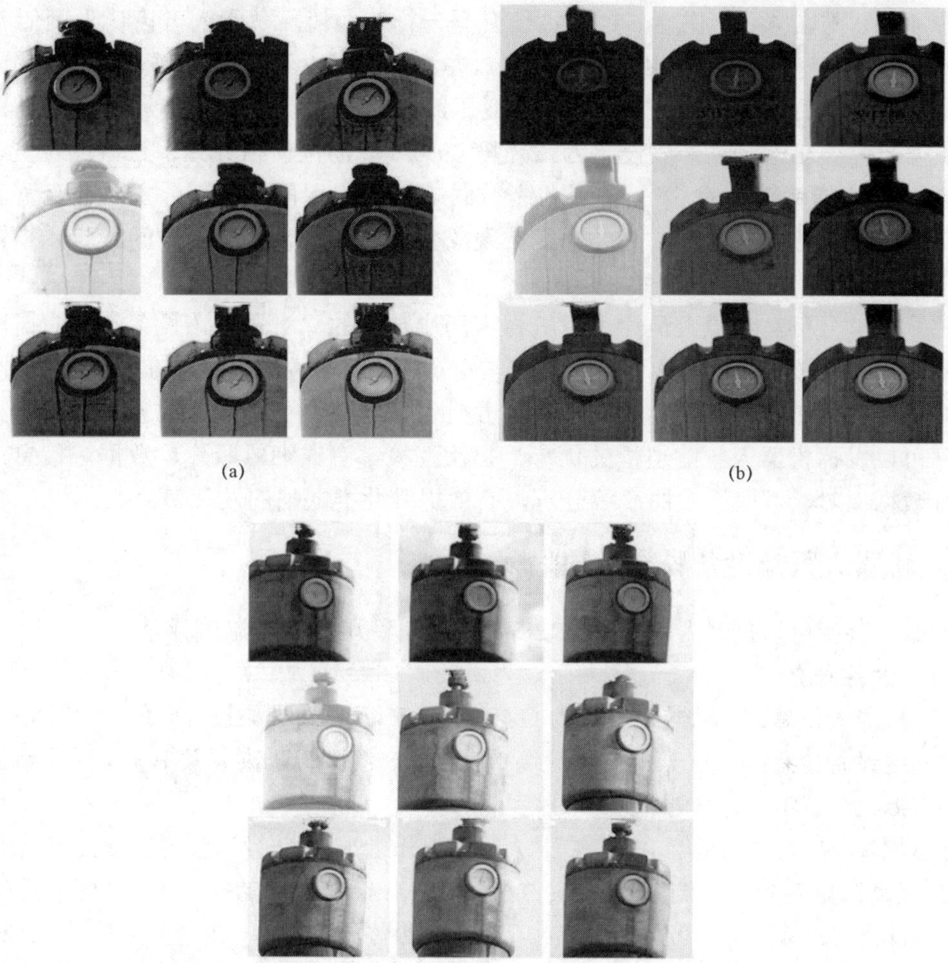

(a)　(b)

(c)

图 4－10　1 号主变压器 220kV 三相套管历史油位图

（a）1 号主变压器 220kV 套管 A 相油位；（b）1 号主变压器 220kV 套管 B 相油位；（c）1 号主变压器 220kV 套管 C 相油位

由图 4－10 所示可以明显看出从 2017 年 7 月开始至今，1 号主变压器 220kV 套管 A 相与 C 相油位几乎无任何变化。发现此问题后，运检人员立刻汇报值班负责人，并在现场拍摄实时油位图，具体如图 4－11 所示。

图 4－11　1 号主变压器 220kV 三相套管现场实时油位图

图 4－10 与图 4－11 中 A、C 相油位几乎一样，经值班负责人讨论认为疑似 1 号主变压器 220kV 侧套管 A、C 相油位计失灵，并汇报上级主管部门，上报严重缺陷，并结合下阶段停电进行相关检查处理。1 号主变压器 220kV 侧套管油位计属于磁指针式油位表，此类油位表在出厂时一般设定为在环境 20℃时，油位计指针处于正中间位置，温度每变化 10℃，指针转动约 6°。根据经验，最有可能出现问题的部分主要在套管储油柜内部，其中包括连杆、浮球。另外，此类现象也有可能是设备运行时间较长，指针出现了卡涩。

（3）总结分析。运检人员给过对机器人历史数据的比对发现该设备的异常情况，并及时到现场进行核实，确认该设备存在异常情况。此类隐性缺陷很难在一次巡视中发现，根据公司要求人工巡视周期为一周一次，并且每次巡视人员不同，很难发现此类异常。此时便可以发挥机器人智能巡检的优势，每次巡检都有详细的照片、数据等信息，还可以进行数据比对、调取历史曲线等分析，有效提升此类缺陷的发现率。

4.3.2 机器人跟踪设备异常及缺陷

220kV 某变电站机器人跟踪某 4R28 线副母隔离开关 B 相温度异常。

（1）设备概况。

1）机器人信息：该机器人型号为 GZRobot－Patrol L－Ⅲ，投运时间为 2016 年 9 月。

2）主设备信息：缺陷（异常），主设备为某 4R28 线副母隔离开关 B 相，型号为 SPVT，投运时间为 2007 年 1 月。

（2）事件经过。2018 年 12 月 7 日，运检人员红外普测时发现：某 4R28 线副母隔离开关 B 相动静触头咬合处温度，A 相：9.6℃；B 相：25.2℃；C 相：9.6℃。环境温度 2℃，负荷电流：I_A 230A，I_B 250A，I_C 242A。环境参照体温度为 2℃，最大温升为 23.2K，最大温差为 15.6K，相对温差为 67.2%，如图 4－12 所示。参考 DL/T 664—2016《带电设备红外诊断应用规范》电流致热型设备缺陷诊断依据，属于电流致热型一般缺陷，班组进行跟踪处理。

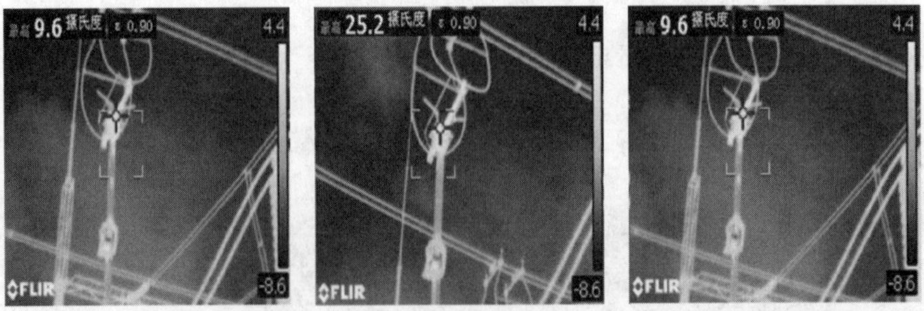

图 4－12　人工三相测温数据记录

2018 年 12 月 25 日，运检人员设置智能巡检机器人对某 4R28 线进行跟踪测温，发现机器人系统主界面存在三相对比异常告警信息，具体内容为：某 4R28 线三相比较异常，其中，A 相温度 18.95℃，B 相温度 36.36℃，C 相温度 22.44℃，提示“三相比较异常”，如图 4－13 所示。

图 4－13　12 月 25 日晚机器人红外巡检情况

运检人员利用机器人每日定期监测发热点温度情况，经过近 10 天的持续跟踪（见图 4－14），未发现某 4R28 线副母隔离开关 B 相动静触头咬合处有明显的温度上升迹象，后续将结合计划检修对该隔离开关进行消缺处理，在此之前，将仍由机器人对该隔离开关的温度进行持续跟踪。

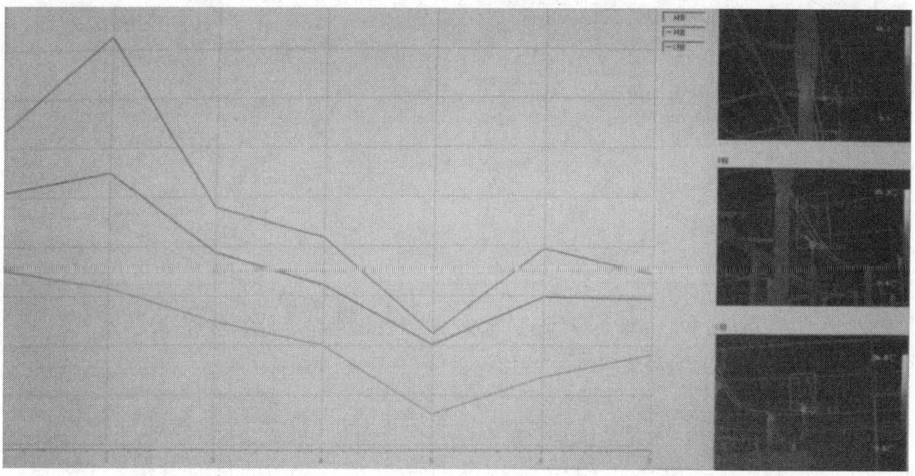

图 4－14　某 4R28 线副母隔离开关静触头三相温度变化趋势

（3）总结分析。利用机器人红外测温可以在夜晚排除各类环境干扰因素，进行较为准确的测温，并且可以减少运检人员的工作量，定时定点进行测温，运检人员可以根据测温情况进行纵向比较得出较为科学的结果。

4.3.3　机器人辅助设备状态核查

110kV 某变电站机器人开展某 1667、某 1290 断路器状态核对。

（1）设备概况。

1）机器人信息：该机器人生产厂家为XX有限公司，型号为SHIR－3000X型，投运时间为2018年7月。

2）主设备信息：缺陷（异常）主设备为某1667、某1290断路器。某1667断路器型号为3AP1FG，投运日期为2006年12月19日；某1290断路器型号为LW25A－126，投运日期为2014年7月10日。

（2）事件经过。110kV某变电站正常运行方式为：某1290线热备用、某1667线运行、110kV母分断路器运行，110kV备自投投跳闸，某1667线带全站负荷。

2018年9月29日15时1分，某变电站某1667线因对侧保护跳闸失电，110kV备自投动作，跳开某1667断路器、合上某1290断路器，全站由某1290线供电，运行方式发生改变。事后，调控人员要求运检人员对现场设备状态进行检查确认。由于此变电站为无人值守变电站，若运检人员赶往现场确认断路器位置将花费较长时间，影响向调控人员汇报的及时性，考虑到7月份该站户外巡检机器人已调试完毕投入使用，运检人员立即给机器人下达巡视任务，对某1667断路器和某1290断路器位置进行检查确认。

如图4－15所示，机器人查看结果显示，某1667断路器位置在分位，某1290断路器位置在合位，位置正确，证明保护动作正确。

(a)

(b)

图4－15　机器人开展某1667、某1290断路器位置检查情况

（a）某1290断路器位置；（b）某1667断路器位置

（3）总结分析。对于无人值守变电站经常碰到的一件事情是对侧保护动作，本站备自投动作后的位置检测，安装巡检机器人以前需要运检人员前往现场进行检查，花费较大人力物力且汇报时间较长。随着巡检机器人的应用推广，利用机器人开展断路器位置远方确认，运检人员无须即刻前往现场检查确认，可结合变电站例行巡视进行检查，大大提高了运检工作效率，同时大大缩短了向调控人员的汇报时间。

4.3.4　其他典型应用案例

4座变电站“四线同停”期间机器人保电应用案例。

（1）设备概况。

1）机器人信息：① 220kV甲变电站机器人型号为GZRobot－patrolⅢ，投运时间为

2016 年 4 月；② 220kV 乙变电站、丙变电站机器人型号为 SIR－A13，投运日期为 2016 年 12 月；③ 110kV 丁变电站机器人型号为 LC－GR1002，投运日期为 2018 年 9 月。

2）主设备信息：主设备为 220kV 甲变电站某 4R19 线和某 4R20 线，220kV 乙变电站某 2R43 线和某 2R44 线，220kV 丙变电站某 2R39 线，110kV 丁变电站某 1936 线和某 1923 线。

（2）事件经过。2018 年 10 月 31 日～11 月 16 日，在“四线同停”期间，220kV 甲变电站的某 4R19 线、某 4R20 线为区域联网线，220kV 丙变电站某 2R39 线为三级变电站重要联络线，220kV 乙变电站某 2R43 线和某 2R44 线作为停电后整个区域电网重要电源点，110kV 丁变电站某 1936 线和某 1923 线为部分岛屿之间的重要联络线，因此在“四线同停”期间电网安全风险等级较高。

根据上述情况，运检人员开展“人机协同”模式，对上述 4 座变电站进行重要线路的特巡，特巡周期为每天一次，如图 4－16 所示。

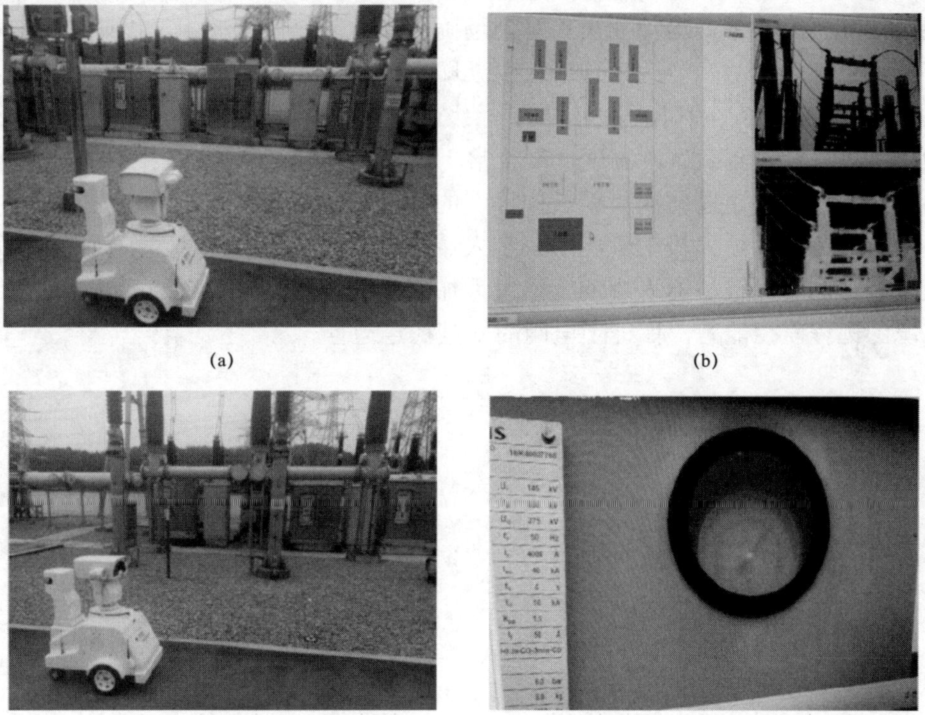

(a)　(b)　(c)　(d)

图 4－16　“四线同停”期间机器人现场巡检情况

（a）丙变电站线路间隔保电特巡；（b）丁变电站某 1936 线路隔离断路器测温；（c）乙变电站相关线路间隔保电特巡；（d）甲变电站某 2R39 线断路器表计巡视

在“四线同停”保电期间，运检人员按照特巡要求，白天 10:00 对相关线路进行设备可见光巡检（包括表计、外观、渗漏油等情况），晚上 20:00 进行设备红外测温。周期为 1 次/天。巡检过程中，发现丙变电站 110kV Ⅱ 段母线压变汇控柜内温度持续偏高（部分测温点已达到或超过 70℃），如图 4－17 所示。

图 4－17　丙变电站 110kVⅡ段母线压变汇控柜

根据红外测温结果，运检人员进行现场确认，发现上述汇控柜温度确实较高，经检查为汇控柜顶部风机故障导致，现场人员立即将该情况上报，并持续跟踪缺陷汇控柜发热的发展情况，由于安全风险等级较高，上级部门安排次日对相关汇控柜风机进行消缺，更换顶部风机后经复测确认，温度恢复正常。

（3）总结分析。通过此次“四线同停”的特巡工作，智能巡检机器人发挥了多点同时开展巡检任务的长处，极大程度解决了人员不足的问题。此外，由于地区电网安全风险等级较高，利用巡检机器人夜间特巡大大加强了部分线路大负荷运行情况下变电站内设备工况的远程监控能力，保证了电网的安全稳定运行。

第 5 章

无人机智能巡检子系统

变电站在电力系统中承担着对电流、电压进行变换，对电能进行接收和分配的作用。变电站设备长期在自然环境中不仅要受到风雨、雷电、高温、污秽的侵蚀，还有自身负荷、机械张力、绝缘老化等的威胁。这些潜在问题如果不能及时发现和消除就可能会导致设备故障从而引发停电事故，危及电力系统的安全和稳定。

从 20 世纪中期开始，国外一些发达国家在架空线路抢修中开始使用直升机运输工器具、工作人员等工作。随着研究的深入和探索以及对无人机现场作业的经验积累，20 世纪约 80 年代后期，欧美一些国家的电网公司逐渐使用无人机和直升机进行巡检等日常业务，其在电力线路上的使用由单一的人员和设备运输延伸到输电线路上的带电作业、例行性巡查维护，以及电力线路组建施工铁塔伫立、导地线牵放等范围。

国内无人机应用起步较晚，20 世纪 80 年代开始，我国也逐步开始研究使用直升机对电力线路进行巡线的技术，直升机、无人机在电力巡线方面广泛应用。随着研究的深入，上海、江苏、浙江、福建、江西、北京等电力公司开始应用无人机进行变电站巡检（见图 5－1）。对变电站内设备巡检可以有效发现设备存在的问题和缺陷，传统的巡检方式通过人力和机器人进行，存在着巡检盲区。随着科技的发展，利用无人机智能巡检为主、人工和机器人巡检为辅协同巡检模式将成为目前变电站巡检的一个重要发展趋势。

图 5－1　无人机变电站巡检

5.1 无人机智能巡检子系统建设要求

5.1.1 无人机智能巡检子系统基本架构与功能

2018年8月31日中国民用航空局飞行标准司颁布的AC-61-FS-2018-20R2《民用无人机驾驶员管理规定》中对无人机及其系统概念作了如下定义。

无人机（Unmanned Aircraft，UA），是由控制站管理（包括远程操纵或自主飞行）的航空器。

无人机系统（Unmanned Aircraft System，UAS），是指无人机以及与其相关的遥控站（台）、任务载荷和控制链路等组成的系统，如图5-2所示。

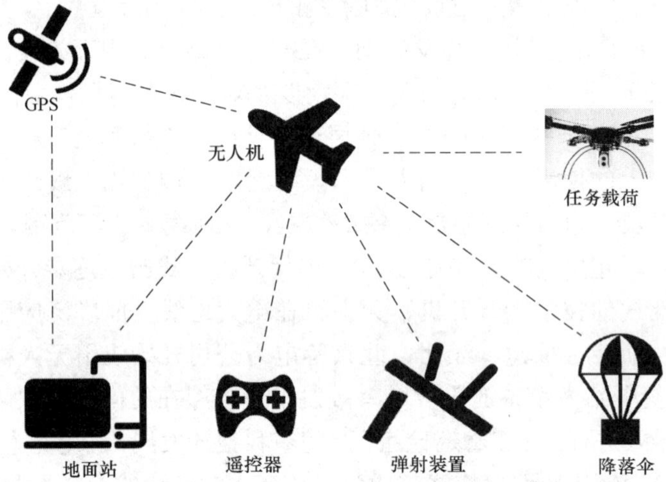

图5-2 无人机系统

1. 无人机的种类

（1）无人机按动力方式分类，可以分为油动型无人机和电动型无人机。

（2）无人机按照机型分类，可以分为固定翼无人机和旋翼无人机。旋翼无人机有单旋翼带尾桨型式、共轴反桨型式和多旋翼等形式（见图5-3）。

图5-3 无人机按机型分类

（a）固定翼无人机；（b）旋翼无人机

（3）无人机按照空机质量分类，不同机型分类见表 5－1。

表 5－1　　按照空机质量分类无人机

类别	固定翼无人机	旋翼无人机
大型无人机	20kg 及以上	116kg 及以上
中型无人机	7～20kg	7～116kg
小型无人机	7kg 及以下	7kg 及以下

2. 无人机飞行系统

无人机飞行系统是无人机系统的空中部分，主要有无人机飞行本体、动力装置、操控装置和电源系统。无人机本体上安装有飞行数据终端用以通信。任务载荷也位于无人机上，但被独立出来作为独立的子系统，由于它是单独设计的并且可以在不同无人机上使用满足不同任务需求。

3. 无人机导航系统

无人机导航系统中常见的有惯性导航、定位卫星导航、多普勒导航、地形辅助导航以及地磁导航等。每种导航技术都有其自身的优势和不足，因此，还有将两种不同方式进行组合的导航方式，无人机导航要根据实际的任务和负担来选择最适合的导航技术。

（1）惯性导航。惯性导航（Inertial Navigation System，INS）根据物理学定律，由载体内部的加速度计测量其在三个轴方向运动的加速度，进而通过运算得出载体的瞬时速度和位置，测得载体姿态。惯性导航依赖自身内部机载设备实现导航任务，导航时不依靠外界环境，也不向周围散射能量，不易受气象条件限制和干扰，能够完全全天候提供导航信息和数据，具有抗干扰、设备隐蔽和自主性能好、数据更新速度快、效率高等优点，是一种自主式的导航系统。这种导航的不足是定位误差受到时间的干扰导致定位精度变差。

（2）定位卫星导航。定位卫星导航是通过卫星对目标物体进行定位来实现导航功能的。目前较为出名的全球卫星定位系统有美国的 GPS 卫星定位系统，欧洲的伽利略卫星定位系统，中国的北斗卫星定位系统以及俄罗斯的格拉纳斯卫星定位系统。

GPS 卫星定位系统导航的原理是：GPS 卫星在工作时，采用二进制码 0 和 1 组成伪随机码（简称伪码）发射导航电文。接收用户通过导航系统发的报文推算提取出卫星时间并根据自身时间相比较得出卫星与自身的伪距，再根据报文中的星历算出卫星发射报文时所在的位置，GPS 卫星导航的优点是可以连续性对全球目标进行不间断定位和精密导航，实时性强。缺点是容易受到电磁干扰。

（3）多普勒导航。多普勒导航（Doppler Navigation System，DNS）是无人机较为常用的一种导航方式，主要由磁罗盘或陀螺仪表、多普勒雷达和导航计算机组成。依据多普勒效应原理，无人机的雷达连续向地面接收器发射电磁波，由于无人机与接收机之间存在相对运动，雷达接收到地面回传的频率与发射频率相差一个多普勒频率。根据多普勒计算公式可以算出无人机相对于地面的飞行速度（即地速）和偏流角（即地速与无人机纵轴之间的夹角）。由于存在大气气流的作用，偏流角可以反映地速、风速和空速三者的关系，内置的磁罗盘或陀螺仪可以测算出无人机的航天向角。

多普勒导航的优点是自主性强，反应迅速，抗干扰能力好，测算精度较高，可满足各类气候地形条件的需求。缺点是隐蔽性较差；工作时受制于地形条件，性能与反射面有关，如果反射面的反射性不好就会降低性能；测量精度与天线姿态有关；测量时会有积累误差，随着飞行距离的增加系统可能会误差增大。

（4）地形辅助导航。地形辅助导航（Terrain Aided Navigation，TAN）是无人机在空中飞行时，预先利用自身系统中存储的飞行线路中一些地形的数据特征，并与实际飞行中测得的数据相比较从而自动修正导航路线的一种方式。地形辅助导航还可以继续细分为地形匹配、景象匹配和桑迪亚惯性地形辅助导航（Sandia Inertial Terrain Aided Navigation，SITAN）。

这种导航的优点是不存在累计性误差，隐蔽性能好，抗外部干扰性能较好。缺点是运算量大，导航实时性较差；导航时要受到地形的影响，所以适合地形起伏大的情况，故平原或者海面不宜布置使用；除此之外，还受到天气影响，在大雾和多云等天气情况下无人机导航效果不佳；由于无人机按照规划的路线航行，所以无人机的机动性较差。

（5）地磁导航。由于整个地球磁场是一个矢量场，在地球空间内的任意一点的地磁矢量都是独一无二的，和其他地点的矢量都不相同，而且这一点的地磁矢量与该点的经纬度是一一对应的。故而理论上只需确定该点的地磁场矢量就可以实现全球定位。按照数据处理方式，地磁导航（Geomagnetism Navigation System，GNS）可分为地磁匹配导航与地磁滤波导航。目前地磁匹配的应用更加广泛，这种方式预先把规划好的航行区域内某一些点的地磁矢量坐标绘制成参考坐标（或基准坐标）预置在系统中，当无人机飞过这些区域时，地磁导航系统的匹配测量装置会实时自动测出经过这些点的地磁特征向量，从而绘制出航行曲线。

地磁导航优点是没有辐射、无源、隐蔽性好，具有受外界干扰小、实时性好、全天候、全时段、不受地域限制、能耗较低等优点，这种导航不存在累计误差，但是内部事先需存储大量地磁导航数据，内存占用量较大；实时性受制于计算机系统的数据处理能力。

除上述列举的单一导航方式之外，通常会将两种或几种导航方式以某种特定的方式组合在一起，在某种程度上弥补了单一导航方式的不足。

4. 无人机任务载荷系统

无人机任务载荷系统主设备是一台日间的录像机，用于可见光检测，另外还有红外检测和紫外检测设备等。大中型无人机一般配备红外检测和紫外检测设备，小型固定翼无人机可不配备红外检测和紫外检测设备。无人机任务载荷用于锁定目标，无论其为固定的还是移动的，无人机几乎都很难错失目标。

5. 无人机地面站系统

无人机地面站系统（GroundControlStation，GCS）主要设备包括控制台和显示器、摄像设备以及遥信遥测设备、信号处理设备、内部/外部通信设备、地面数据终端控制设备等。地面站系统在无人机系统中起着指挥和控制的重要作用，主要控制无人机飞行、任务载荷的任务、通信、无人机发射与回收等功能。

典型的无人机地面站系统如图 5–4 所示，以下为各部分功能。

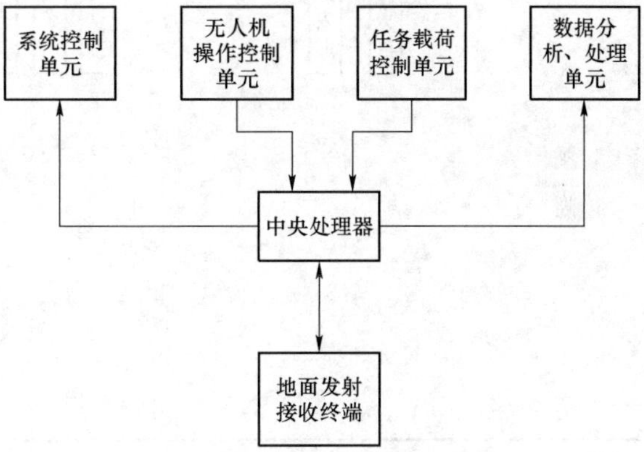

图 5–4　典型的无人机地面站系统

（1）系统控制单元。对系统运行参数进行实时动态监控，包括无人机飞行时设备健康情况、飞行数据的显示和报警异常信息等。

（2）无人机操作控制单元。负责操控无人机的飞行，包括飞行路线和飞行轨迹，主要组成部分有命令控制台、飞行路线显示、预设轨道显示、导航路线和载荷视频显示等。

（3）任务载荷控制单元。用于对无人机携带的任务载荷进行控制，主要由视频监视仪器和记录仪器组成，实时监控任务载荷情况，并将数据信息传递到后台。

（4）数据分析、处理单元。对从无人机处获取的信息数据进行分析和处理。

（5）中央处理器。主要功能有获取和处理从无人机处发送的实时动态数据，处理和显示数据，规划无人机巡航任务并上传，巡航地图规划处理，分数据汇总和总数据分发，飞行模拟，系统自检诊断和自我修复。

（6）地面发射接收终端。用于接收下行链路信号和发送上行链路信号。下行链路信号用来接收无人机的飞行状态信息和任务载荷的数据；上行链路信号用来给无人机和任务载荷发送实时遥控命令。

6. 无人机发射与回收系统

在无人机的应用过程中，发射和回收是无人机能否飞起来执行任务的关键，所以发射和回收也被认为是最关键和最困难的技术，特别是起降目标地处于运动过程中时，无人机精确的降落是需要很高的要求。

（1）无人机发射方式。无人机的发射方式如图 5–5 所示，各种方式的优缺点见表 5–2。

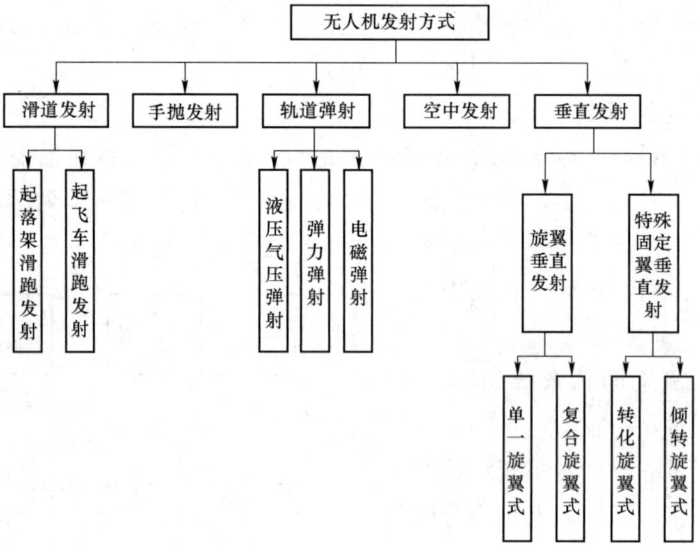

图 5-5　无人机发射方式

表 5-2　　各种发射方式比较

发射方式	优点	缺点
滑道发射	（1）发射系统部分简单可靠； （2）配套保障设备较少； （3）加速过载小	（1）需要跑道或较好的地面环境条件； （2）机动灵活性较差； （3）起降架构部分需占用部分无人机的空间及重量
手抛发射	（1）发射成本低； （2）起飞方式简单	（1）适用于小型无人机； （2）灵活性较差； （3）受人力制约
轨道发射	（1）从发射到达到飞行速度之前，无人机能保持一个良好的姿态； （2）结构相对简单； （3）重量轻； （4）原理可行； （5）损耗小，长期投入少； （6）没有明显辐射	（1）恶劣气候条件下性能降低； （2）充气时间相对较长； （3）需要调节系统进行气体加压； （4）可能出现气缸密封问题； （5）质量有限，不能超过 226.80 千克； （6）前期投入大，占地面积大
空中发射	（1）发射系统简单； （2）占地面积小	（1）对载机的要求高； （2）使用成本高； （3）机动灵活性差
垂直发射	（1）占地面积小； （2）灵活性高； （3）结构简单，成本较低	（1）飞行速度慢； （2）飞行距离较短

（2）无人机回收方式。相比较于发射过程，无人机的回收更为复杂、出现故障率也更高，能否安全顺利回收成为无人机性能的一项不可或缺的指标。目前无人机的回收方

式主要有降落伞回收、起落架/滑橇着陆、撞网回收等。

1）降落伞回收。降落伞回收被国内外大多数中小型无人机采用的方式之一。在进行回收时，当无人机飞至预定位置上空时，无人机上配备的降落伞会按照预先设定的模式或者在地面站的指挥命令下打开降落伞，无人机缓慢下降着陆，回收过程比较简单，对操控人员的要求不高。然而它的缺点也很明显：对无人机来说降落伞作为其自身的一种载荷，并且占用了它一部分自身非常有限内部空间；由于无人机回收时，降落速度较快，在无人机着陆的一瞬间，由于惯性机体很容易撞到地面造成冲击而损伤无人机。

2）起落架/滑橇着陆。一般固定翼无人机多采用起落架/滑橇回收方式，它的主要原理和有人驾驶的飞机类似，需要有固定的跑道或者要有宽阔平坦的场地，所以灵活性较差。有时为了缩短无人机的滑行距离，会对无人机进行改进，在其尾部加装尾钩，在其滑行过程中，机尾的尾钩勾住地面预先装设的拦截索，通过拦截索的弹簧系统吸收无人机的动能。

3）撞网回收。撞网回收一般是指无人机在自动引导设备和地面的无线设备的共同引导下，缓慢下降至安全高度，速度逐渐减小，最后被拦截网拦截，好似迎面对着网撞上，进而达到回收目的。拦网系统一般由阻拦网、能量缓冲吸收系统、引导装置等设备组成，当无人机撞网后，可使其速度迅速降至零，减少其冲击。这种方式灵活，不受场地大小的限制，不足之处是当无人机偏离撞网时很有可能会撞击到地面或其他设备而造成无人机和其他设备的损坏，有一定的风险，如撞击到运行设施导致爆炸时还会造成不可估量的后果。

7. 无人机智能库房系统

无人机智能库房系统主要由库存管理、充电管理、维修管理、作业管理、指标管理、库房监视等智能管理模块组成，通过专用内网系统上送至智能库房管理系统，由智能库房管理系统统一进行智能管理（见图 5－6）。

智能库房管理系统具备订单管理、领用管理、归还管理、库存盘点、试验管理、台账查询与报表管理、预警管理、移动应用等功能，另外，智能库房内还配备智能门禁系统、智能环境监控、智能温湿度监测、烟雾火灾智能报警、智能烘干加热设备等功能，为无人机仓储管理提供智能保障。

5.1.2　固定式无人机智能巡检系统布局

本节以某 220kV 变电站固定式无人机智能巡检系统布局形式为例对无人机智能巡检各子系统进行说明。图 5－7 为某 220kV 变电站无人机平台总规划图，平台设计位于食堂和设备区栅栏之间，并靠近围墙，有利于无人机快速升空对变电站进行巡检。

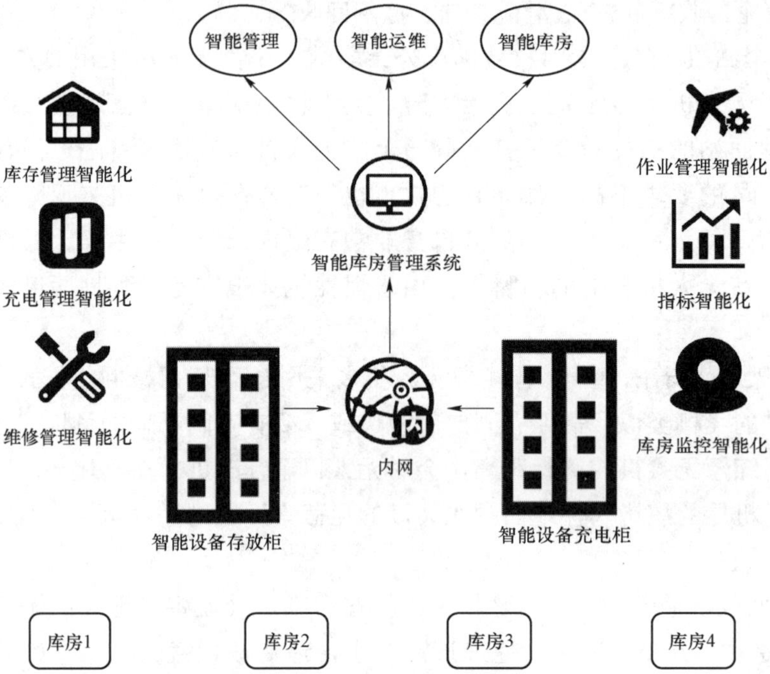

图 5-6　无人机智能库房建设

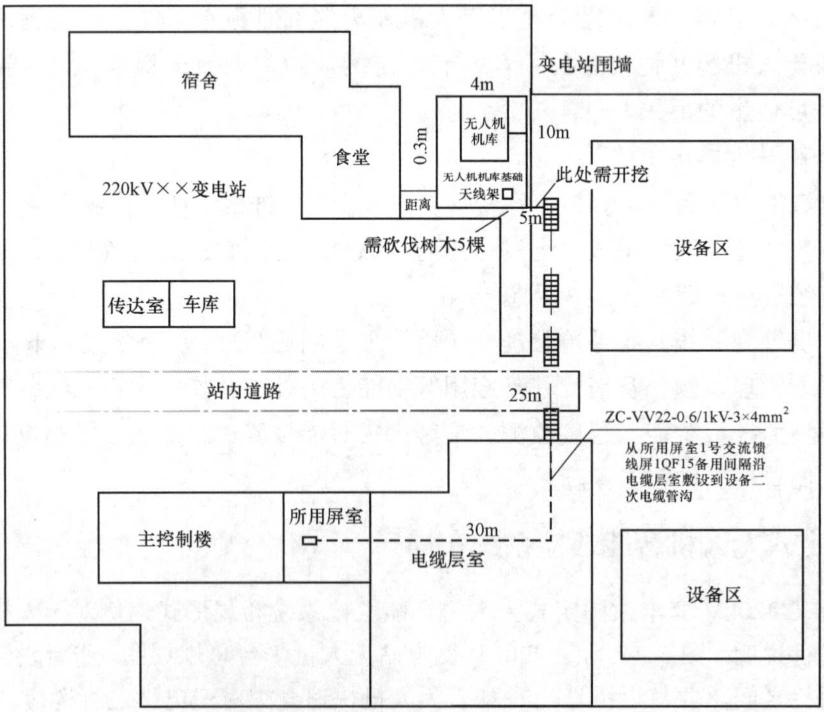

图 5-7　某 220kV 变电站无人机平台总规划图

图 5－8 为无人机平台的实际位置图，无人机由变电站内起飞巡检，可执行日常巡检、特殊巡检、线路故障跳闸后巡检等任务。

图 5－8　某 220kV 变电站无人机平台实际位置图

无人机库房参照智能库房建设设计，图 5－9 为无人机智能库房效果图，库房内系统包括充电柜、智能柜、展示柜、空调、除湿器、照明灯具、计算机、门禁安防等设备。库房配备无人机专用维修工具，作为无人机日常保养和维修。为了保证无人机库房的温度、湿度环境能满足使用要求，对智能无人机库房专设测控功能，与温湿度探测器、视频监视设备、烟雾报警、精密空调等装置组成库房环境监控系统，实现库房湿度测控、温度测控、库房温湿度设定、超限报警及库房温湿度自动记录、显示、查询等功能。

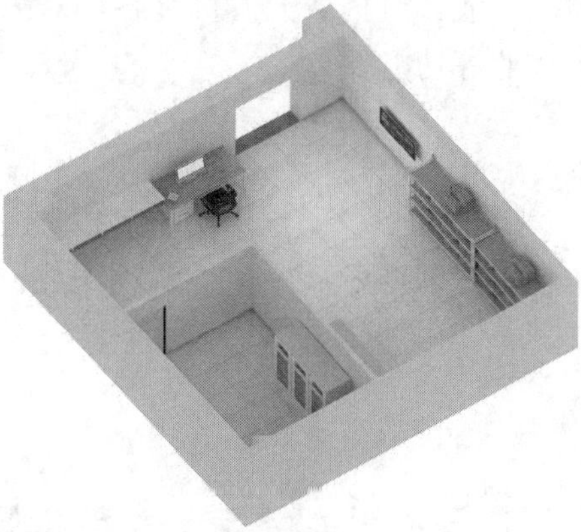

图 5－9　无人机智能库房效果图

机库中布置的无人机机型有旋翼无人机和固定翼无人机（见图 5－10），均满足性能指标技术要求。其中，旋翼无人机搭载 30 倍光学变焦相机和红外热成像仪，相对于数码变焦相机，光学变焦相机不损失画质，保证图像和视频的高质量拍摄和传输。红外热成像仪可有效对设备进行测温监视，不受制于白天和夜晚的约束，能够进行连续测温，具有自主飞行控制功能，具备一键起飞和一键返航功能。固定翼无人机可进行垂直起降，具有续航时间长、航行速度快、飞行距离远的优势，全过程自主飞行并具备一键起降功能，由于其起飞时不需要跑道，不受起降地点的限制。

无人机地面站系统实时监测无人机状态，实时显示飞行器的状态信息参数，包括经度、纬度、高度、连接的卫星数量、云台角度和拍摄曝光的数量，可在飞行过程中实时图像和视频传输，对无人机飞行、任务载荷的任务、通信、无人机发射与回收等进行控制。

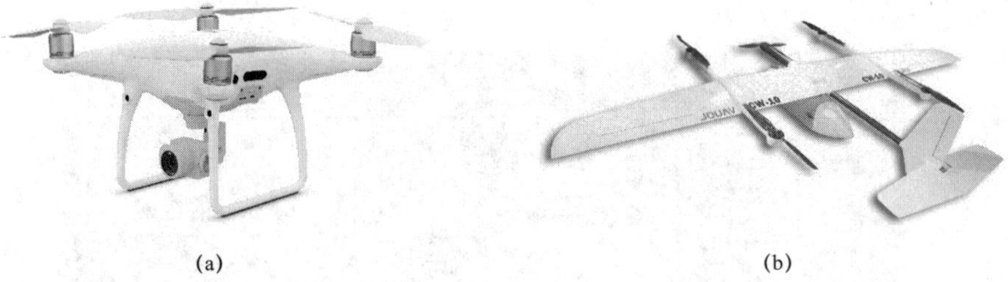

图 5-10　机库内无人机种类
（a）旋翼无人机；（b）固定翼无人机

5.1.3　移动式无人机智能巡检系统布局

移动式无人机智能巡检系统指挥平台（见图 5-11）由无人机系统、无人机移动指挥车辆、照明系统、图像视频信号传输系统、现场办公平台、监控指挥中心、辅助系统等模块组成。可搭载无人机装备，对未配置无人机的变电站可实现现场巡检勘查、应急指挥作业等功能。

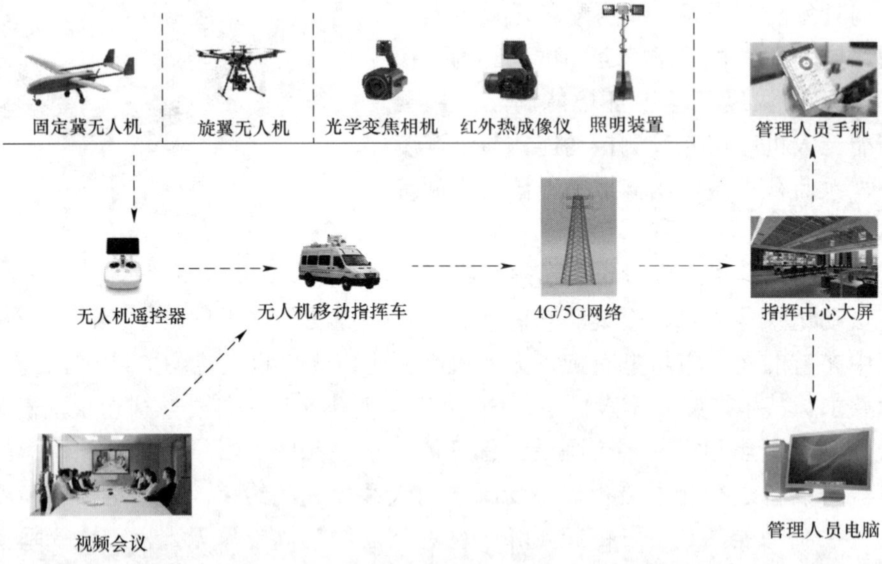

图 5-11　移动式无人机巡检系统指挥平台

移动式无人机智能巡检系统指挥平台具备：

（1）可搭载固定翼无人机和各类中小型旋翼无人机；

（2）可装备 UPS 与发电装置，具备 12、24、220V 等多种电源接口；

（3）搭载夜间照明设备，具备夜间巡检照明功能；

（4）可进行实时定位与地理信息显示功能；

（5）可安装无人机信号增强系统和车载电台系统；

（6）具备远程可视化控制，可进行远程视频会议，能够把无人机实时采集画面传送至指挥中心；

（7）对周围气象条件进行实时监测，确保满足飞行要求；

（8）能够应对现场各种突发状况。

无人机移动指挥车功能示意图如图 5－12 所示，指挥车搭载设备可满足上述要求。

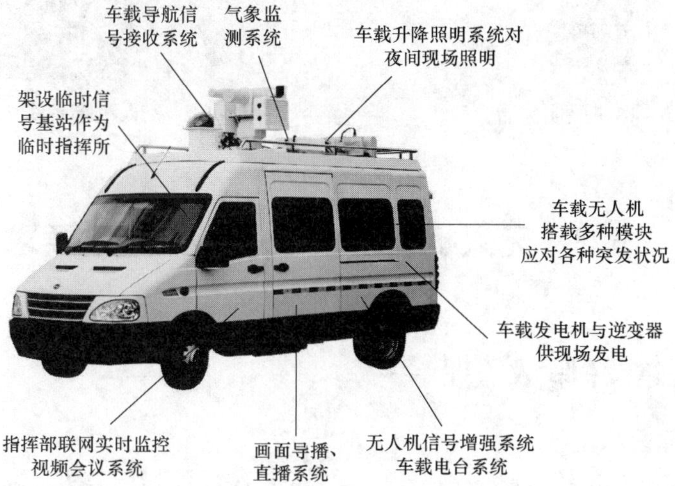

图 5－12　无人机移动指挥车功能示意图

照明装置系统（见图 5－13）采用全方位夜间照明系统，具备远程手动控制、无线控制、自动复位等功能，照明系统采用大功率照明装置，亮度高（20 000Lm 以上），照明范围大（可达 100～200m²），照射区域远（可达 150～200m），即使在阴天夜晚也能取得很好照明效果。指挥车内部采用光线柔和的 LED 灯以保证不产生晃眼效果。

视频图像采集传输均采用加密方式，通过加密交换机和解密交换机实现。信号和数据传输具有数据传输带宽宽、图像视频质量高特点，移动指挥车将采集的图像视频数据信息进行分类整合后传输至指挥中心大屏，供监控中心监控、部署与决策。

无人机指挥车内部（见图 5－14）由座椅、办公桌、超清视频摄像机等组成，具备现场办公功能。摄像机可录制和传输播放 1080P/4K 视频，如在 5G 网络环境下可对 8K 超高清视频录制传输，具备 3D 自动降噪功能，对画质扫描补偿，内置防震装置，即使在路况颠簸情形下仍能获得良好的图像和画质。

辅助系统由车载音响、倒车影像、硬盘刻录机、车内环境监测调控装置、野外作业能源装置等组成，供车内人员工作和车辆自身保障使用。

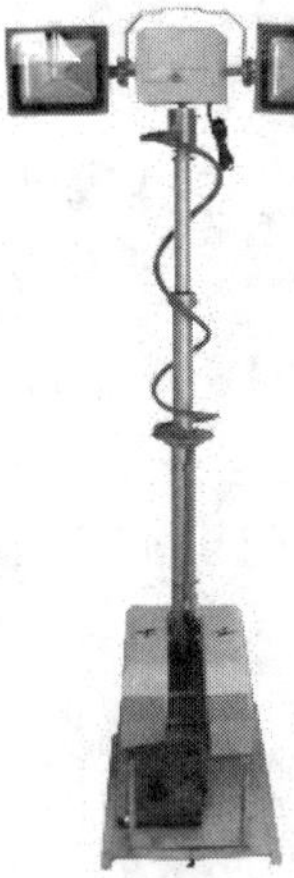

图 5－13　照明装置

图 5－14　无人机指挥车内部布局

5.2　无人机智能巡检子系统运检要求

5.2.1　子系统建设和验收管理

1. 无人机建设和验收

固定翼无人机建设验收时应满足表 5－3 的系统性能指标要求。旋翼无人机根据起飞重量和载荷能力可分为大、中、小型三种，各种旋翼无人机建设验收时应满足表 5－4～表 5－6 的系统性能指标要求。

表 5－3　　　　**固定翼无人机巡检系统性能指标**

序号	指标类别	指标要求
1	环境适应性	存储温度范围：－20～+65℃
		工作温度范围：-20～+55℃（电动）、－30～+55℃（油动）
		相对湿度：≤90%（+25℃）
		抗风能力：≥10m/s（距地面 2m 高，瞬时风速）
		抗雨能力：能在小雨（12h 内降水量小于 5mm 的降雨）环境条件下短时飞行
2	起降技术	采用滑跑方式起飞、降落或采用机腹擦地方式降落时，滑跑距离应小于 50m
		弹射架应可折叠，折叠后长度不宜超过 2m，重量不宜超过 30kg
		采用伞降降落方式时，开伞位置控制误差不宜大于 15m
3	飞行性能	巡航速度：60～100km/h
		最大起飞海拔≥4500m

续表

序号	指标类别	指标要求
3	飞行性能	最大巡航海拔≥5500m
		最小作业真高≤150m
		续航时间要求：中型固定翼无人机续航时间≥2h，小型固定翼无人机续航时间≥1h
		最小转弯半径≤150m
		最大爬升率≥3m/s
		最大下降率≥3m/s
4	任务载重	中型固定翼无人机正常任务载重≥2kg
		小型固定翼无人机正常任务载重≥0.5kg
5	航迹控制精度	水平航迹与预设航线误差≤3m
		垂直航迹与预设航线误差≤5m
6	通信	传输带宽≥2MB（标清），图传延时≤300ms
		数传延时≤80ms
		通视条件下，最小数传距离≥20km
		通视条件下，最小图传距离≥10km
7	任务载荷	在作业真高 200m 时，采集的视频可清晰识别航线垂直方向上两侧各 100m 范围内的 3m×3m 静态目标
		在作业真高 200m 时，采集的图像可清晰识别航线垂直方向上两侧各 100m 范围内的 0.5m×0.5m 静态目标
		高清可见光摄像机帧率不小于 24Hz；支持数字及模拟信号输出，支持高清及标清格式
		机载存储应采用插拔式存储设备，存储空间不小于 64GB
8	可靠性	平均无故障工作间隔时间 MTBF≥50h
		机械和电子部件定期检查保养周期不低于 20 架次
		整机使用寿命不低于 300 架次
9	操作性	展开时间≤20min
		撤收时间≤10min

表 5-4　　大型旋翼无人机巡检系统性能指标

序号	指标类别	指标要求
1	环境适应性	存储温度范围：−40～+65℃
		工作温度范围：−20～+55℃
		相对湿度：≤95%（+25℃）
		抗风能力：≥10m/s
		抗雨能力：能够抵抗小雨（12h 内降水量小于 5mm 的降雨）

续表

序号	指标类别	指标要求
2	飞行性能	起飞升限（满载）≥3500m（海拔）
		实用升限≥3500m（海拔）
		续航时间（满载，经济巡航速度）≥3h
		悬停时间≥15min
		最大爬升率≥3m/s
		最大下降率≥3m/s
3	重量指标	最大起飞重量≥200kg
		正常任务载重（满油）≥35kg
4	航迹控制精度	水平航迹与预设航线误差≤5m
		垂直航迹与预设航线误差≤5m
5	通信	系统余量≥10dB，遥测系统数据误码率≤1×10^{-6}
		传输带宽≥2MB（标清），图传延时≤300ms
		数传延时≤80ms
6	任务载荷	可见光图像检测效果要求：在距离目标50m处获取的可见光图像中可清晰辨识3mm级缺陷
		红外图像检测效果要求：在距离目标50m处获取的红外视频或红外热图，可清晰分辨出发热故障点
		吊舱回转范围方位：$360°\times n$；俯仰：$-90°\sim+20°$
		吊舱回转方位和俯仰角速度：≥60°/s
		吊舱稳定精度≤100μrad（RMS）
		高清可见光摄像机帧率：25Hz；输出信号：支持数字及模拟信号输出，支持高清及标清格式；视场：连续可变视场
		红外热像仪分辨率：不小于640×480像素；热灵敏度：不大于100mK；输出信号制式：PAL
		机载存储应采用插拔式存储设备，容量应满足3h高清视频的存储
7	地面展开时间、撤收时间	地面展开时间≤45min
		撤收时间≤30min
8	其他	平均无故障间隔时间MTBF≥50h
		整机寿命≥1000h
		可编辑飞行航点≥1000个

表5-5　　中型旋翼无人机巡检系统性能指标

序号	指标类别	指标要求
1	环境适应性	存储温度范围：−40～+55℃
		工作温度范围：−20～+55℃
		相对湿度：≤95%（+25℃）
		抗风能力：≥7m/s
		抗雨能力：能够抵抗小雨（12h内降水量小于5mm的降雨）

续表

序号	指标类别	指标要求
2	飞行性能	起飞升限（满载）≥2000m（海拔）
		实用升限≥2000m（海拔）
		续航时间（满载，经济巡航速度）≥50min
		悬停时间≥15min
		最大爬升率≥3m/s
		最大下降率≥3m/s
3	重量指标	最大起飞重量＜100kg
		正常任务载重（满油）≥10kg
4	航迹控制精度	水平航迹与预设航线误差≤5m
		垂直航迹与预设航线误差≤5m
5	通信	系统余量≥10dB，遥测系统数据误码率≤1×10^{-6}
		传输带宽≥2MB（标清），图传延时≤300ms
		数传延时≤80ms
6	任务载荷	可见光图像检测效果要求：在距离目标 50m 处获取的可见光图像中可清晰辨识 3mm 级缺陷
		红外图像检测效果要求：在距离目标 50m 处获取的红外视频或红外热图，可清晰分辨出发热故障点
		吊舱回转范围方位：360°×n；俯仰：－90°～+20°
		吊舱回转方位和俯仰角速度：≥60°/s
		吊舱稳定精度≤100μrad（RMS）
		高清可见光摄像机帧率：25Hz；输出信号：支持数字及模拟信号输出，支持高清及标清格式；视场：连续可变视场，范围应大于 30°
		红外热像仪分辨率：不小于 640×480 像素；热灵敏度：不大于 100mK；测温精度：不低于 2K；测温范围：0～+150℃；输出信号制式：PAL
		机载存储应采用插拔式存储设备，容量应满足 50min 高清视频的存储
7	地面展开时间、撤收时间	地面展开时间≤30min
		撤收时间≤15min
8	其他	平均无故障间隔时间 MTBF≥50h
		整机寿命≥500h
		可编辑飞行航点≥200 个

表 5－6　　小型旋翼无人机巡检系统性能指标

序号	指标类别	指标要求
1	环境适应性	存储温度范围：－40～+55℃
		工作温度范围：−20～+55℃
		相对湿度：≤90%（+25℃）

续表

序号	指标类别	指标要求
1	环境适应性	抗风能力不小于 10m/s（距地面 2m 高，瞬时风速）
		抗雨能力：能在小雨（12h 内降水量小于 5mm 的降雨）环境条件下短时飞行
		实用升限≥3000m（海拔）
		续航时间（满载，经济巡航速度）≥25min
		悬停时间≥20min
		最大爬升率≥3m/s
		最大下降率≥3m/s
2	质量指标	正常任务载重（满油）≥3kg
3	航迹控制精度	水平航迹与预设航线误差≤1.5m
		垂直航迹与预设航线误差≤3m
4	通信	系统余量≥10dB，遥测系统数据误码率≤1×10^{-6}
		传输带宽≥2MB（标清），图传延时≤300ms
		数传延时≤20ms
5	任务载荷	可见光检测应在距离目标 10m 处获取的可见光图像中可清晰辨识 3mm 级缺陷。且遥控变焦范围在 35～135mm（等效 35mm 焦距）之间连续可调
		红外检测应在距离目标 10m 处获取的红外视频或红外热图，可清晰分辨出设备发热故障点，且分辨率不低于 640×480 像素；热灵敏度不低于 50mK；测温精度不低于 2K；测温范围 0～+150℃
		可视范围应保证水平－180°～+180°，同时俯仰角达到－90°～+30°
6	地面展开时间、撤收时间	地面展开时间≤5min
		撤收时间≤5min
7	其他	平均无故障间隔时间 MTBF≥50h
		整机寿命≥500h 飞行小时或 1000 个架次（以先到者为准）
		可编辑飞行航点≥50 个

2. 智能库房建设和验收

（1）智能库房建设要求。

1）整体地形较为平坦；

2）变电站内尽量避开高楼和危险区域；

4）变电站拥有足够的空旷面积适合摆放机库；

5）机库摆放地应避免低洼，平坦坚固；

6）变电站可以提供稳定电源供电，且功率满足要求；

7）变电站内应有 4G/5G 信号覆盖。

（2）智能库房验收标准。

1）智能库房结构、硬件满足设计要求；

2）具备完备齐全的温湿度、消防、报警辅助设施和功能；

3）服务器 CPU、内存、网络磁盘均满足运检要求；

4）按规定提交完备的功能验收资料，包括经过批准的验收申请单、验收资料清单、通过评审的阶段工作交付件、相关的资料；

5）智能管理平台具备智能管理无人机库存功能。

3. 移动式无人机智能巡检系统指挥平台验收标准

（1）无人机移动指挥车验收标准（见表 5－7）。

表 5－7　无人机移动指挥车验收标准

序号	项目	验收标准
1	车体	不对车体进行改装，总重不超过车辆荷载
2	无人机电池存储舱	可携带电池满足无人机负荷要求
3	野外作业能源保障装置	包含储能包（大型）+逆变器（大型），保障车设备运行，并配有国标充电机（大型）；配有汽油发电机+稳压器，协助储能包供电
4	环境调控装置	内置工业空调，保障设备在不同温度、湿度的工况下正常运行
5	能源监控系统	包含一台服务器、一台操作屏
6	网络通信装置	支持 4G/5G 专网、WiFi 局域网接入、有线网接入
7	无人机维修套件和维修台	装备有维修无人机所需的工具，以及备用配件，并配有野外作业帐篷、维修台、座椅

（2）无人机移动指挥车图像及操控设备验收标准（见表 5－8）。

表 5－8　无人机移动指挥车图像及操控设备验收标准

序号	项目	验收标准
1	显示器	各显示器正常显示信号源图像
2	设备使用	机场设备均可正常使用

5.2.2　巡检管理

1. 巡检分类

（1）固定翼无人机。可采用固定翼无人机对变电站进行大范围的巡检，主要对进出线线路、避雷针、线路门架、建筑物、周围设施、作业施工等情况进行巡检（见图 5－15），能够快速及时发现和掌握设备变化情况，通过无人机可监测变电站周围内有无机械施工、新植树木，同时在变电站站内施工时可以兼顾对设备施工区域、辅助设施区域进行施工监管，在鸟害季节时对易在线路门架上筑鸟巢的区域进行巡检。

在特殊季节、自然灾害、恶劣天气发生危急缺陷等紧急情况时，为避免故障发生或发生故障时对变电站线路进行巡检检查，检查设备状态及通道环境变化情况。故障发生后固定翼无人机可以第一时间对设备开展巡检，对道路交通不便、人力不易到达的地区设备受损情况进行巡检排查，为事故抢修提供先导条件和依据（见图 5－16）。

(a)

(b)

图 5－15　固定翼无人机巡检

(a) 固定翼无人机巡检变电站；(b) 固定翼无人机巡检作业现场

图 5－16　固定翼无人机拍摄的模拟出线断线点

（2）旋翼无人机。可利用旋翼无人机对变电站内线路、避雷针、线路门架等设备进行常规性巡检检查；巡检时根据线路运行情况、检查要求，选择性搭载相应的检测设备进行可见光巡检或者红外巡检，可巡检项目如表 5－9 所示。

表 5-9　　无人机进行变电站常规巡检项目

设备	可见光检测	红外光检测
线路	断线、断股，异物悬挂	发热点
线夹	松脱	接触点发热
绝缘子	闪络迹象、破损、污秽、异物悬挂等	击穿发热
避雷针	法兰、螺栓锈蚀、松动脱落，开裂等	—
线路门架	鸟窝、损坏、变形等	—
建筑物	四周屋顶异物、开裂、受损等	—
变电站周围情况	植被生长情况、违章建筑、地质灾害等	—

当变电站线路发生异常、故障时，根据异常和故障信息，旋翼无人机可以对故障位置区域进行重点巡查，快速定位故障点，判断故障类型及其他异常情况。根据故障测距情况，旋翼无人机首先检测故障附近范围内设备情况，若没有发现故障地点，旋翼无人机会扩大搜寻范围。

除了常规和故障巡检外，对于特殊情况比如在鸟害季节，对易在变电站门架上鸟类筑巢情况进行特殊巡检。春夏季节树木、竹林等生长旺盛季节，通过旋翼无人机巡检可及时发现生长威胁变电站的树木、竹林等。在气温干燥容易引发山火地段，加强旋翼无人机的巡检可有效防控森林火灾的风险。

设备发生过负荷或发热时，旋翼无人机可挂载红外热成像仪对重载线路进行巡检。当线路沿途区域发生灾害后，根据现场条件，可考虑无人机挂载检测设备对受灾线路全过程录像，搜寻电力设备受损情况。

2. 巡检要求

（1）巡检准备。

1）无人机巡检前，根据变电站运行需求，确定无人机巡检的设备和任务内容。

2）规划航线前需了解航线走向、特殊地形、地貌及当日气象情况，确保飞行区域的安全。

3）无人机起、降点应与巡检设备和其他设施、设备保持足够的安全距离，应确保进场条件较好，场地平坦坚硬、视野开阔、风向有利。

4）无人机起飞前应对无人机自身情况进行检查，确保无人机机体和相关设备、电源系统、动力系统、导航系统、软件运行情况等正常。

5）无人机起飞前，应进行无人机智能巡检系统的自检。如果自检发现有告警或故障信息，就应进行排查，修复故障信息后方可起飞。

（2）巡检实施。

1）无人机巡检应在通信链路畅通范围内进行巡检作业。无人机巡检、作业过程中应在目视可及范围内。

2）在无人机飞行过程中注意监控系统电量、数据传输及遥控信号强度、飞行数据（高度、距离、提升及平移速度）等。

3）无人机应与变电站内巡检设备保持足够的安全距离。

4）无人机操控过程应平稳进行，在操控技能未成熟时，严禁做复杂飞行动作，尤其是严禁接近人。

5）应严格按照变电站无人机可巡检设备要求进行巡检，严禁无人机飞跃、穿过、悬停在不宜使用无人机巡检的设备。

6）恶劣天气（雨、雪、大风、大雾、沙尘等）下应尽量避免无人机起飞巡检，飞行过程中若遇到大雾降雨等天气应立即停止作业，快速返航待天气状况好转后再进行巡检作业。

7）巡检作业时应保持良好的角度和曝光，以确保图片和视频数据高质量传输。

8）无人机巡检数据应及时导出并保存，对出现异常的数据进行分析和处理。

9）无人机智能巡检系统运行情况应纳入运维管理和交接班内容。

10）在变电站开展新改扩建、土建施工、设备检修时，及时调整无人机智能巡检子系统巡检任务范围，对可巡检区域内设备巡检，重新规划路径开展巡检。全部设备巡检恢复应与全部施工结束同步。

5.2.3 应急处置管理

（1）无人机在巡检过程中应考虑发生意外的情况，因此无人机一般会设置失控保护、半油返航、自动返航等必要的安全控制策略。

（2）当遇天气突变或无人机出现特殊情况时无人机应能够进行紧急返航或迫降处理。

（3）无人机自身系统发生故障或遇到紧急的其他意外情况时，除按照机体自身设定应急程序迅速处理外，地面控制系统应尽快使无人机迅速避开站内设备和建筑、人身，确保设备和人身安全。

（4）当无人机发生坠落情况时，无人机应能发出坠落前定位信号，追踪定位无人机的准确位置，及时找回无人机。

（5）当发生无人机撞向运行设备造成设备损坏时，应立即将故障现场情况报告分管领导及调控中心，为防止事态扩大，应加派应急处置人员开展故障巡查，确认设备受损情况。

（6）当无人机坠落造成火灾事故时，所有人员不得靠近事故区域，应迅速联系火警并将无人机机发生故障的原因及地点报告分管领导，按照相关规定开展进一步工作。

5.2.4 维护保养管理

1. 无人机机体

（1）无人机管理单位应定期对无人机的硬件设备及相关数据的进行调试、配置和维护，排除无人机问题或故障。

（2）无人机飞行结束应按清单清点本次飞行设备、材料和工具。

（3）及时清理无人机油污、灰尘和碎屑，保持各部位清洁。

（4）长期放置时，整机使用机衣进行防尘，轴承和滑动区域应使用专用保养油进行防腐蚀和霉菌。

（5）每次飞行结束后应检查电池使用情况，及时对使用过的电池并做好充电记录。

（6）每次飞行结束后应及时把电池拔出，放在阴凉通风处，使热量充分释放，不能把使用后的电池立即放在密闭保温的箱体等环境，避免发生火灾。

（7）禁止使用不同型号、不同功率或者未经质量体系认证的电池，防止出现电池爆炸、起火等事故。

2. 无人机平台

（1）定期维护方面，无人机平台主要是依据发动机的维护保养要求，需综合考虑航时或使用年限提出维护保养周期要求，以两者先到时间为准，作为维护保养周期。

（2）日常保养由使用单位根据设备的使用频率及工作状态自行确定。

3. 无人机系统网络

应定期检查无人机智能巡检子系统网络和信息安全情况，定期备份数据库，阶段性安装系统补丁、梳理病毒库等。

5.2.5　培训要求管理

运检人员应熟悉无人机智能巡检子系统结构和原理，掌握无人机智能巡检子系统运检管理要求，熟练掌握无人机智能巡检子系统巡检操作技能。运检管理部门应定期开展无人机智能巡检子系统的现场操作培训、移动指挥平台的维护培训、简单的故障诊断与处理培训。所有参试人员经过技术培训，岗位责任制明确，保证安全措施有效落实。

5.3　典型应用案例

本节以固定翼无人机和旋翼无人机在变电站巡检中的应用为例，通过常规巡检、特殊巡检、变电站线路故障后巡检等不同方式阐述无人机实际巡检应用效果。

5.3.1　常规巡检

在变电站工程施工过程中，可以利用无人机对施工过程进行监督巡查，掌握施工情况和进度，在工程竣工验收、中间验收、交接验收、整改复验等过程中，利用无人机参与验收可以节省人力资源成本，提高验收效率，图 5－17 所示为固定翼无人机进行施工过程巡检监督。

无人机在日常巡检过程中能够对变电站设备存在锈蚀、破损、污秽、断裂等缺陷，门架鸟类筑巢等情况（见图 5－18～图 5－20）进行检查，为电力人员提供消缺依据，及时发现和处理缺陷异常，保障电网安全稳定性。

图 5－17 固定翼无人机变电站施工巡检监督

图 5－18 固定翼无人机巡检发现锈蚀

图 5－19 旋翼无人机巡检变电站避雷针

图 5－20 旋翼无人机巡检发现鸟巢

5.3.2 特殊巡检

在特殊情况（重大活动保供电）、特殊气候条件（雨、雪、台风等）下利用无人机技术手段开展设备特殊巡检，及时掌握设备运行状态，在自然灾害发生后了解设备受损情况，为抢险抢修工作提供先导信息和线索，提高抢险抢修效率，为快速恢复供电提供保障，图 5－21 为无人机对变电站进行特殊巡检。

无人机可搭载红外测温仪器设备，不受时间限制对设备开展红外测温特殊巡检工作（见图 5－22），通过红外测温快速定位发现重载过负荷设备和异常发热设备，为电网负荷合理分配提供依据，及时对发热设备进行处理，有效提高电网供电可靠性。

图 5－21　旋翼无人机变电站特殊巡检

图 5－22　旋翼无人机夜间特殊巡检红外测温

5.3.3　故障异常跳闸巡检

利用无人机也可对变电站线路故障异常跳闸开展巡检工作（见图 5－23），无人机携

图 5－23　旋翼无人机对变电站线路跳闸后巡检

带夜视仪或导向损伤探测仪等设备，无论故障发生在夜间或者山区等复杂地形区域，无人机均能在跳闸后第一时间快速对故障区域进行巡检和定位，通过截取起点、终点，在故障点区域一定范围内进行反复巡检检查，快速而准确地发现故障点和故障类别，可极大缩短故障发现时间，提高设备安全管理水平。

第 6 章

智能视频监视子系统

6.1 智能视频监视子系统建设要求

为了实现变电站无人值守，以及实现生产效益的提高，研究人员利用站内视频监控系统结合视频智能分析技术严格规范现场生产作业模式，将传统人眼识别视频图像与工作票授权作业范围有机融合，升级为计算机自动识别作业区域与警戒区域，实现现场管控可视化、规范化。

通过图像智能识别与人工智能先进技术，建立图像与对象的联系，实现关键目标物体的快速识别，从而让分布于变电站内的各个摄像机变成监控系统的眼睛，也使“智能视频分析”成为监控系统的大脑。这一改变，从根本上提升视频监控系统在变电站作业管控方面的价值，大幅度降低资源与人员配置，从而全面提升变电站内现场安全作业管控的资源优化配置。因此，智能视频监视子系统不仅仅是一种图像数字化监控分析技术，更是站在变电站现场作业管控全面管控的前沿，奠定了数字化、智能化、高效化、精细化和规范化的作业现场管控系统。

6.1.1 技术架构与功能要求

智能视频监视子系统对变电站内工作票授权区域进行动态监测预警分析，通过人工智能算法分析，准确判断现场作业人员有无正确佩戴安全帽；并在工作票终结之后，再一次分析作业现场有无遗留物；工作过程中动态追踪人员活动轨迹，及时预警可能出现的危险活动轨迹，并通过报警与短信发送的形式提醒相关人员。实现对人员越权穿越分析、进出站内人员情况分析、操作人员现场作业情况分析、危险区告警监测分析、物品遗留监测分析等功能。智能视频监视子系统的建立不仅能起到实时监控的作用，而且还需要能够对视频数据进行分析，并且从中提取有效信息进行智能化的控制与管理。

1. 子系统技术架构

视频监控系统主要由变电站现场监控设备、监控中心、信息传输网络以及综合接入管理平台 4 个部分组成，如图 6－1 所示。

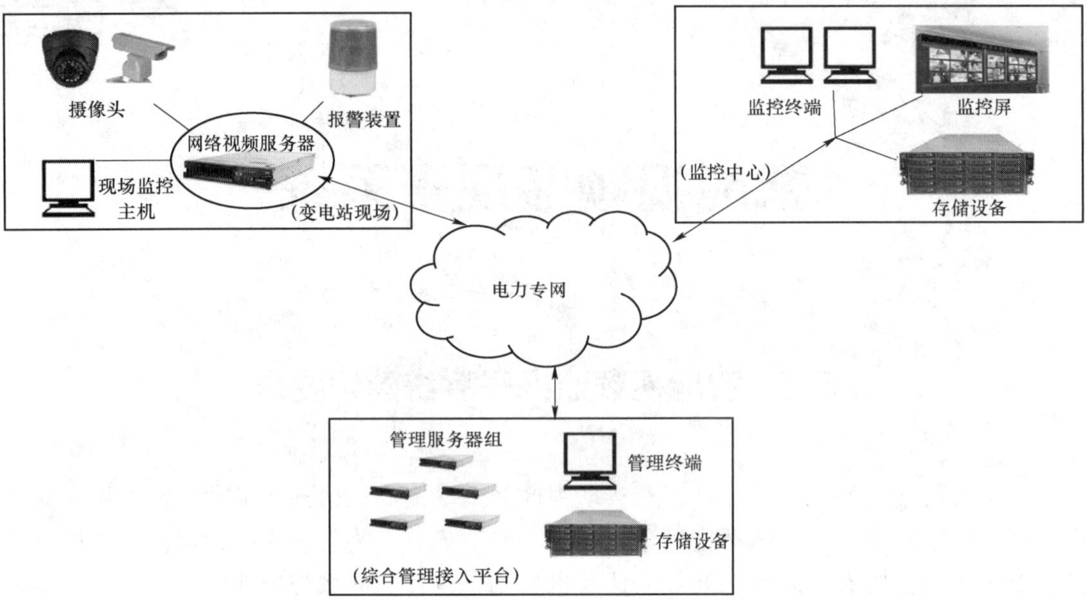

图 6-1　智能化视频监控系统组成示意图

(1) 变电站现场监控设备主要有前端摄像头、报警装置、网络视频服务器和现场控制设备。

(2) 监控中心位于变电站集控站、运检中心等生产单位，便于相关负责人对现场情况实时掌握。

(3) 信息传输网络利用电力通信专网实时传输现场监控画面。

(4) 综合管理接入平台以管理服务器组为核心，为用户的远程监控提供智能化管理手段。

2. 子系统基础功能

(1) 作为智能电网的重要支撑技术手段，可以对变电站现场环境、人员工作情况、设备运行状态等进行实时监控，全面提升变电站的安全管控水平。

(2) 可以作为无人巡视与倒闸操作远程辅助的重要技术手段。

(3) 全面记录变电站内工作过程以及事故从发生到处置全过程，为工作及事故处理提供远程指导。

(4) 可为变电设备故障分析提供事故现场的图像追索资料。

(5) 能为电网各级应急指挥中心提供丰富的变电站动态实时视频信息，为指挥决策提供直观信息。

(6) 本子系统是生产管理信息系统的一个组成部分，在日常生产管理工作中可以实时对现场远程分析。

(7) 辅助现场作业的安全监管。

3. 子系统建设原则

（1）整体性设计。综合考虑视频监控系统现有和潜在的应用需求，确保一次投入、长期使用，体现图像监控综合应用的整体效应。

（2）多级多域多子系统设计。支持分级别的访问权限，实现跨区域和分层次的协同管理，可以在集控中心直接调看系统内所有的视频图像，各区域也可以其区域控制室调看该区域所有的视频图像。

系统采用多级多域多子系统设计思想。多级设计可以实现逐级管理；多域可以实现各个系统间既保持独立运行，又可以通过权限树动态复制技术保持上下级之间的管理；多子系统设计也可以保证实现一个域内有多个子系统业务需求。

（3）具有良好的实用性、兼容性、扩展性设计。在系统设计及应用中，始终以用户需求为中心，以灵活与实用为抓手。采用实用性强的产品及模块化设计，既满足当前需求，又为系统提供后续的发展空间。

能保证现有数字视频图像资源顺利接入，尽量减少浪费。采用标准化、模块化设计，当需要有更多压缩标准或更多制式的图像资源接入时，原则上不淘汰原有设备，通过增加相应的端口和模块来实现。

核心设备的配置按照最终设计来确定，保证未来变电站扩建或新增间隔时不需要改变子系统的核心配置。

（4）运行稳定、高安全性设计。

1）核心部件的配置应采用国内专业品牌，完善重要视频内容实时备份功能，并保证子系统 24h 运行。

2）分层式权限管控，系统操作人员通过账号密码进行登录，并根据自己的职务有不同的访问权限。

3）子系统的所有重要操作痕迹，比如登录、退出，均在服务器中存有备份，并不可删除。

4）多层次数据隔离，保护信息数据不被窃取，同时重要数据保证无法更改删除。

5）子系统具备自诊功能，实时发现自身软硬件问题，并向系统维护管理人员发出报警。

4. 相关技术规范和标准

国家电网公司 2015 年 5 月颁布的关于视频监控的企业标准 Q/GDW 1517.1—2014《视频监控系统及接口　第 1 部分：技术要求》，在该标准接口 B 部分的基础上，为满足变电站辅助综合监控系统的功能要求，进行一些必要的扩展。要求接口标准应通过中国电科院或国网电科院的国家电网视频监控标准测试，并提供测试通过报告。

Q/GDW 1517.1—2014《电网视频监控系统及接口　第 1 部分：技术要求》SIP 协议作为视频部分的通信接口协议，视频类数据（含图像智能分析数据、远程视频许可）都接入变电站的辅助综合监控主机。视频类数据通过辅助综合监控主机与地区中心主站进行视频类数据传输，接收和执行地区主站的命令，通信协议采用 SIP 协议，协议格式按照《附件 1　与地区中心主站视频接口规范》执行。

6.1.2　智能化无人巡视

1. 智能化无人巡视要求

（1）对巡视种类的要求。

1）按照设备进行巡视：按变电站运行管理规范对设备进行日常、定期和特殊巡视。

2）按照特殊要求进行巡视：① 鸟巢巡视：智能搜索识别变电站内鸟巢。② 漏油巡视：智能发现充油设备漏油现象。③ 仪表巡视：智能读取变电站内各监控仪表。

3）按照安防要求巡视：对变电站大门、围墙外界、一次设备区域、重要通道和重点二次设备区域等部位进行安防巡视。

4）按俯瞰要求巡视：通过俯瞰摄像头，从俯瞰角度巡视整站。

（2）对巡视模式的要求。

1）手动巡视：根据制定好的巡视流程，巡视人员在监控后台通过手动控制的方式逐个项目巡视。

2）自动巡视：巡视人员在监控后台启动自动巡视功能，巡视画面自动切换。

3）定时巡视：巡视人员设定巡视间隔时间，到时自动进行巡视，并全过程记录，以方便调阅。

（3）对远程巡视界面的要求。远程巡视要求画面间具有关联性，并可实现多角度组合。

远程巡视设备时，巡视页面上设备名称、电气量数据、温湿度环境、安防状态、仪表读数等全部展示出来。

（4）远程巡视录像及查询功能。巡视过程中自动录像，可以通过时间段、巡视人员等检索条件准确查找相关录像，方便在事件发生后开展事件分析和调查。

2. 智能化无人巡视关键技术

（1）仪表仪器智能图像识别技术。系统采用了表计图像智能识别技术，实现了对变电站内大部分仪器仪表的远程智能读表，代替了人工巡视抄录表计数值。同时当某表计发生变化超过限值时，系统自动报警并显示该表计图像，如图 6－2 所示。

（2）隔离开关状态智能图像识别技术。系统通过人工智能数据模型算法，采用图像智能识别技术与设备重要特征点比对技术，准确采集与判断隔离开关等设备的位置状态。并在隔离开关位置出现异常时准确发出报警信号，触发摄像机对相关部位准确抓拍与录像，实现异常状况实时预警、准确追踪定位，如图 6－3 所示。配合变电站“五防”系统、智能运检管控平台、SCADA 系统，为变电站现场的安全生产管控提供有力保障。

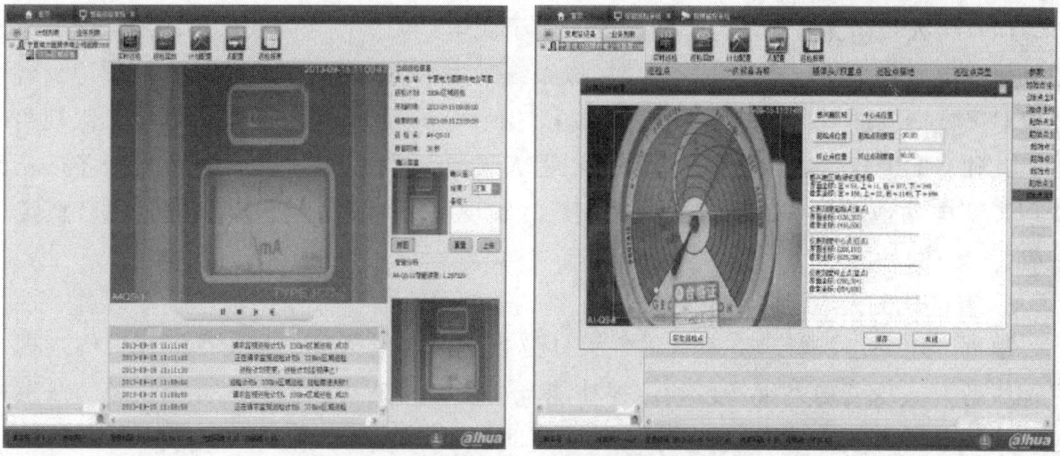

图 6-2　仪表仪器智能图像识别

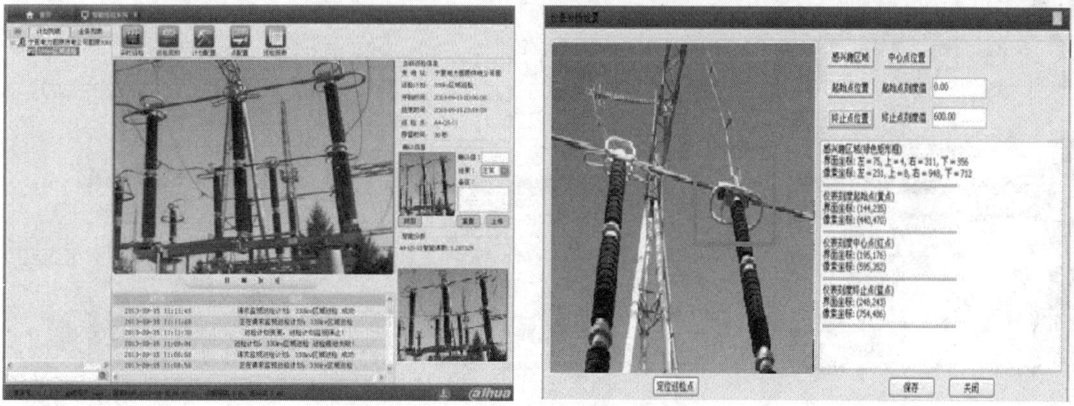

图 6-3　隔离开关状态智能图像识别

（3）关键节点定制化分析功能。针对变站内关键点的其他相关设备情况，可进行定制化分析及自动识别，并将预判结果上报到系统，生成报表。如油温计、断路器位置的智能识别等，如图 6-4 所示。

图 6-4　关键节点定制

（4）仿人视角无盲点信息采集技术。由于变电站无人值守的要求，需要全面、无盲角采集变电站各个监测点及其状态，所以系统采用了仿人视角无盲点技术的重型云台智能素材采集摄像机（360 度无盲角翻转式）。摄像机仿人化高度安装，即获得人眼视角，由于其独特的无盲点翻转技术，所以可以以人眼的角度上下左右环视四周的设备，从而实现了变电站现场设备信息的全面采集，为实现真正的无人化值守和安全生产奠定了基础。

3. 智能化无人巡视应用项目

根据变电站巡视管理方案针对性设计巡视路线，包括日巡视、夜巡视、周巡视、月巡视等，实现变电站现场自动巡视功能全覆盖，同时结合智能分析子系统，在巡视过程中可以自动分析识别刀闸等主要设备的状态、断路器等仪器仪表读数，并把结果自动反馈给平台，系统平台进行自动比对及智能分析，从而达到智能化无人巡视的目的。

（1）日巡巡视。日巡巡视流程如图 6－5 所示。

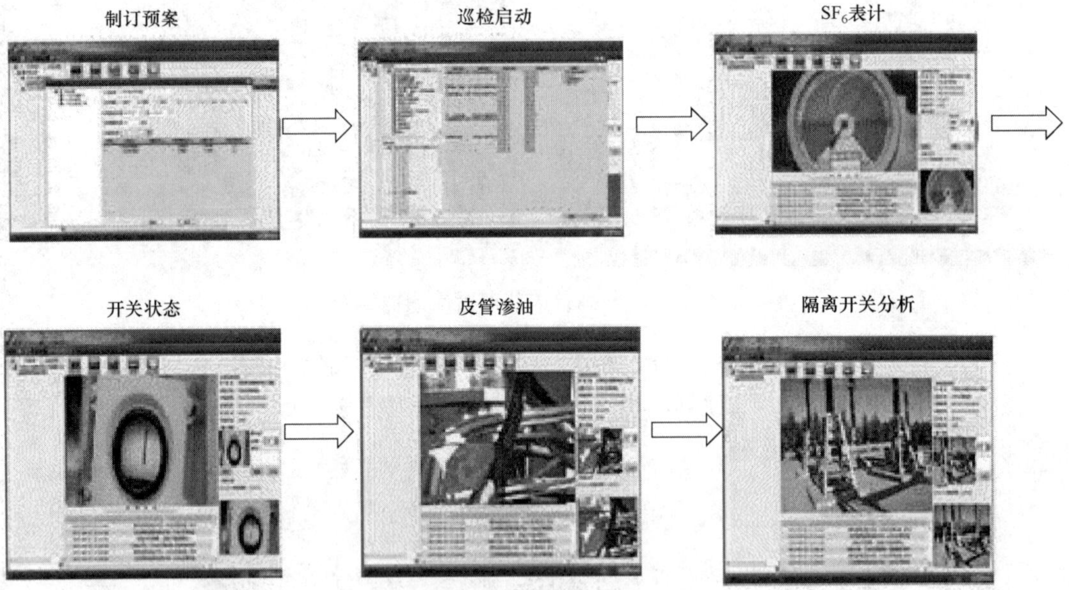

图 6－5　日巡巡视流程

（2）重点设备巡视（主变压器）。重点设备（主变压器）巡视流程如图 6－6 所示。

（3）主控室巡视。主控室巡视流程如图 6－7 所示。

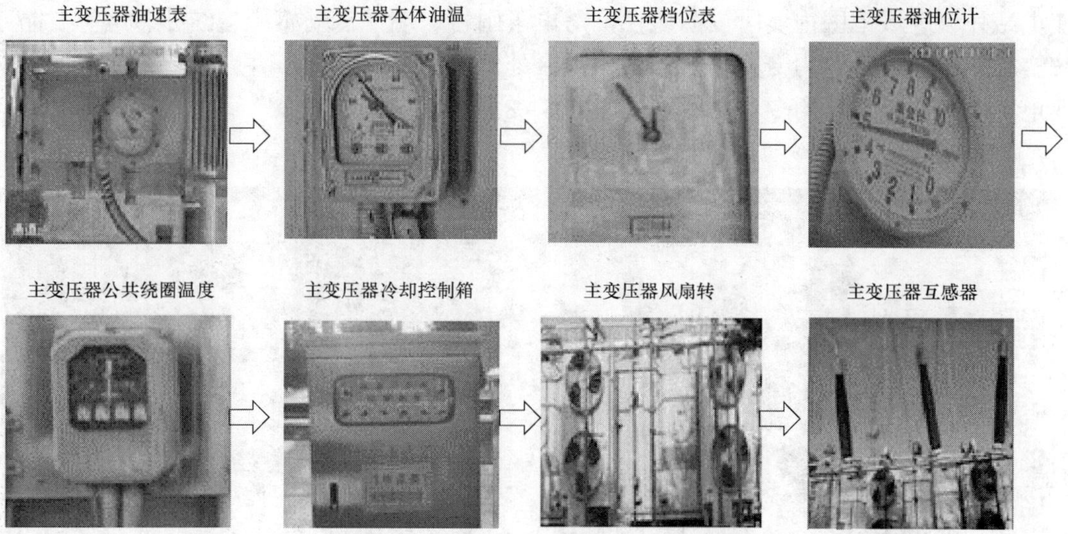

图 6-6　主变压器巡视流程

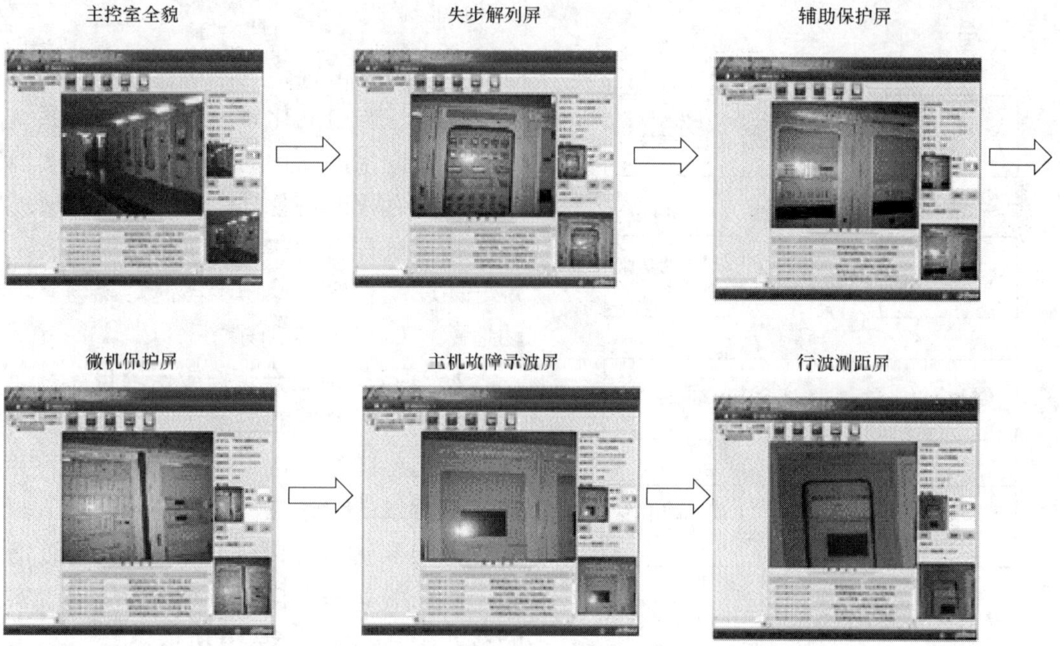

图 6-7　主控室巡视流程

6.1.3　现场智能安全管控

1. 现场智能安全管控关键技术

（1）智能化实时图像监控功能。实现变电站全方位无死角图像采集与实时监控；主要设备外观信息实时采集；室内环境，包括开关室、电缆层、继保室等实时环境监视；

变电站外墙区域范围内实时安防监控，与电子围栏、墙壁震动感应、红外感应等安防系统实时联动；经过电力专网，实现统一平台处理监控动态图像，并完成远程访问终端与变电站视频管控现场的多对多联系，如图6－8所示。

图6－8　智能化实时图像监控

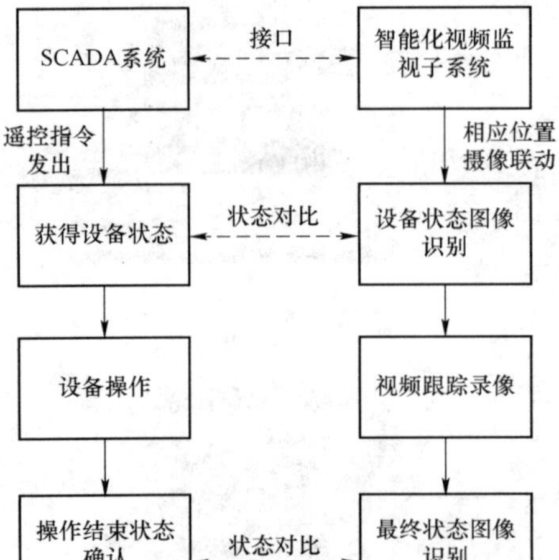

图6－9　远程可视化生产辅助

（2）远程可视化生产辅助功能。通过对接变电站综合自动化系统与五防管理系统，实现对站内生产工作的可视化辅助，实现了事件实时远程分析督导，以及事后的现场回溯；整个过程自动完成，子系统根据已经设定好的联动程序与操作步骤，对现场逐步自动追踪，如图6－9所示。

2. 现场智能安全管控应用项目

（1）安全帽智能识别。通过改进型高斯模型算法为图像关键点建立高斯模型，并实现环境背景的自适应，实现复杂环境下对监视对象的准确定位和动态追踪，并能过滤背景中存在的动态干扰，因而适合应用于安全帽智能识别，如图6－10所示。

（2）站内操作施工远程监管功能。通过设定多系统规则，结合智能分析系统，实现了对站内检修、施工等违章操作远程的监控，避免了发生人为事故的风险。例如，通过系统划出操作施工区域，规定区域内操作工人数，如果超过警戒人数，系统就自动报警，如图6－11所示。

图6－10　安全帽智能识别

图6－11　站内操作施工远程监管

（3）围栏内带电区域距离预警提示。基于智能算法行为分析及运动目标检测技术，智能地识别出运动目标，然后过滤环境因素和天气因素的影响，识别出作业人员及作业人员运动轨迹。当接近高危带电设备时，智能预警，如图6－12所示。

6.1.4　遥控操作智能辅助升级

（1）遥控操作的视频验证。当监控系统发出遥控指令时，相关设备的全角度视频画面同步显示出来，全面反映设备状态与环境状态，无死角地将操作对象呈现出来，让操作及监控人员准确掌握设备状态，并判断设备周围是否存在影响设备运行及操作的环境因素。远方调度可以将运维人员的操作过程与现场设备状态实时核对，准确掌握整个操作流程。

图 6－12　围栏内带电区域距离预警提示

（2）遥控操作的智能验证。当监控系统发出遥控指令时，子系统自动调集设备周围各个角度的摄像头，锁定设备的分合位置、仪表指示、储能状态、主变压器状态等，并且智能识别读取状态信息，与遥控指令内容对比判定是否一致，一旦出现相互不一致的状态即触发报警。

（3）设备故障相互联动。监控系统发现某设备故障时，相应故障位置的摄像头自动调集起来采集故障设备图像，并将故障设备的各类状态数据智能读取出来，实现全方位、全状态的故障监视。这些数据第一时间提供给调度人员或生产指挥中心，让相关专业人员对设备故障情况全面掌握，以便更准确地采取处理措施。

6.2　智能视频监视子系统运检要求

6.2.1　子系统验收要求

1. 子系统技术性能要求

（1）主要功能要求。子系统需要对站内全部电气设备、重要二次设备以及一些关键设施进行 24h 不间断图像监控，实现变电站环境、设备外观、设备状态等信息的实时监控，抓住监视对象的关键部位，以满足电力安全生产，并可实现变电站安全警卫功能。

通过监控终端控制整个系统，变电站现场的视频处理模块可及时传送报警信息，并触发相应辅助设备，如相应位置的照明及报警闪烁等。

子系统可以与远方的监控单位进行数据传输，通过客户端软件等方式远程访问变电站的监控子系统，而不需要配置相关硬件设施。

（2）图像储存回放功能。

1）图像快照功能：以 BMP 格式储存画面。

2）变电站其他监控系统可以通过报警触发录像功能，并准确记录时间、锁定位置。

3）系统具备不间断录像功能，单次录像可持续时间应大于 720h。

4）图像存储正确，分类管理，方便相关人员进行事件追溯分析。

（3）设备控制功能。

1）监视变电站现场，以防入侵、火灾、设备及人身事故。经过电力专网将监视对象实时传输给调度、生产指挥中心等单位，从而实现远程控制。

2）值班人员经监控后台从远方或现场监视变电站设备，并通过软件实现对一台摄像头的上下左右移动与远近切换。

3）对操作人员进行权限管理，严格管控变电站内摄像头的控制权限，避免操作人员同时控制同一摄像头。

4）操作人员能够远程遥控子系统各类前端设备，包括角度控制云台、镜头焦距、镜头清洁装置等可控设备。

5）能够在变电站现场或远方对变电站作业现场进行安全布防，可自主指定布防策略，也可按照系统已经设定好的策略自动布防。

6）具有倒闸操作自动触发录像功能，伴随遥控指令或就地操作时的设备变位，自动锁定操作设备区域启动录像。

（4）报警功能。

1）功能报警可以分为现场火灾信号报警、变电站入侵报警、设备状态异常报警，同时可根据事件严重程度对报警功能进行分级。当报警信号出现时，子系统应自动触发录像存盘，将现场画面实时传送给远方，并在电子地图上锁定报警位置，以便提升处理效率。

2）系统能够处理多类型、多点位报警功能，并且报警信息之间相互不会干扰或覆盖，导致相关信息遗漏。

3）报警功能与现场各类型环境探测装置完整结合，共同构成安防系统。

4）所有摄像装置可以手动或自动地加入或退出报警功能覆盖范围，也可以通过时间设置报警功能投入的时间段。

5）后台上可以准确显示出报警信号的详细信息，包括内容、信号等，并且关联报警对象的录像，可以随时调阅。

6）报警途径包括声音报警、电话报警等方式。

7）报警信息应当完整存储，与相关录像内容相关联，并提供多种类型的检索方式。

8）报警信息应当得到用户的检查确认，并在系统中反馈。

9）画面变化报警的变化率可设置。

10）各摄像机应当有完整的自检功能，在自检异常时报警。

（5）语音功能。

1）变电站现场重点监视部位配置录音设备，并能实现数据通信。

2）现场与主站间可以实时双向语音对话及广播。

3）重要录音数据应当实时保存，方便相关人员查询调阅。

（6）远方配置功能。可以实现子系统远方参数配置，远方遥控摄像头参与或退出报警范围，以及手动远程监视重点区域等功能配置。

（7）远程巡视。

1）根据变电站运维人员需求实现巡视功能，巡视范围能覆盖到站巡视、特殊巡视等巡视范围，可按照设备、安防、特殊要求进行巡视。

2）可实现手动巡视、自动巡视和定时巡视三种巡视模式。

3）远程巡视录像实时保存，并提供多种形式的检索条件。相关人员可以通过时间段、巡视人员等关键词进行检索，最终锁定录像内容。

（8）自动对时要求。子系统应具备完善的自动对时功能，并且全站时间同步，时间来源统一，应支持 SNTP 或 IEC 61588。

2. 子系统监视范围及监视对象

视频监控系统监视范围如下，但不限于此：

（1）变电站内全部区域，对变电站围墙外界、站内重点防火部位、大门等重点安防部位进行不间断监控。使用网络高清球式摄像机监控重点安防部位与变电站全景，使用枪式摄像机监控围墙外界。

（2）敞开式刀闸的分合状态与断路器的机械分合指示。

（3）主变压器、电流互感器、电压互感器等充油设备的油位情况，避雷器泄露电流与计数器读数，断路器储能指示及压力读数等设备重要状态参数。

（4）监视变电站主要室内场景，包括电缆层、开关室、继保室、主控室、蓄电池室等，同时可以实现远方与现场间实时通话。

（5）监视变电站各类环境因素，包括温湿度仪表读数、风力状况、低洼部位水面高度。

（6）通过摄像头的系统化布局，提供全面的变电站安防保障功能。

（7）与消防系统报警功能相互联动，在消防警报发出时自动调集摄像头对相关部位进行监视。

3. 子系统结构要求

系统结构应当标准化与网络化，具有稳定的安全性能，长期可靠，维护成本低，且满足 ISO/OSI 开放系统互联标准。

（1）具备硬件与软件结构的持续扩展功能，可以进一步升级改造。

（2）本系统应有完整的图像数据输出接口，其他应用系统可以触发调取本系统的图像数据。

（3）本系统的软件与硬件接口应当按照标准化设计，并能够与其他系统的软硬件、不同厂家的设备互联，以方便数据通信。

（4）本系统的基础硬件平台应当按照规范的现代工业设计，具备通用化、市场化、标准化特征，同步配套完善的维修服务。所使用的相关产品应当是可替代的，并有不断升级的空间。

（5）多级组网，满足监控网络多层级监控的要求。

4. 子系统接地要求

遵循“单点接地”原则，整个子系统不需要配置单独的接地网，但应当有专用接地汇集点，连接于主接地网上的某个点，从而消除整个子系统的地电位差。子系统相关设备，包括机箱外壳、电缆屏蔽层等均应当可靠接地，接地线独立。

5. 子系统抗干扰要求

变电站内摄像机处于高压电力设备的包围中，电磁环境十分复杂。视频电缆、控制电缆、电源电缆并行排布，极易受到高压设备产生的静电影响与电磁干扰。尤其是视频接口、通信端口等部位受到的影响最大。设备应当在出厂时具备电磁干扰屏蔽、防静电击穿、防浪涌等保护功能，在一次设备出现过电压或短路电流时子系统硬件设备不会损坏。相关抗干扰功能应当在产品说明书等材料中明确解释，证明其可以在复杂电磁环境下正常运行。

（1）按照工业标准设计子系统的硬件设施，在强电磁环境下能够正常运行。

（2）子系统所有硬件均配置看门狗电路，自动处理程序异常状况。

（3）摄像头采用铝合金电磁屏蔽护罩，采集数据经 DSP 高效处理。

（4）子系统数据采集与码转换环节采用数字滤波电路，过滤干扰信号。

（5）硬件设施采用“三防”（防水、防火、防尘）设计。

6. 子系统的过电压保护要求

子系统的设备接口应当安装抗雷击保护电路、过电压保护电路。

6.2.2　子系统运行要求

（1）监控终端的画面显示功能：

1）多画面监视。

2）多画面轮巡。

3）手动设置监视参数或自动化实时调整。

4）字幕叠加。

（2）要求系统支持远程对云台和摄像机进行以下实时控制：

1）云台上下左右转动。

2）准确稳定的预置位设置。

3）控制摄像机的雨刮与摄像辅助光源。

4）手动和自动焦距调节。

5）手动和自动光圈调节。

（3）录像与录像播放功能：

1）系统采用分区域分散录像的方式配置录像设备，支持当地（变电站）录像存储为主，集中（监控中心）录像存储为辅。

2）支持自动覆盖或停止录制。

3）可以实现定时自动录制、手动控制录制和报警触发录制。

4）报警录制应该有预录功能。

5）录制文件应实时保存，自动分类，并附加有效的检索信息。

6）录像存储方式包括光盘、电脑硬盘、服务器网络存储等方式，并可以通过主流视频播放器进行播放。

7）支持录像信息下载功能。

（4）报警控制与联动功能：

1）子系统前端应当独立实现报警信息触发，并可联动摄像机锁定抓拍，相关触发量包括红外感应、门禁、火灾报警信号、围墙震动等。

2）子系统智能识别图像运动轨迹，并控制摄像机跟踪锁定（可选）。

（5）子系统前端具有自我诊断功能，异常时迅速发出报警信号。

（6）子系统各设备时间同步，接收同一时间源的时间信息。

（7）变电站可配置红外摄像机，用于夜间对重点对象的监视。

（8）监控中心（或操作站）视频监控功能：

监控中心（或操作站）采用两台以上计算机作为值班员工作站，并具备以下功能：

1）发生事件时，可以实时切换事件区域摄像画面。

2）能遥控镜头移动，控制雨刮动作，调整辅助光源。

3）可以通过电子地图，实时调阅任一摄像头画面。

4）监控画面上显示摄像头的安防状态，并可以控制摄像头加入或退出安防体系。

5）监控画面上可以实现多摄像头画面显示。

6）能查询报警状况和记录。

7）能对历史视频进行管理。

8）监控中心（或操作站）应具备对所辖变电站的视频监视功能。

（9）监控中心应具备对所管辖的变电站进行语音、视频对讲和语音扩声广播功能，变电站应配备语音或多媒体对讲终端以及扩声设备等。

6.2.3 子系统日常维护工作

结合人工巡视，对子系统定期检查。

（1）对监控视频主机进行检查。项目包括主机电源是否正常运行、主机操作是否准确顺畅、系统日志是否完整。相关故障信息及告警信号应当及时处理，并将处理结果记录成册。

（2）定期在监控画面上进行摄像头检查，具体内容包括图像是否清晰、有无遮挡、摄像头信号是否正常、拍摄角度是否正确等，对发现的异常情况及时处理并记录。

（3）定期抽查监控视频智能分析得到的数据，与现场实际读取的数据进行对比，杜绝智能子系统分析错误。

6.3 典型应用案例

6.3.1 现场调研情况

220kV 某变电站属于敞开式开关设备（Air Insulated Switchgear，AIS）和气体绝缘金属封闭开关设备（Gas Insulated Switchgear，GIS）共存的变电站，站内已部署户外机器人及挂轨机器人，站内目前现有监控摄像机 34 台，其中，以网络高清球机居多（室外大部分是立杆安装的球机），使用品牌为海康威视，主变压器、220kV 设备区、110kV 设备区、35kV 开关站、电容室都已配备球机，主要用于设备外观观测及安防。本次对视频监控子系统进行智能化改造，进一步强化设备监控，实现无人巡视、现场安全防护、辅助倒闸操作等功能。

6.3.2 现场摄像机选型

高清红外/白光云台摄像机：可以上下左右自由转动，为设备观测提供多角度。具备变焦功能，可通过调整焦距让摄像头清晰拍摄仪表指示，比如主变压器的油温油位、断路器的机械位置指示、闸刀的分合位置等。根据环境光线的明暗，提供白天与夜晚的摄像模式自动切换，保证对设备的 24h 不间断监视。

高清网络球形摄像机：一般安装于整座变电站的高处，实现变电站的全视野范围监视，并可通过焦距的调整锁定细节状况。

高清网络枪机：用于变电站内的局部监控，摄像位置、方向相对固定。一般安装在变电站大门、主控楼入口、重要通道等位置，用于监视出入状况；部分仪表也可采用单独的枪机监视。

卡片摄像机：针对 GIS 设备区域，由于各处空间较小，可部署卡片摄像机，对表计、分合指示等进行一对一监控。

6.3.3 子系统具体实施方案

1. 作业区及区域全景（鸟瞰）监控

（1）满足对变电站内作业区的监视要求，即当变电站户内、外有检修作业时，对检修作业的现场及人员的行为进行监视。

（2）满足对变电站电气设备区域进行全景鸟瞰监控的要求，即按设备区域（如 500kV 设备区、220kV 设备区、110kV 设备区、主变压器设备区、电容器及电抗器设备、母线设备等）分区，对区域内的电气设备进行全景鸟瞰监视。

2. 220kV AIS 设备区域监控

220kV AIS 区域主要监控目标有避雷器表（部分机器人无法识别的情况），母线闸刀、接地闸刀、设备外观等，如图 6－13 所示。优先满足 AIS 刀闸触头的监控要求，兼顾对每个刀闸和开关的分合指示牌、控制柜（汇控柜）、压力仪表、刀闸和开关等设备全景进行监控的要求；满足对刀闸和开关的分合指示牌、刀闸触头闭合状态、压力仪表及对应的控制柜进行智能分析的要求。

此处主要安装枪机及云台，枪机主要监控避雷器表，云台用于识别闸刀、地刀的状态。云台采用 1 对多的方式，1 个云台负责监视多把闸刀或地刀，避雷器表采用室外小筒机 1 对 1 的方式。

3. 110kV GIS 设备区域监控

110kV GIS 室区域主要监控目标有 SF_6 表、避雷器表、开关分合指示，如图 6－14 所示。现以一个间隔为例：由于现场几乎每一个间隔的表计及开关分合指示前端都有汇控箱，机器人很难观测到表计及开关状态，故每一个间隔前端靠汇控箱一侧安装云台 1 台，枪机 2 台，用于监测抄录前方 3 个 SF_6 表计，3 个开关分合指示的状态。后侧有 3 个开关分合指示，1 个 SF_6 表计、3 个避雷器表，需安装云台 1 台，枪机 3 台。

图 6－13　220kV AIS 设备区域调研

图 6－14　110kV GIS 设备区域调研

4. 主变压器区域监控

该变电站共有主变压器 3 台，如图 6－15 所示。主变压器原先已补强安装部分球机，用于监测设备外观等情况，因现场环境原因，部分表计（35kV 避雷器表、35kV 接地开关）机器人无法进入识别，需安装云台和枪机进行补充，3 台主变压器共需安装云台 5 台，枪机 3 台。优先满足对主变压器中性点刀闸触头的监控要求，兼顾主变压器全景、油位表、油压表、油标尺、主变压器泄露电流仪表、冷却系统、主变压器控制屏柜等的监控要求；满足对主变压器油位表、油压表、油标尺、电流仪表等仪表进行读数智能分析，系统实时判断仪表读数、自动报警的要求。

5. 35kV 区域监控安装

35kV 室外电容区立杆安装云台 2 台，用于观测闸刀状态及设备状态，如图 6－16 所示。

图 6－15　主变压器区域调研

图 6－16　35kV 区域调研

35kV 开关室安装室内球机 1 台、枪机 1 台。

35kV 电容室内安装红外热成像 2 台，用于监控电容及接头温度。

6. 子系统监视的场景和预置位设置要求

智能化视频监控子系统至少按照场景设置预置位，对各设备的不同场景进行监视。这是预置位场景设置和监视场景的最低要求，实际工程应根据需求增加场景预置位和需要监视的场景。每个场景应具备多个不同摄像机的预置位监视功能，要求按照预置位组成多角度画面。根据摄像机的配置，多角度画面至少应包括本体多画面、编号、仪表、油位、机构、套管、支柱、分合指示等。每台摄像机应根据设备监视的需求，充分利用摄像机预置位的资源，尽可能多地设置预置位，尽最大可能利用安装的摄像机保证对电力设备视频监视的全覆盖。

7. 作业区域监控

对于 AIS 变电站内作业区的监控，原则上以利用全遥控的摄像机进行监控；对于 GIS 变电站，配置专用摄像机用于作业区监控，摄像机的守望位设置为监控作业区。根据现场摄像机的安装情况，综合考虑，为每个间隔分配就近合适的摄像机用于作业区内作业人员行为的监控。一个间隔的作业区应分配就近的多台摄像机进行多画面、多角度组合监视，并将多台摄像机的图像画面组合在同一个监控界面上，构成作业区多角度组合监视画面。

6.3.4　应用效果展示

1. 子系统核心监控流程

系统通过电子作业指导书将作业管控请求通过通信网络将作业管控信息发给平台数

据库；中心管理服务实时获取电子作业指导书信息。通过客户端将作业管控设置发送给智能分析服务器，智能分析服务器识别并返回作业管控结果，识别到异常告警，通过短信的方式发到管理员手机。

2. 子系统智能分析管控

管控规则设置能够设置当前工作区域各个摄像头的智能分析规则。管控规则设置对话框界面包括三个区域：① 视频绘图区域、② 规则列表区域、③ 规则设置区域，如图 6－17 所示。

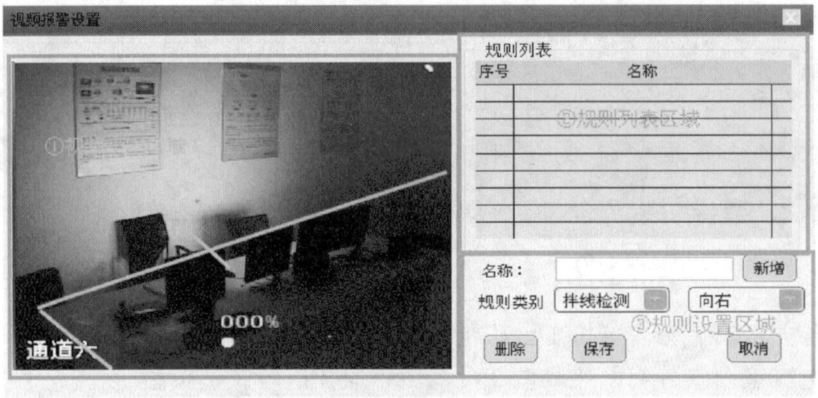

图 6－17　子系统智能分析管控

在视频绘图区域里，能够用鼠标描绘智能分析的拌线、警戒区域、围栏、人数统计的入口。

规则列表区域显示了当前摄像头进行智能分析的规则。选中列表中相应规则，通过在规则设置区域的操作，可以修改或删除已经设定的规则。

在规则设置区域里，可以新增或修改规则，设置规则的名称、规则类型，并且对规则进行删除和保存。管控的规则类型包括拌线检测、区域进出检测、围栏越界检测、人数统计、遗留物检测、防护用具佩戴检测。

3. 子系统智能分析报警

通过对作业区域的多摄像机管控，实现整个作业区的人数统计，作业安全管控。当出现穿越围栏、跨越境界线时，产生告警，如图 6－18 所示。

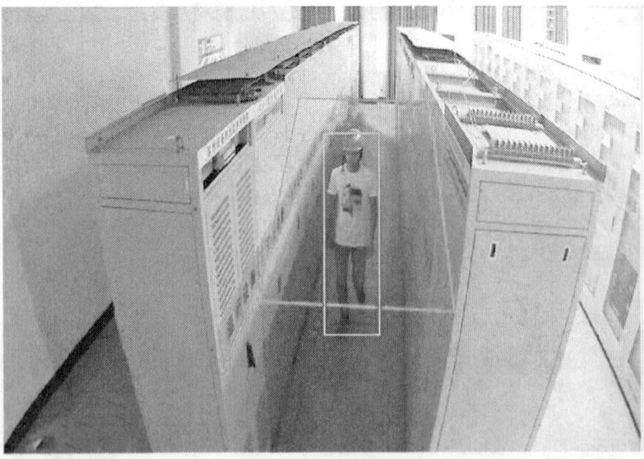

图 6－18　子系统智能分析报警示例

第7章

智能防误子系统

7.1　智能防误子系统建设要求

7.1.1　智能防误子系统的基本要求

电气误操作一直是威胁电网安全生产的重要因素，如何防止电气误操作，始终是电网安全生产工作的重点和难点。随着电网规模不断扩大，电力技术飞速发展，电力设备多样性增加，系统运检模式不断转变，使得倒闸操作及检修作业点覆盖面广、情况复杂，成为事故及隐患的高发区域。从近年来变电站各类事故通报情况可以看出，半数以上是因防误管理不到位、设备管控措施缺乏而导致的。因此，能否有效开展防误管理是防范电网运行事故及隐患，保证人身安全、设备安全的关键。

防误系统最核心的要求就是做到“五防”，即防止误分、合断路器；防止带电拉、合隔离开关或开关小车动静触头；防止带电挂接地线或合上接地闸刀；防止带接地线或接地闸刀合上隔离开关；防止误入带电间隔。“五防”逻辑则是通过整个智能防误系统设备间的相互闭锁功能实现的。

7.1.2　智能防误子系统闭锁功能要求

由于变电站内设备众多，且所处环境各不相同，防误系统实现闭锁功能的方式也根据现场实际情况不同而有所区别。目前，变电站内防误闭锁功能主要通过以下几种闭锁方式实现。

1. 电气防误闭锁

电气防误闭锁是将辅助接点接入电气操作电源回路，通过辅助接点的开断实现断路器、隔离开关等设备的闭锁。辅助接点的可靠性和切换速度都应当满足相关的技术要求，电气主接线方式也应满足防止电气误操作的要求。断路器和隔离开关、接地闸刀间的电气闭锁不得用重动继电器的方式实现，要求直接采用可靠的辅助接点实现，线路无压判据采用带电显示器或电压继电器等方法实现电气闭锁。

2. 电磁防误闭锁

与电气防误闭锁类似，电磁防误闭锁是设备的辅助接点接入电磁闭锁电源回路，从而实现各类设备的闭锁，但由于电磁锁损坏概率较高，目前使用在设备网门闭锁的情况较多，直接用于一次设备闭锁的情况较少。

3. 微机防误闭锁

微机防误闭锁是指通过微机软件内的虚拟逻辑关系编程实现锁具之间的闭锁，从而达到控制电气设备防误闭锁的目的。微机防误装置必须和变电站监控后台的设备状态保持完全一致，如果出现故障导致通信中断，则微机防误应能保持在通信中断前的状态，并且不会和防误主机冲突。

4. 计算机监控后台防误闭锁

计算机监控后台防误闭锁是变电站监控后台通过测控装置采集设备信息，再将接收到的设备信息进行防误逻辑判别，在监控后台根据软件编辑好的防误逻辑进行闭锁，计算机监控后台防误闭锁除了对电动操作设备进行闭锁外，还对手动操作的设备锁具进行闭锁。设备上安装的辅助接点将信息传输到测控装置，再经网络传输到监控后台主机，且计算机监控后台防误系统与后台状态采集使用同一辅助接点，从而确保状态一致。计算机监控系统中各个设备的防误“闭锁/解锁”信息都应在图形界面中有明显的标识。

7.1.3 系统内各元件防误操作闭锁逻辑要求

1. 断路器防误操作闭锁

由于断路器的分合闸无相关“五防”逻辑要求，因此断路器没有强制性防误操作闭锁逻辑，但必须采取提示性措施防止误拉、合断路器。通过检测断路器两侧隔离开关及接地闸刀的位置，来实现防止带接地线或接地闸刀合断路器。调控中心、集控站远方操作或变电站当地后台遥控操作时，需要输入操作人和监护人员的账号密码，正确无误后方可操作。

2. 隔离开关防误操作闭锁

隔离开关防误操作闭锁机械结构上只与该闸刀所对应的接地闸刀间有机械联锁，而接地线挂设点的五防锁也等同于接地闸刀，纳入相应变电站的防误闭锁逻辑。

（1）母线隔离开关：① 断路器分闸、断路器两侧接地闸刀分闸、母线接地闸刀分闸；② 正常倒排操作，母联断路器合闸、另一母线隔离开关在合闸位置；③ 当需通过硬连接方式倒母时，应满足某间隔正、副母隔离开关均在合闸位置、倒排间隔另一母线隔离开关在合闸位置；④ 通过隔离开关硬连接需切空载母线时，本间隔正、副母线隔离开关均在合闸位置，被切母线所有隔离开关均在分闸位置。

（2）线路隔离开关：断路器分闸、断路器两侧接地闸刀分闸、线路接地闸刀分闸。

（3）变压器隔离开关：断路器分闸、断路器两侧接地闸刀分闸、变压器各侧接地闸刀分闸。

（4）母联隔离开关：断路器分闸、断路器两侧接地闸刀分闸、所连接母线接地闸刀分闸。

（5）分段隔离开关：断路器分闸、断路器两侧接地闸刀分闸、所连接母线接地闸刀分闸。

（6）电压互感器隔离开关：电压互感器接地闸刀分闸、母线接地闸刀分闸。

（7）电容器（电抗器）隔离开关：电容器（电抗器）接地闸刀分闸、断路器分闸。

3. 接地闸刀防误操作闭锁

（1）母线接地闸刀：该母线上所有隔离开关均断开。

（2）断路器两侧接地闸刀：断路器两侧所有隔离开关均断开。

（3）线路接地闸刀：线路隔离开关分闸、旁路隔离开关分闸、线路无电压；3/2 接线方式出线有两把线路接地闸刀，其中一把接地闸刀带灭弧功能，则该接地闸刀应先合后分。

（4）变压器接地闸刀：各侧变压器隔离开关分闸（或开关小车在试验位置），变压器旁路隔离开关分闸。

（5）电压互感器接地闸刀：电压互感器隔离开关分闸。

（6）电容器接地闸刀：电容器隔离开关分闸（无电容器隔离开关时，开关小车在试验位置或母线隔离开关分闸位置）、电容器网门关闭。

（7）接地变压器接地闸刀：接地变压器隔离开关分闸（无接地变压器隔离开关时，开关小车在试验位置或母线隔离开关分闸位置）、接地变压器网门关闭。

（8）电抗器接地闸刀：电抗器隔离开关分闸（无电抗器隔离开关时，开关小车在试验位置或母线隔离开关分闸位置）、电抗器网门关闭。

4. 开关柜防误操作闭锁逻辑

（1）断路器在“合闸位置”时，开关小车不能推进或拉出。

（2）线路接地闸刀在“合闸位置”，开关小车不能推至“工作位置”。

（3）开关小车在“工作位置”时，不能取下或插上开关小车二次插件，线路接地闸刀闭锁操作。

（4）后柜门打开时，线路接地闸刀闭锁操作。

（5）后柜门需要挂地线时，打开后柜门一定要满足相应解锁条件。

（6）线路接地闸刀必须在合闸状态时，开关柜后柜门才能打开。

（7）开关柜前柜门的开放条件是：断路器在断开位置。

7.1.4　智能防误闭锁系统的技术方案

变电站的智能防误子系统，能够与监控后台实时同步变电站设备的状态，实现电力系统对倒闸操作的防误要求。依据各个设备之间的防误操作闭锁逻辑进行判断，确保倒闸操作票的正确性；然后通过“五防”主机将输入好的操作票传输到电脑钥匙，通过电脑钥匙现场对开关、隔离开关、接地开关、接地线、网门等设备按顺序依次进行倒闸操作，杜绝误操作的发生。同时还实现了部分设备的顺控操作功能。智能防误闭锁系统的技术方案主要通过以下四个方面实现。

1. 共享信息实现

智能变电站的设备和防误主机、智能防误装置的安装过程中都采用相同的通信标准，从而实现信息实时共享功能，可以从智能防误系统处获取整个智能变电站间隔层状态信息。监控后台也能向防误主机传输从测控装置获取的设备信息。

2. 全面性的实现

根据智能变电站的相关建设标准，对应搭建了相应防误系统体系，将智能防误系统划分成分为三层，即过程层、间隔层、站控层。分别对应智能变电站三个层级的防误闭锁功能。通过三层构架的防误功能，实现对整个变电站设备的全面防误操作管控。

3. 强制性的实现

为了防止智能变电站软件故障发生错误指令或者监控系统异常发出误分、合开关指令等故障，在过程层上均配置了智能闭锁单元，通过该单元能够实现防误闭锁系统对变电站设备的强制性闭锁。方法是通过将设备辅助接点接进设备控制回路，辅助接点未切换的情况下，开关控制回路断开，无法接受分合闸指令。而过程层的智能闭锁功能，只有在接收到负荷防误操作逻辑的指令（如顺控操作）或电脑钥匙解锁指令后，才会打开闭锁接点。

4. 顺控操作实现

顺控操作是通过变电站监控后台软件和间隔层智能设备的联动实现的。因为智能变电站的过程层设备具有遥控点位，且能够实时上传位置信息用于防误逻辑判别，通过顺控操作中实时返回的防误闭锁/解锁信息作为“五防”判据进行设备的解锁操作，进而实现了在顺控操作中对变电站内部设备的防误功能管理。除以上功能外，智能变电站还实现了调控中心通过 OPEN3000 系统远程顺控操作的功能。

对于智能防误子系统而言，通信标准的统一性，通信的可靠性和及时性成为至关重要的因素。为了确保防误闭锁的可靠性，降低防误装置的故障率，可将逻辑闭锁技术引入智能变电站的防误闭锁系统中。通过逻辑闭锁技术的引入，可以减少现场老旧防误装置的使用率，提升整个系统的防误装置可靠性。对于智能变电站，智能防误子系统能够充分利用其信息化程度较高的优势，更加可靠地实现全站设备的防误闭锁功能，确保倒闸操作、检修工作的安全。防误子系统组成见图 7－1。

7.1.5 智能防误子系统技术构架

智能防误子系统以防误主机、监控后台主机及通信适配器为核心设备，在防误系统中预先制作了变电站现场电气主接线图和所有设备的操作规则，并且输入了每个设备之间的联合闭锁逻辑；系统可通过监控系统或电脑钥匙回传信息得到现场的设备实际状态。运检人员操作前需要在“五防”主机上进行模拟预演，对需要操作的设备进行逐个验证，“五防”主机会根据软件内设定的防误逻辑进行一一验证，一旦出现违反防误逻辑的操作便会提示且闭锁下一步操作，预演结束后将预演正确的操作内容传输到电脑钥匙中，然后运检人员通过电脑钥匙和操作票逐步进行倒闸操作。

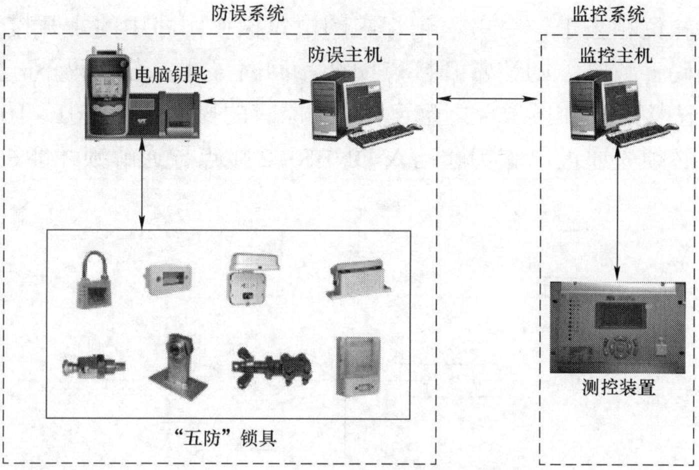

图 7-1　变电站防误子系统组成图

操作时，运检人员先根据操作票内容找到操作间隔，核对名称编号，无误后才进行解锁操作，单步操作结束后检查操作正确，设备操作到位后还要通过电脑钥匙进行对位，对位正确后才可以进行下一步操作。若走错间隔，插入错误的“五防”锁孔，电脑钥匙会出现“错误，请检查”的提示，无法进行解锁操作，从而达到强制闭锁的目的。

通信适配器安装在变电站现场监控后台位置，一般与防误主机并列放置。通信适配器内部有通信电缆与防误主机的连接。模拟预演形成的操作票也通过装在防误主机中的通信适配器的传输口传输到电脑钥匙。

五防锁电脑钥匙用正常倒闸操作过程中的解锁工具，由监护人保管。在完成“五防”主机模拟预演后，将指令由通信适配器传输到电脑钥匙中去，监护人和操作人在进行现场操作时根据操作票逐项解锁操作。电脑钥匙还能够记忆存储操作票；关闭电源时，内容不丢失。电脑钥匙同时具有终止回传、核对锁码、清除当前操作票、浏览当前操作票、电池电量实时监测、操作票追忆、自学习、把结束后的操作票回传给防误主机进行对位等功能。防误系统技术构架原理见图 7-2。

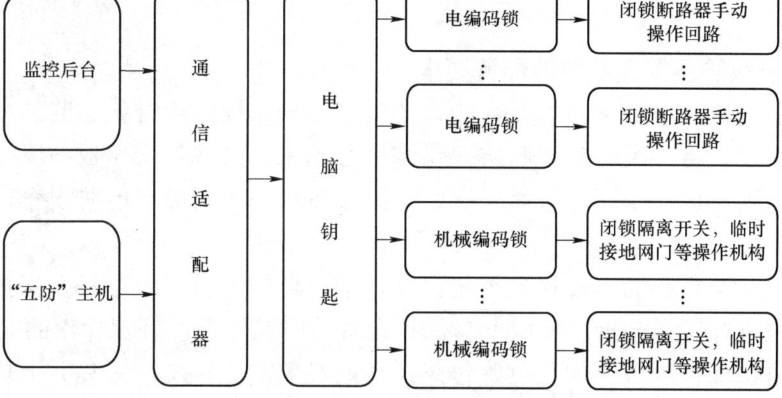

图 7-2　防误系统技术构架原理图

电编码锁的孔位相当于一个串入到相应的电气操作回路中的常开接点，当电脑钥匙插入孔位，且编码一致时，则该常开接点闭合，回路导通；若编码不一致则常开接点保持断开，回路无法接通。如图 7－3 所示，由于原有的操作回路 101－105 被常开接点切断，因此操作前必须先通过电脑钥匙插入 DNBS－2 接点导通解锁才能进行操作。

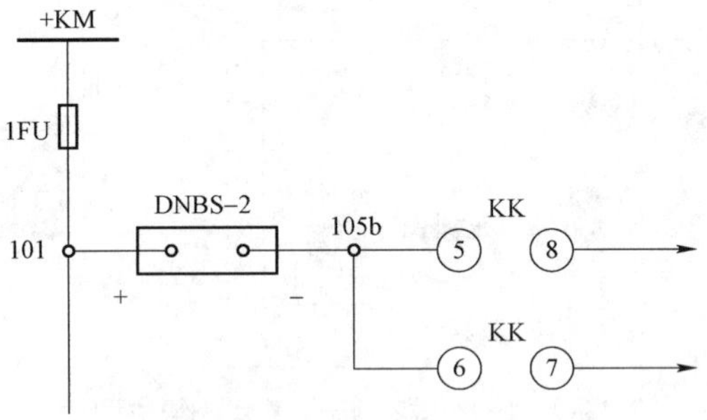

图 7－3　防误闭锁回路图

7.2　智能防误子系统运检要求

随着计算机技术的不断发展和变电站自动化水平的不断提高，防误闭锁功能日趋完善，在智能防误子系统中，也出现了相应的新技术对防误功能进行优化配置。同时也对智能防误子系统的运检管理提出了更多的要求。

7.2.1　智能压板防误管理系统配置要求

目前，保护压板的防误技术进展缓慢，由于压板操作没有强制性闭锁逻辑，因此存在着安全隐患，二次压板的误操作，会影响到继电保护功能的正常运行，若一次设备再发生故障则很有可能造成保护误动或拒动，导致停电范围扩大甚至造成设备或人员损伤，严重影响电网安全稳定运行。近年来出现的智能压板防误管理系统能够较好地解决这一问题。

1. 智能压板防误管理系统的配置要求

配置智能压板管理系统的主要目的为了实现保护压板的实时状态监测和管理，从压板状态监测入手，将压板的状态和防误系统结合起来，实现二次压板与原有防误系统的有机结合，从而形成一个同时覆盖一次、二次设备状态的可靠智能防误管理系统。具体配置要求如下：

（1）建立一个完善的压板管理系统，通过信息化技术将压板信息及保护装置自身的状态结合起来进行综合分析，形成一套保护设备的防误体系，确保操作的安全可靠。

（2）通过在保护压板上加装位置传感，并通过监测回路实时采集并上传压板位置给压板管理系统及防误系统，为整个系统提供及时、可靠的信息。

（3）对于无人值守变电站，能将保护压板的状态实时传送到集控站监控主机，使运检人员在远方就能检查压板状态。在保护压板状态发生变化时，能将变位信息及时发送到压板管理系统，并发出变位告警，使运检管理更加简洁、高效。

（4）将压板管理系统采集到的二次压板状态信息及防误管理与现有的防误管理系统相结合，在进行防误操作模拟预演时增加二次压板的操作，确保二次压板操作也符合防误操作逻辑，实现一次、二次设备防误操作全面管控。

2. 智能压板防误管理系统的技术路线

根据上述配置要求，将保护压板由原有的常规压板优化改造成新型“智能压板”，在对运行设备无影响的情况下完成压板状态监测，并将数据传输到防误管理系统中去，相关的技术路线见图 7－4。

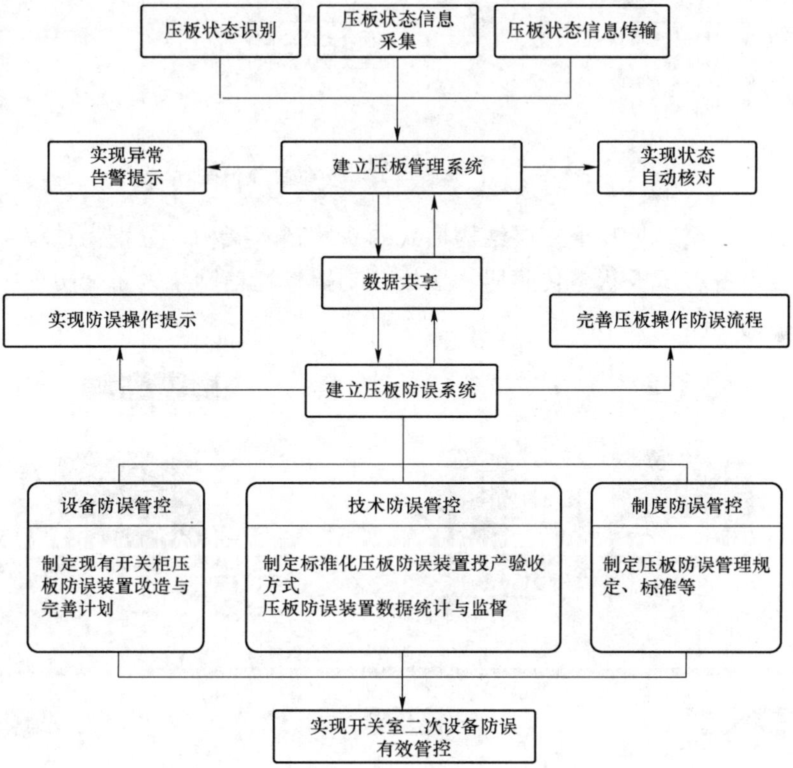

图 7－4　压板智能管理系统技术路线

从设备防误管控、技术防误管控、制度防误管控三个方面实现二次设备的有效管控，即制定现有开关柜压板防误装置改造的完善计划；制定标准化压板防误装置投产验收方式，压板防误装置数据统计与监督；制定防误管理规程规定、标准等。把压板智能管理系统做成一个可以推广、可以普遍应用于各类变电站的综合系统。

3. 压板智能管理系统技术构架

通过对现代化网络技术、传感器识别技术、设备智能化技术的结合与拓展，让防误管理系统在仅对一次设备进行管控的基础上，增加了对二次设备状态的识别与管控，使防误体系更加完善。杜绝了因二次设备操作不当引起的事故，在设备发生异常时，也能对运检人员的故障排查工作提供帮助，既提高了运检工作的安全性，又保证了倒闸操作的可靠性。系统总体框架如图 7－5 所示。

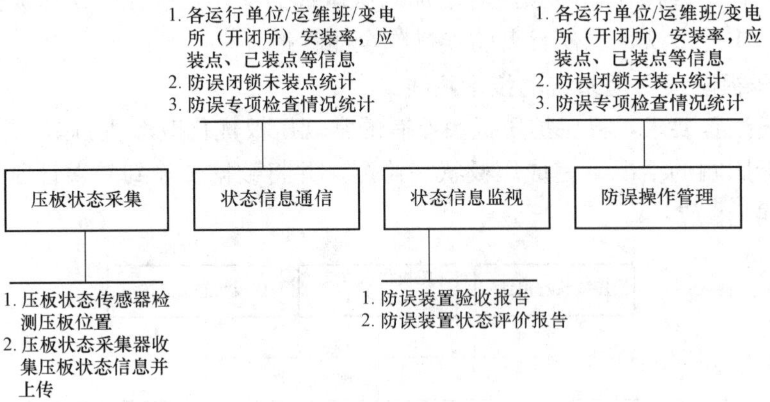

图 7－5　智能压板管理系统总体框架

压板智能管理系统是基于三层结构模式的系统技术架构，分别为过程层、间隔层和站控层。主要设备有压板状态传感器、压板控制器、通信网络设备、防误主机、监控主机等。具体结构如图 7－6 所示。

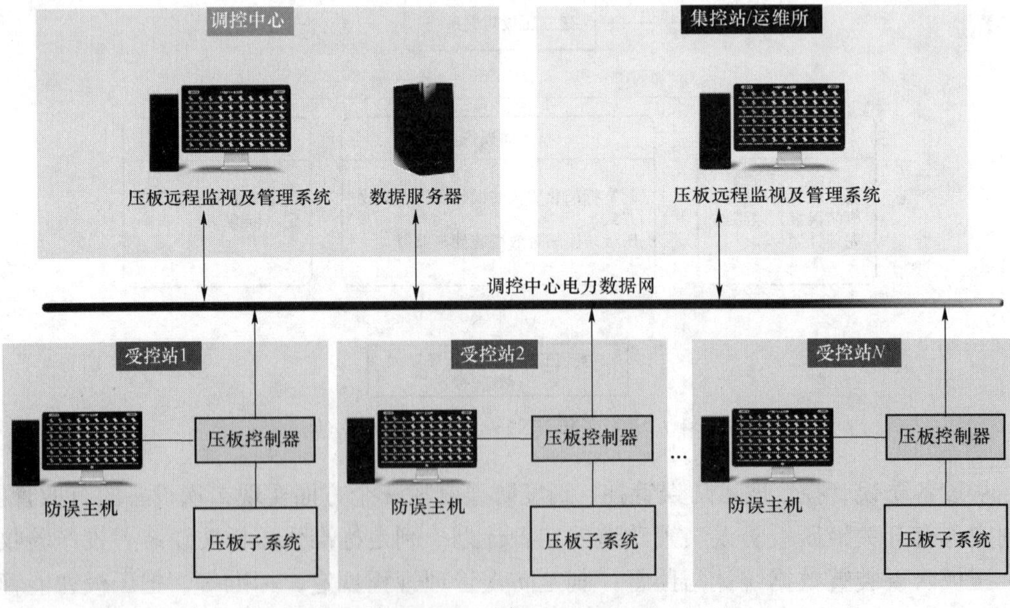

(a)

图 7－6　智能压板管理系统技术架构（一）

（a）智能压板管理系统站控层

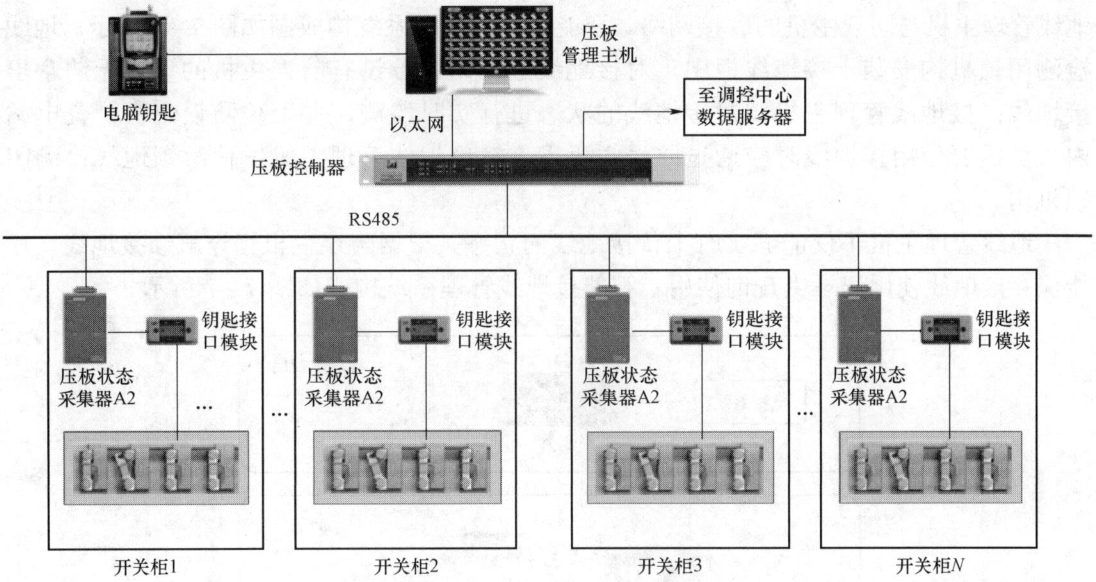

(b)

图 7-6　智能压板管理系统技术架构（二）

（b）智能压板管理系统过程层、间隔层

过程层主要实现压板状态变化的监控，通过在压板上方安装状态传感器来实现，该传感器持续监视着压板位置信息，一旦压板状态改变时，就立刻将电压互感器状态信息上传到状态采集器。

间隔层主要功能是压板控制器将状态传感器提供的压板状态变量搜集整合，通过网络将状态信息传送给压板防误管理系统主机及监控后台。

站控层主要功能是对压板进行图形化监控和防误管理。运检人员在巡视时，可以根据站控层主机采集到的压板信息对各个间隔进行巡视，查看压板状态与设备运行方式是否吻合。在操作票开票过程中，防误管理系统可以根据设备二次压板的状态判断开票过程是否符合“五防”逻辑，在操作压板时也可以进行提示，防止误投退压板，确保操作票正确无误。

7.2.2　智能接地线防误管理系统配置要求

目前，传统变电站内对接地线的管控大多还停留在人工记录的方式，在检修工作或倒闸操作过程中用到接地线时，将接地线的使用情况写在接地线去向记录本上，待接地线拆除拿回后，再记录归还情况。该过程比较繁琐，且可能会导致接地线漏拆的情况，有较大的安全隐患。变电站智能地线管理系统能很好地解决该问题，该系统能够与防误主机连接，显示接地线的位置，是否放回地线柜，若取出接地线会有安全提醒，且能在防误主机中显示接地线挂的位置，确保接地线管理的可靠和安全。

变电站智能地线管理系统与站控层、间隔层、过程层均有联系，过程层主要有地线检测闭锁机构、接地桩设备；间隔层主要有地线管理主机和网络控制器；站控层主要是地线管理主机与防误主机的联接网络。智能接地线管理系统构成图如图 7－7 所示。地线检测闭锁机构安装于接地线柜中，对接地线进行闭锁，没有防误主机的许可无法拿出接地线；接地线管理主机则对接地线的状态进行实时监测，并上传防误主机；变电站内人员需要使用接地线时应通过防误主机下令，经地线管理主机发信解锁地线检测闭锁机构。

地线管理主机不仅能够实时上传接地线的状态、根据防误主机指令解锁接地线，还能保存接地线使用记录供查询使用。智能接地线管理系统构成如图 7－7 所示。

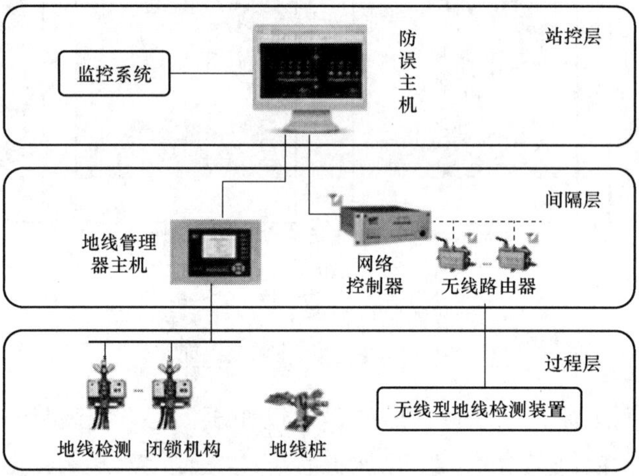

图 7－7　智能接地线管理系统构成图

为了进一步增强智能地线管理系统对接地线的管控能力，做到实时掌握接地线的位置和状态，在每一组接地线上增设了一个无线网络装置。该装置能够识别挂设位置的接地桩编号并且将数据通过无线网络发送回防误主机，当接地线挂设好后，数据回传到防误主机，防误主机上的对应点位就会显示该地线挂设的标志。地线拆除后也会发送信息至防误主机，防误主机上对应点位的接地线挂设标志就会消除。

7.2.3　智能防误系统运检管理要求

正常情况下，对有电气闭锁回路的闸刀、接地闸刀，因其电动操动机构失灵时，不得手动或直接按接触器进行强行操作。当电动机构失灵时，因某种原因需要对该闸刀或接地闸刀进行手动操作，必须得到工区领导批准和主管部门的认可，经防误专职现场核对确认后，方可进行操作。操作过程中，发生闸刀操作机构失灵或无法操作，应停止操作，汇报调度及监控中心，要求进行处理，同时汇报所、站领导，待修复后，方可继续进行操作。

对运行电气设备的闸刀、接地闸刀、电动操动机构箱，不得解锁；若因确需解锁必须满足安全条件。运检人员应熟悉防误装置的管理规定和实施细则，每年应定期对变电运检人员进行培训，掌握防误装置的使用方法及原理。做到“四懂三会”（懂原理、懂性能、懂结构和懂操作方法，会操作、会消缺和会维护)。新上岗的运检人员必须经过防误装置使用培训并考试合格。

防误闭锁装置的日常维护管理应当作主设备统一等级对待，每月要对防误闭锁装置进行例行巡视检查，确保装置可靠运行。春检、秋检之前应再次对防误闭锁装置进行全面排查，发现问题及时处理。

在监控后台进行遥控操作时监控系统的防误逻辑会进行判断，解锁条件满足时，遥控操作命令才能下发。间隔层主单元与测控单元对采集的遥信信息进行判断，当条件满足时开放闭锁，发出控制命令。当后台遥控操作发生无法通过监控系统站级防误逻辑进行操作或防误逻辑条件不能满足时，应立即汇报调度，要求进行处理。对监控系统防误闭锁解锁操作，必须得到工区领导批准，防误专职人到现场核对确认后，方可进行解锁。解锁电脑钥匙操作方法见图7-8。

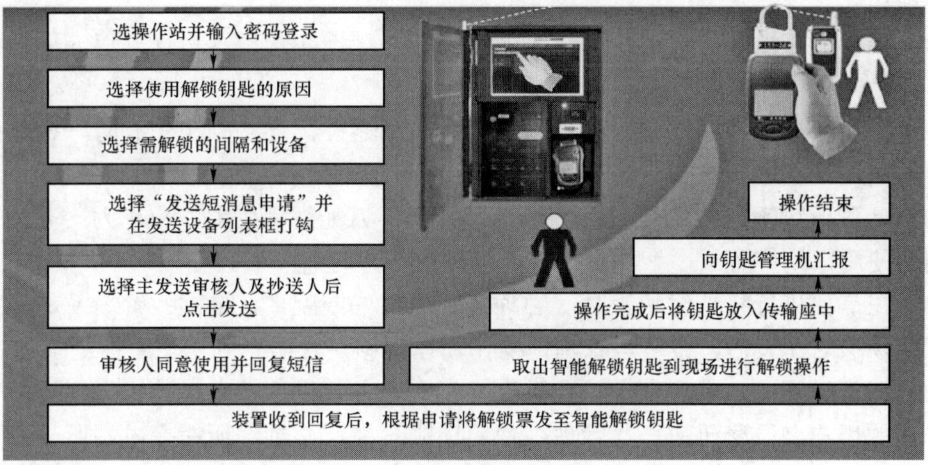

图7-8　解锁电脑钥匙操作流程图

启用紧急解锁钥匙的原因分类及使用权限。

（1）操作中装置故障解锁：操作顺序、操作步骤、操作对象等均正确无误，因防误装置故障或防误逻辑程序错误，需要进行解锁操作时由变电站当班负责人报告本单位设备部（或运检中心）领导，设备部（或运检中心）领导及防误装置专责到现场核对无误，并符合解锁操作条件，签字同意后，由当班负责人汇报当值调度员，做好相应的安全措施，方可进行解锁操作。

（2）操作中非装置故障解锁：在设备启动投产、特殊运行方式、设备缺陷异常等非正常运行方式下，系统或调度要求引起的解锁操作。需要进行解锁操作时应由变电站当班负责人报告本单位设备部（或运检中心）领导，设备部（或运检中心）领导及防误装置专责到现场核对无误，并符合解锁操作条件，签字同意后，由当班负责人汇报当值调度员，做好相应的安全措施，方可进行解锁操作。

（3）配合检修解锁：在检修、验收工作过程中，配合检修工作需要进行的解锁。必须由变电站站长或技术员现场核实无误后方可用智能解锁电脑钥匙解锁（用发送短消息方式申请）。

（4）运行维护解锁：运行维护、检查设备需要进行的解锁，不直接进行倒闸操作的解锁。必须由变电站站长或技术员现场核实无误后方可用智能解锁电脑钥匙解锁（用发送短消息方式申请）。

（5）紧急（事故）解锁：遇有危及人身、电网和设备安全等紧急情况需要进行的解锁，必须由变电站站长或技术员现场核实无误后方可用智能解锁电脑钥匙解锁（用发送短消息方式申请）。紧急时在变电站站长或技术员同意下运检人员可直接强行开仓门取紧急解锁钥匙。

防误装置紧急解锁钥匙现在采用的“五防”只能由解锁钥匙管理机进行统一管理，禁止使用跳步器。GIS 组合电器联锁解除钥匙和就地手动操作机构解锁钥匙，应按防误紧急解锁钥匙管理。

为配合智能接地线管理系统，制定配套的智能接地线管理器运行规程，规程中规定如下：

（1）在执行接地线操作前，除进行唱票及复诵之外，还必须与“五防”钥匙操作提示项中的地线位置进行核对，核对无误后方可执行操作。

（2）具备地线解锁权限的 RFID 卡以及从机“万能解锁钥匙”应作为“五防”紧急解锁钥匙使用，均应置入“智能解锁钥匙管理机”进行统一管理。

（3）在需要进行接地线解锁时，必须经部门主任或副主任批准，解锁前，必须经防误专职现场核对无误后，方可进行解锁操作，在解锁后，需正确填写解锁记录。

（4）正常操作时，禁止登录“五防”主机中具备“显示特殊接地点”权限的账户，对应账户的用户名及密码应严格管理，使用该账户前，必须经所在变电站所长或操作站站长同意，方可进行。

（5）当变电站一次设备发生变动或增加，涉及接地线相关配置信息的变化时，防误专职应及时组织做好“五防”主机及地线管理器的系统维护，以满足操作需求，同时做好系统备份工作，便于防误装置发生故障时的恢复。

（6）在进行日常巡视及安全工器具检查时，应将地线管理器的运行状况是否良好纳入检查范围，发现异常应立即汇报，便于及时排除故障。原则上，地线管理器存在的问题，应作重要缺陷上报，若是已影响到正常使用，则应作紧急缺陷上报。

7.2.4 智能防误系统维护管理要求

变电站内一次设备在防误主机数据库中均有备份数据。当变电站一次设备发生变动或增加时，应及时更新备份，在数据库中增加新增设备，以满足防误装置发生故障时的恢复，备份由运检管理单位防误专职负责维护和更新。除运检管理单位防误专责之外，其他任何人不得使用超级管理员密码。

对闸刀、开关等实时变位的位置信号，不得在五防机上进行人工置位操作，当出现设备实际位置与五防机位置不对应的情况时，应查明原因上报缺陷。变电站“五防”系统应有正确完善的台账，并有防误安装点号图。变电站、变电站应将“五防”装置的机械编码锁作为月度定期维护内容，对锁加油。电脑钥匙平时应放在充电器上浮充，以保证操作中电力充足。

一旦发现防误闭锁装置存在缺陷就应立即处理。防误装置存在的问题，应作重要缺陷上报。若已影响到正常使用的问题，应作紧急缺陷上报。

当高压电气设备的防误闭锁装置出现故障，无法实现可靠闭锁时，可以通过加挂机械锁作的方式对电气设备实现临时闭锁。此时机械锁的钥匙也应纳入防误解锁管理，禁止随意取用。防误装置实施紧急解锁操作的，列入解锁记录。当后台遥控操作发生无法通过监控系统站级防误逻辑进行操作或防误逻辑条件不能满足时，实施紧急解锁操作的，列入解锁记录。

必须将防误装置缺陷定性管理与主设备等同对待，在缺陷发现、跟踪、消缺方面实现闭环管理。新投产变电站、变电站扩建或大修工程结束后，防误闭锁装置应在送电前可靠投运。变电站管理人员应编写专用规程明确防误闭锁装置的使用方法和规章制度，并且建立完善的“五防”台账。防误闭锁装置应有专门的防误闭锁专责进行管理。

在日常巡视检查中发现影响防误装置可靠运行的缺陷，必须视作危急缺陷立即组织消缺；在倒闸操作过程中遇防误装置故障，运检人员必须第一时间到场消缺，确定短时无法消缺的，才允许申请解锁。对每一次装置故障引起的解锁，运检单位应分析原因，提出整改措施，报本单位设备部备案。

7.3 典型应用案例

7.3.1 某 220kV 变电站防误子系统配置案例

1. 微机防误系统配置情况

某 220kV 变电站配置的智能防误子系统为珠海××公司的 UT2000 型微机防误装置。该装置在防误主机中先绘制出所在变电站的完整接线图，然后根据实际的操作规则编译好防误闭锁逻辑，帮助运检人员在开操作票时判断操作步骤是否正确，达到防误操作的目的。

当运检人员在防误主机上开操作票时，按照预先拟好的操作票顺序逐条操作，防误主机会对每一步操作进行防误逻辑判断，若操作顺序正确，防误主机会显示“√”，并进入下一步操作；若操作顺序错误，防误主机会显示“×”，并提示防误闭锁无法操作；此时运检人员需要检查操作票中的错误，改正后继续开票。当“五防”主机上开票完成后，点击“传票”按钮，把解锁信息传输到电脑钥匙中，然后运检人员就拿着电脑钥匙到设备现场操作。操作设备时，需要先将电脑钥匙插入设备对应的五防锁中。当电脑钥匙的编码与五防锁编码一致时，会语音提示："正确，请操作"，运检人员可开锁操作。当电脑钥匙编码与五防锁编码不一致时，说明运检人员走错间隔，电脑钥匙会提示"错误，请检查"，并无法打开五防锁。

该防误装置闭锁功能强，能实现各类一次设备（断路器、隔离开关、接地闸刀、各类网门、接地线、接地桩等）的闭锁，配合防误主机的软件逻辑能实现变电所内各种类型操作的闭锁功能。而且该系统还能与变电站各类监控后台的自动化系统连接，实现监控后台和五防主机的设备状态实时对位，进一步确保防误装置的可靠性。

2. 解锁钥匙管理机的配置情况

除了微机防误装置外，该变电站还配置了解锁钥匙管理机。紧急情况或非正常运行方式下可以通过解锁钥匙对"五防"设备解锁操作。

解锁钥匙管理机是一种微电脑控制管理的设备，使用它除了可以管理电解锁钥匙、跳步钥匙、机械解锁钥匙等紧急解锁钥匙外，还可以管理各种门钥匙、电脑钥匙等。解锁钥匙管理机使用非接触式 IC 卡、网络授权和短信授权等多种开门方式；当运检人员从解锁钥匙管理机里取走或归还解锁钥匙时，管理机就会准确记录用户取走或归还钥匙的具体日期时间，记录详细而准确，减少了人工管理这些锁具所带来的烦琐，提高变电站防误管理水平。解锁钥匙管理机如图 7－9 所示。

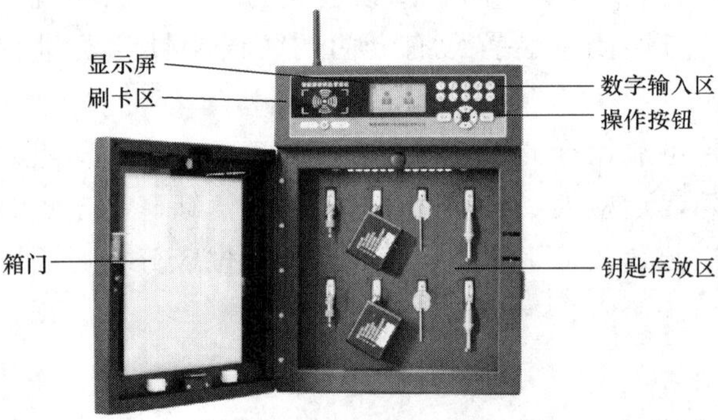

图 7－9　解锁钥匙管理机

特殊情况需要使用解锁钥匙时，可以直接通过解锁钥匙管理机申请，主要方法有以下三种。

（1）用智能解锁电脑钥匙解锁（用发送短消息方式申请）：

1）先点击"登录"，选自己所在的操作站，并输入密码，在解锁钥匙管理窗口中选解锁原因后点击"开解锁票"，如图 7－10 所示。

2）选择要操作设备的电压等级，进入后，选相应的设备，点击后生成票，如点击错，则点击"撤销"，全部点击完，点击"执行"。

3）在申请审核管理窗口，在"发送设备列表"窗口打钩后点击"发送短消息申请"。

4）在把"可选用户"中防误解锁现场确认人选到"主发送审核人"，把批准防误解锁的人选到"抄送用户"后再点击"发送"，审核人就会收到短信，回复短信后"申请审核管理窗口"中"确认"按钮就可操作，再点击"确认"，这时电脑钥匙会自动接票，按照票上的显示可以进行解锁操作。如图 7－11 所示。

（2）用紧急解锁钥匙解锁（用发送短消息方式申请）：方法与以上用智能解锁电脑钥匙解锁（用发送短消息方式申请）基本一致。用紧急解锁钥匙解锁只是在解锁钥匙管理窗口中选解锁原因后点击“申请开门”。

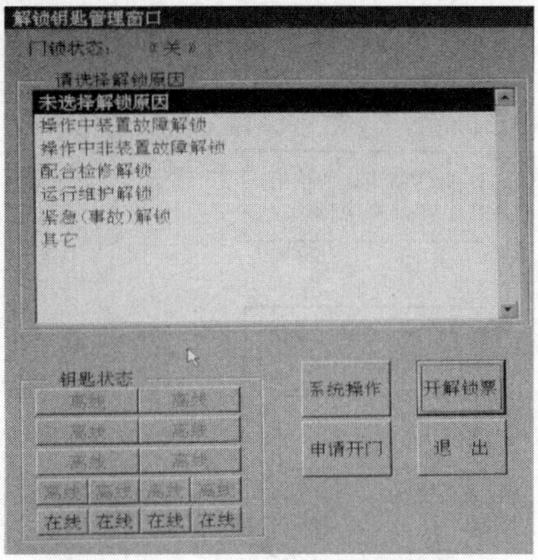

图 7－10　解锁钥匙管理窗口

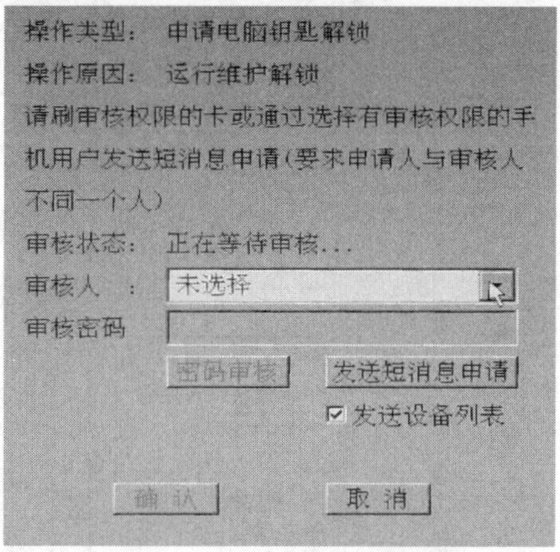

图 7－11　审核管理窗口

（3）用紧急钥匙及智能解锁电脑钥匙解锁（用密码审核方式）：使用密码审核方式来进行紧急钥匙及智能解锁电脑钥匙解锁只有经公司文件批准的防误装置解锁现场确认人在进行变电站现场确认后，输入自己的专用账号及密码后才有权限操作，其余人员无此操作权限。

7.3.2　某 110kV 变电站智能压板防误管理系统应用案例

进行倒闸操作前，运检人员先要在防误主机上模拟预演，将操作票的一次操作内容输入“五防”主机，由“五防”主机验证操作顺序是否正确。在该变电站加入智能压板防误管理系统后，在操作前除了要输入一次设备的操作信息外，还要将二次压板的操作输入到防误主机中，然后通过防误主机将包含一次、二次设备的操作票传输到电脑钥匙中，在进行一、二次操作前，均需要将电脑钥匙插入“五防”锁孔进行锁码核对。二次压板的“五防”锁码安装在保护屏上，当电脑钥匙插入并核对锁码正确后，需要操作的压板指示灯会亮起，提示操作人员操作正确的压板。如果插入后锁码验证不一致，电脑钥匙会发出报警，防止运检人员误操作。

压板操作具体流程如图 7－12 所示。

该变电所压板状态设置：将保护屏上的压板信息输入到智能压板防误管理系统中，保证软件系统中的压板信息与现场实际信息完全一致，且能够与现场压板位置实时对位。系统界面如图 7－13 所示。

操作拟票：根据调度指令及当前的一次、二次设备状态进行操作票拟票，拟票栏如图 7－14 所示。一次、二次设备在拟票过程中均遵守“五防”逻辑，才能继续下一步，当拟票过程出现违反“五防”逻辑的步骤时系统会出现提示，无法进行下一步操作。

操作传票：拟票结束后，点击“结束”按钮，再点击“传票”按钮即可将电子票传送到电脑钥匙中，操作人员拿着电脑钥匙到设备现场逐步进行操作，不能跳步操作。

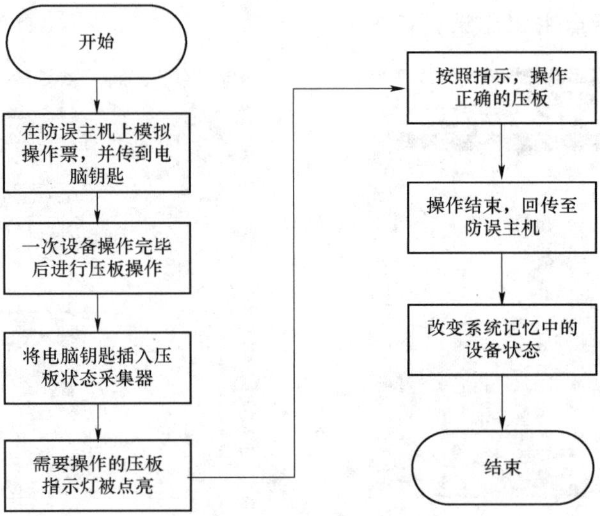

图 7－12　压板操作流程图

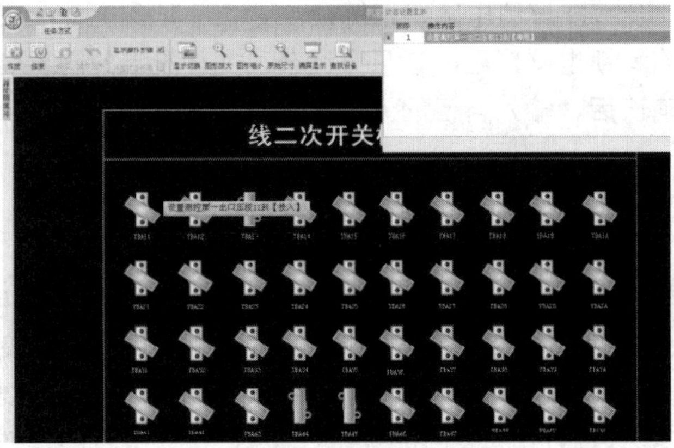

图 7－13　压板状态设置

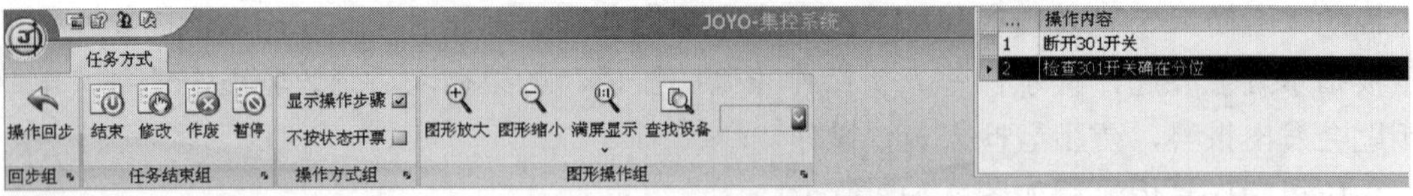

图 7－14　操作拟票栏

操作回传：操作结束后，电脑钥匙界面显示操作票待回传，将电脑钥匙放回“五防”主机对应位置后电脑钥匙将操作数据回传，“五防”主机和智能压板管理系统则会将设备的状态更新至操作结束后的状态。

为实现上述功能，需要在传统的保护屏上增加压板状态传感器、钥匙接口模块及压板状态采集器。通过这些设备才能实现压板状态的实时采集和待操作压板的识别与提醒。如图 7－15 和图 7－16 所示。

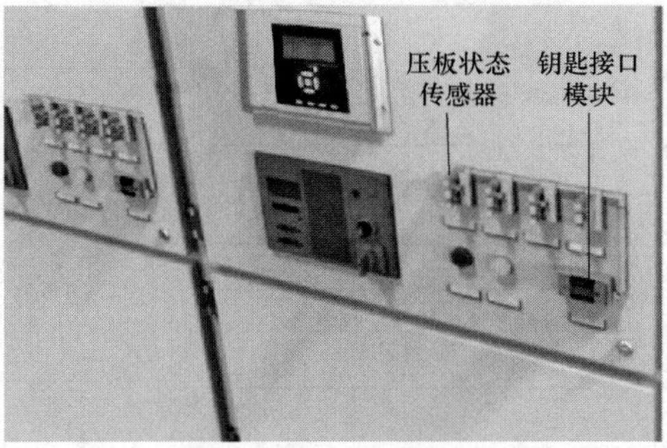

图 7–15　智能压板状态传感器及钥匙接口模块

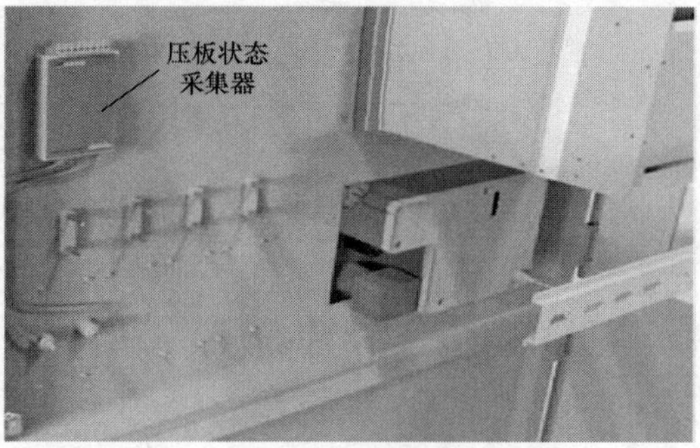

图 7–16　智能压板状态采集器

变电站智能压板防误管理系统有效地解决了原先二次压板在操作过程中没有“五防”管控的安全漏洞。通过将压板状态与防误主机相连接的方式，将二次压板操作步骤也加入防误系统的拟票过程中，保证了二次压板操作的正确性，完善了变电站内一次、二次设备的防误管理体系，避免了误投退压板导致的事故，进一步保证了电网的安全可靠运行。

7.3.3　智能接地线防误管理系统应用案例

目前，现场智能接地线柜主要采用两种应用模式，根据变电站的具体情况进行配置，其详细描述、优缺点分析和应用范围介绍见表 7–1。

表 7–1　智能地线管理系统应用模式介绍

内容	模式一	模式二
描述	地线管理器主机安装于安全工具室或主控室的墙面上	根据接地线数量及大小具体定制的地线柜，且搭配同样外形的安全工器具柜
优点	安装施工方便，成本低	运行稳定，便于维护，外观美观大方
缺点	在原有的安全工器具柜上安装，外观较差	施工量大，成本高
应用范围	在 110kV 变电站安装较多	在 220kV 变电站安装较多
共同点	两种模式均能通过 LED 显示器显示地线挂设的位置、是否拆除及放置情况	

某变电所智能接地线防误管理系统现场操作流程：

（1）取用接地线流程：首先在“五防”主机上模拟预演填写操作票，并传到电脑钥匙，同时闭锁地线的装置会自动打开，运检人员取走地线，接地线状态信息反馈至防误主机上，取走地线挂于指定位置后，无线检测型地线还能将挂设地线桩信息进行反馈，如图 7–17 所示。

（2）放回接地线流程：首先在“五防”主机上模拟预演填写操作票，并传到电脑钥匙，运检人员拿电脑钥匙至现场解锁并取走地线，无线型接地线还能将状态信息反馈至防误主机上，取走地线放回柜内指定位置后，智能地线管理机会识别地线已放回，并将信息传送至防误主机，电脑钥匙的操作票回传后，接地线状态信息恢复正常，如图 7–18 所示。

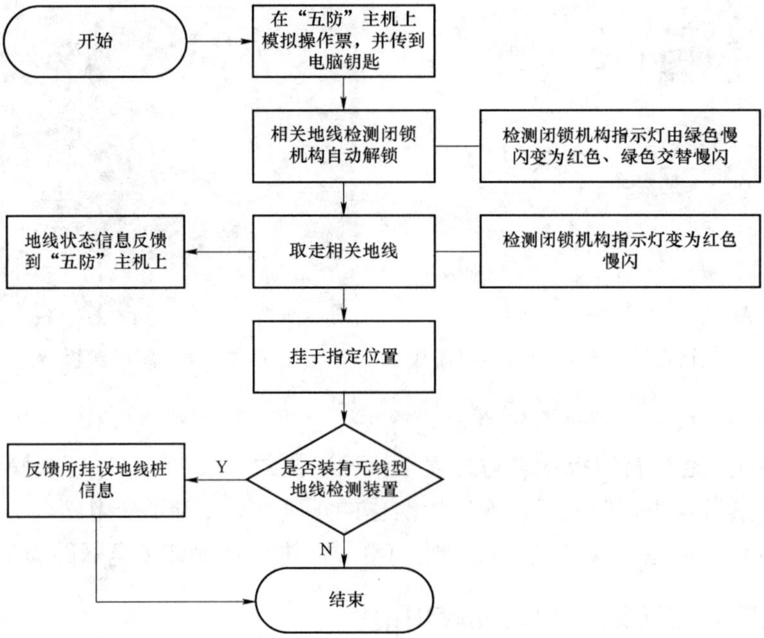

图 7－17　接地线取用操作流程图

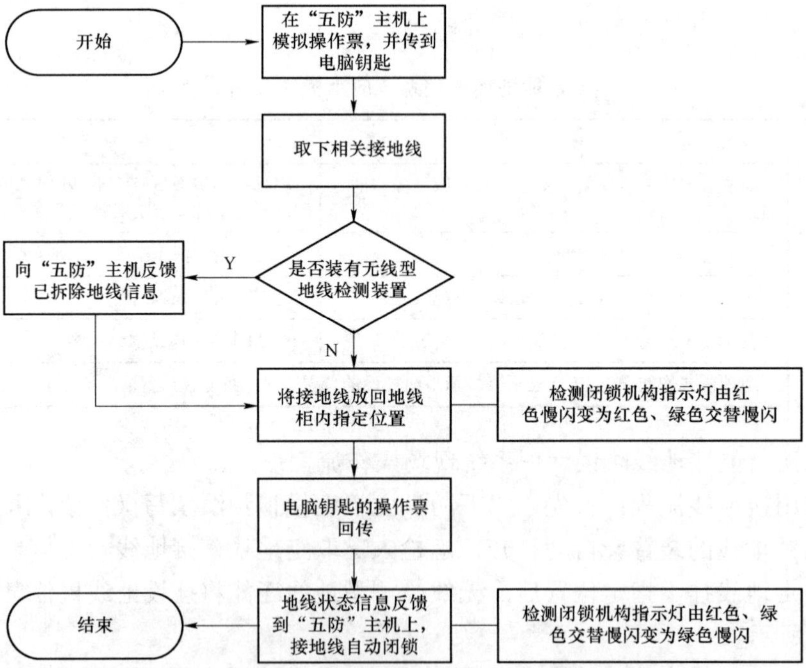

图 7－18　接地线放回操作流程图

地线的解锁、放回信息均由防误主机和智能地线柜共同管理。智能地线柜能够向防误主机实时传输接地线的状态，也能接受防误主机的解锁命令，对接地线进行可靠的闭锁、解锁，有效杜绝接地线失去管控的状态。

第 8 章

智能化设备状态监测子系统

8.1 智能化设备状态监测子系统技术架构与功能要求

8.1.1 子系统技术架构

随着变电站自动化技术的不断进步，无人值班或无人值守模式已在电力系统得到大力推广，变电站综合自动化系统（SCADA 系统）已全面普及，由此带来对变电站“四遥”功能要求的不断提高，需要各类智能化设备状态监测子系统可对变电站内主、辅设备进行实时在线监控，以便全面了解现场设备情况。

智能化设备状态监测子系统由设备状态监测系统、网络隔离装置、通信电缆等组成（见图 8-1）。其中，设备状态监测系统包括变压器油色谱在线监测系统、SF_6 气体浓度泄漏在线监测报警系统、变压器铁心夹件接地在线监测系统，以及避雷器在线监测系统。子系统中各设备统一接入变电站设备状态在线监测系统平台。

子系统中的各设备通过变电站设备状态在线监测系统平台相互联系，具备与安全警卫、灯光智能控制、消防安防系统通信的接口，综合平台能够对各自系统进行配置和管理。各子系统中设备可通过集合规转或设备内置规转两种方式接入标准智能化设备状态监测平台，根据现场实际情况采用不同连接方式，两种方式可以共存。

8.1.2 设备状态监测系统功能要求

设备状态监测系统中各子系统的功能如下：配置变压器油色谱在线监测装置，基于气相色谱技术实现变压器绝缘油中气体成分的在线监测；配置 SF_6 气体浓度泄漏在线监测装置，监测环境中 SF_6 气体含量，实现对开关室设备工况的实时监测；配置变压器铁心接地监测装置，实现对铁心接地电流连续的在线监测，及时发现内部绝缘受潮或受损、铁心多点接地等故障引起的电流异常；配置避雷器在线监测系统，实现避雷器潜在绝缘故障的准确反映，减少事故发生率以延长检修周期，同时提高设备利用率。

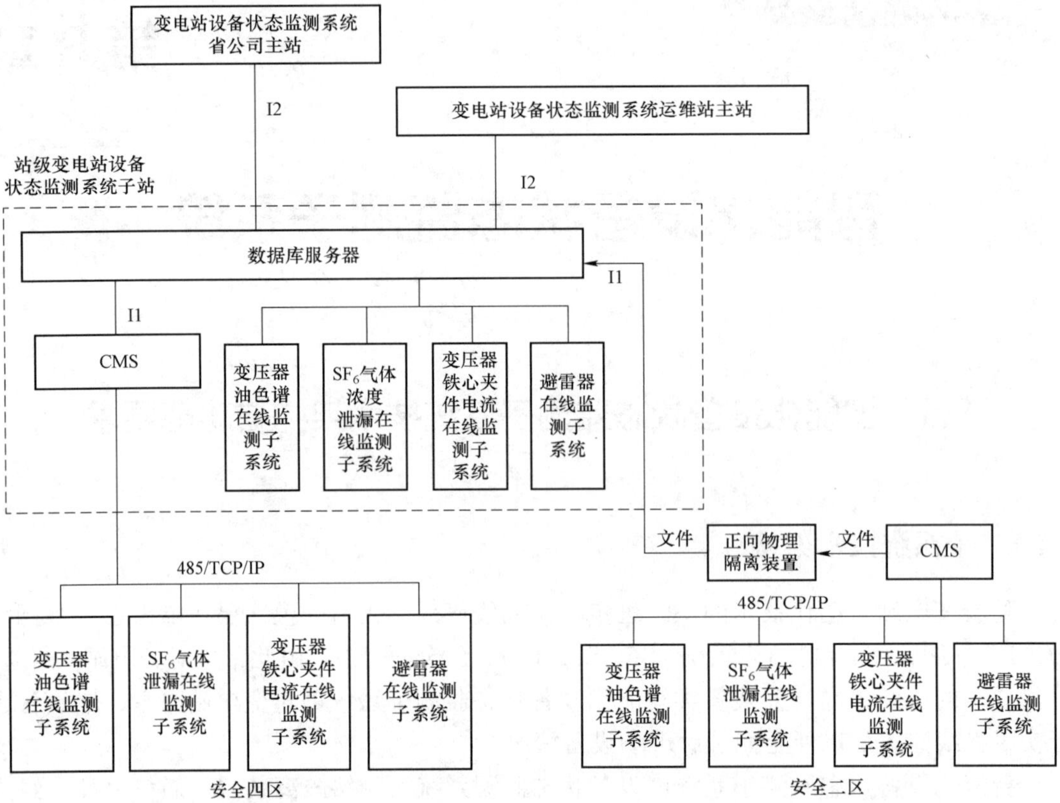

图 8-1　智能化设备状态监测子系统构架图

1. 变压器油色谱在线监测系统

变压器油色谱在线监测系统的设计对象为变电站内最重要的电气设备之一——变压器，最终目标为实现电力变压器的在线监测与故障诊断，对隐患和故障实施早期预警，根据监控信息制定专业处理方案，避免变压器重大运行事故，保证电网的安全稳定经济运行。目前的主流系统大多为基于气相色谱技术的变压器油色谱在线监测系统，其内置的专家系统能够判断变压器是否存在故障，如潜伏性、过热性或放电性故障，最后根据预先设置的判断逻辑进行报警。

（1）系统设计目标。该系统的设计需要达到如下目标：

1）构建综合分析平台，实现对油色谱监测数据的管理和共享；

2）及时为现场人员提供变压器油的监测报警信息，并具备数据查询功能；

3）数据图形化直观显示，能够进行历史追忆和故障诊断；

4）对存在故障的监测装置进行及时报警。

（2）系统工作流程。变压器油色谱在线监测系统依照油气分离、色谱监测、数据采集、数据传输、诊断分析和提供预警的流程开展，如图 8-2 所示。

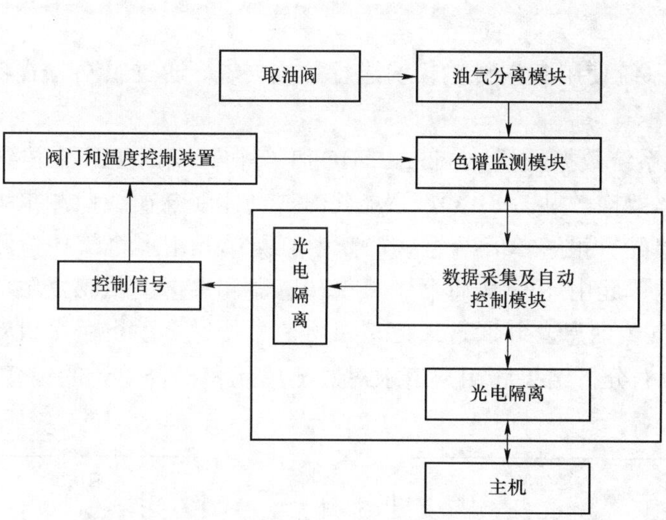

图 8－2　变压器油色谱在线监测系统工作流程

上位机发出指令并经过系统自检无误后，启动温度控制装置，温度稳定后开启阀门，油路循环开始运作；循环中的变压器油流经油气分离装置后，油中气体被色谱柱分离并依照色谱顺序依次进入监测装置，浓度等检测信息被转化为电信号；随后电信号由通信电缆传输到后台，上位机绘制数据实时变化示意图，对比历史数据和预先设定的阈值，一旦被专家系统认定为故障，则系统发出告警信息。

2. SF_6气体浓度泄漏在线监测报警系统

SF_6气体无色无味且不易散发，因此泄漏后不易被发觉，在密闭环境下即可形成局部缺氧区域，安全隐患较大。因此，配备 SF_6 气体浓度泄漏在线监测报警系统的目的在于监测环境中 SF_6气体含量定量检测，实现对开关室设备工况的实时监测，保证人身安全。

智能化 SF_6 气体泄漏在线监测报警系统需要实现电力系统中各个厂家提供的检测仪表之间的无缝通信、信息共享和互操作性，在突发事件下仍能实行预测，发挥数据管理的指导作用。

（1）主要功能要求。传统的 SF_6 气体浓度泄漏在线监测报警系统根据功能需求分析需要实现的功能如下：

1）检测装置采集密闭环境中 SF_6 设备泄漏及相关设备运行的实时数据；

2）监测主机能够进行声光报警，并与风机单元联动控制；

3）综合管理平台有存储服务器，能对采集数据进行存储；

4）数据的分析处理过程可控，数据可视化效果良好。

对于智能化 SF_6 气体泄漏在线监测报警系统来说，除需要满足以上基本功能以外，还需要满足稳定性、快速性、灵活性和准确性等性能需求。

1）稳定性：系统感知层的数据采集、传输层的数据传输，以及应用层系统的运行均应具备稳定性；

2）快速性：系统应在紧急情况下具备快速响应能力；

3）灵活性：系统使用数据传输模块进行数据传输，通过组网方式将各监测单元的数据发送给云平台；

4）准确性：系统数据依托 modbus、MQTT 等协议实时无误上传到管理平台。

（2）系统基本架构（见图 8–3）。智能化 SF_6 气体泄漏在线监测报警系统的感知层部分由主机、监测单元、报警单元等组成，其中监测单元由多个气体检测变送单元组成，单个气体检测变送单元由 SF_6 传感器、氧气传感器和温湿度传感器组成，该单元采集设备环境中的 SF_6 气体信息，并通过通信接口将信息传送至主机，主机对传输信息进行标记和初步分析，根据分析结果和用户请求对监测单元和报警单元的设备进行相关的操作。

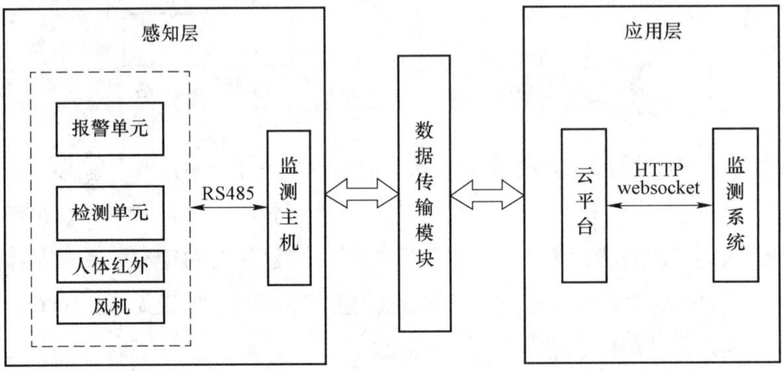

图 8–3　智能化 SF_6 气体泄漏在线监测报警系统构架

在本系统的传输层设计中包括硬件的选型和软件的开发，软件开发流程主要包括两部分，监测装置与传输层通信模块的通信，传输层通信模块与应用平台之间的数据通信。在开发过程中将通过对比分析选用最合适的通信技术和协议对数据进行传输，并对数据传输模块预留其他的通信技术接口，方便后期系统的开发和升级。

应用层主要包括云平台模块、Web 系统模块，通过采用 GPRS 通信技术，获取监测装置采集到的信号，并存储到云服务器中，其中，云平台主要用来对多通道控制器和 Web 服务器传输数据进行接收和存储；Web 服务器端通过 HTTP 通信协议与对整个系统进行监控和管理，包括数据中心、历史数据、预警信息、设备管理、策略管理等几个部分，管理人员可以根据工作需要对数据进行编辑；应用终端主要是指手机、ipad 等工具用来接收处理报警信息和邮件。

3. 变压器铁心/夹件接地在线监测系统

电力变压器铁心两点或多点接地所产生的环流，会造成铁心局部发热、烧损，甚至使接地片熔断，产生放电故障，威胁变压器可靠运行。通过监测变压器的铁心及夹件接地电流的大小，能够准确反映变压器内部的各类故障，如绝缘材料损坏、铁心接地异常和油箱异物混入等。

（1）主要功能要求。

1）监测系统的投退对变压器正常运行无影响；

2）数据监测、记录和处理过程连续，报警和故障诊断准确及时；

3）具备较强的抗干扰能力和监测灵敏度；

4）系统可靠性高，环境适应性强，便于维护；

5）数据管理高效，人机交互友好简洁。

（2）系统基本架构（见图 8－4）。

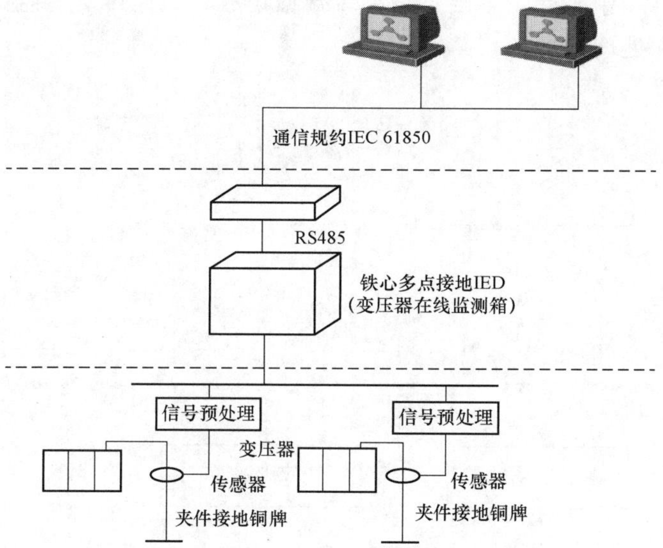

图 8－4　变压器铁心/夹件接地在线监测系统基本架构

首先，电信号通过电流传感器来获得，由于电磁干扰原因该信号包含有噪声，信号需要经过多路模拟开关的自动量程转换来传输。信号过来后先进行放大处理然后再滤波，这是因为铁心接地电流比较微弱，如果先滤波再放大，则放大器带来的噪声没法被过滤掉。然后再由模数转换器获得数字信号，经过 CPU 识别后，下位机上会显示详细的电流信息。铁心接地智能设备的电流数据可采用 RS485 通信方式将数据上传至监测主机，并通过 IEC 61850 通信规约实现监测主机与后台软件的通信，从而实现数据的进一步分析和处理。

4. 避雷器在线监测系统

避雷器在线监测系统能对流经避雷器的泄漏电流数据进行全方位的测量，包括全电流、阻性电流、容性电流和雷击次数等，准确反映避雷器潜在的绝缘故障，减少事故发生率，同时延长避雷器的检修周期。

（1）主要功能要求。

1）系统可对故障设备进行追踪检测，可对非故障设备形成实时监测数据图；

2）工作人员可自行设定预警值，系统自动对比实时数据，能准确发出预警；

3）系统故障数据可保存，在故障识别与比较的过程中保持实时监控状态；

4）系统有报表功能，可定期自动生成报表，并在事故发生时生成应急报表；

5）检测系统的操作界面直观简洁，方便操作。

（2）系统基本架构。避雷器在线检测系统主要由监测终端（过程层）、氧化锌避雷器在线监测 IED（间隔层）和监控中心（站控层）三部分组成，其在线监测系统框图如图 8－5 所示。过程层包括避雷器在线监测终端；间隔层主要包括在线监测装置，站控层指监控中心（分析查询系统），其中避雷器主要负责采集避雷器泄漏电流和雷击次数。在线监测装置安装于监测终端中心处，主要负责终端数据集成和数据传送。监控中心可对在线监测数据集中存储和处理。

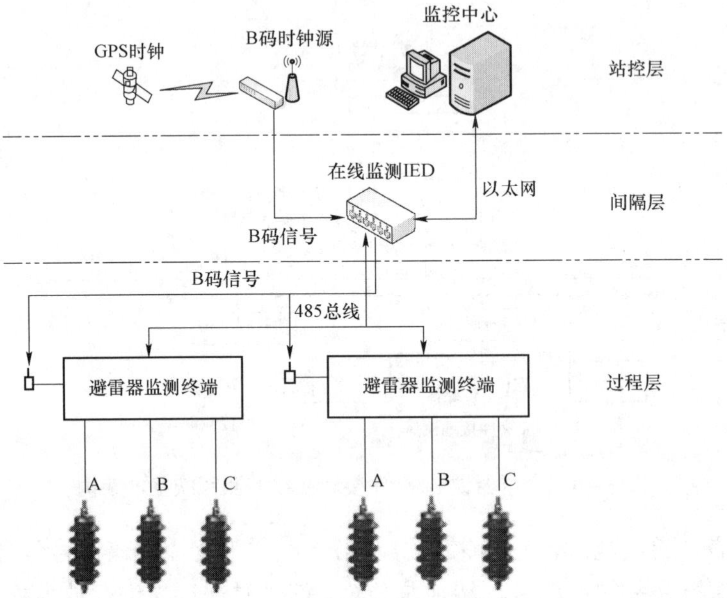

图 8－5　避雷器在线检测系统基本架构

8.2　智能化设备状态监测系统设计

8.2.1　ES－2010 型变压器油色谱在线监测系统设计

1. 系统概述

ES－2010 型变压器油色谱在线监测系统（见图 8－6）基于高效复合色谱柱及高精度传感器技术，可准确判断氢气（H_2）、一氧化碳（CO）、甲烷（CH_4）、乙烷（C_2H_6）、乙烯（C_2H_4）、乙炔（C_2H_2）和二氧化碳（CO_2）等故障特性气体，同时可对油中微水成分进行在线分析。该系统能准确反映到变压器故障信息，为设备科学运行检修和维护提供指导。

2. 系统构成

ES－2010 型变压器油色谱在线监测系统由油气分离模块、载气调节控制模块、空气过滤加热模块、冷阱、温度控制模块、油中特性故障气体色谱检测模块、数据分析诊断软件、通信网络，以及数据远程控制访问软件构成。其系统工艺流程图见图 8－7。

图 8－6　ES－2010 型变压器油色谱在线监测系统

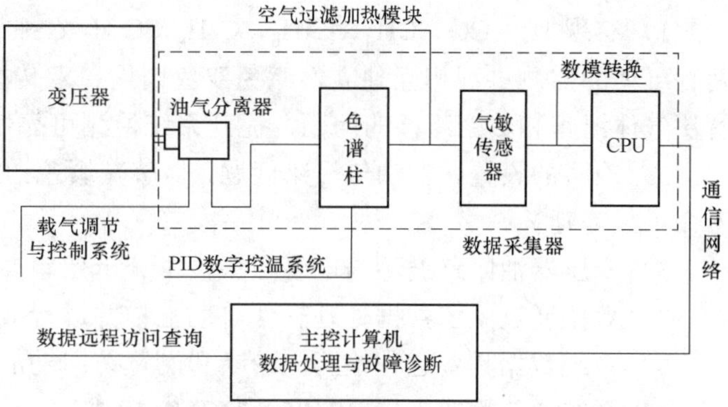

图 8－7　ES－2010 型变压器油色谱在线监测系统工艺流程图

3. 结构与原理

该系统依托气相色谱分析技术实现变压器油中气体含量的在线监测。变压器油流经油气分离器时，超声波激振使油气分离，并通过冷阱进行除杂，随后该故障气体被导入定量室中，根据色谱柱气体亲和作用的不同，混合在一起的故障气体被依次分离，并被气敏传感器逐一检测，产生浓度电信号。该信号经过数据采集器中心 CPU 转换处理、存储后，嵌入式数据分析软件即可进行数据分析，计算得出故障气体中组成成分及总烃含量。最后专家系统对照历史数据和阈值对变压器内部是否存在故障进行在线监测和分析。

（1）油气分离模块。油气分离模块基于真空及超声波激振技术，高效彻底地实现油中故障气体的分离。

（2）冷阱。冷阱除油装置能够将碳氢化合物冷凝，去除油气挥发物，延长设备使用寿命。

（3）数据处理器。数据处理器由四大组件构成：气体色谱检测单元、恒压载气稳控系统、恒温系统以及中央控制 CPU。

1）气体色谱检测单元包括气相色谱柱、气敏传感器和红外传感器，是故障气体监测的一次主元件。

2）恒压载气稳控系统确保油流压力和流量稳定，确保检测系统稳定。

3）恒温系统的温度信号与中央 CPU 模块形成反馈控制，利用数字化程序逻辑保证系统温度恒定。

4）中央控制 CPU 内置在线监测程序，能够自动采集并保存近期监测气体数据，具备定期自检功能。

（4）通信系统与数据远程传输查询软件。通信系统基于 RS485 协议与 TCP/IP 协议，构建数据采集器与监控主机的通信网络，同时定期开展监测系统日常检测工作。监控主机内置数据远程传输查询软件，由主控软件包和网络设置组成。

4. 系统技术指标和特点

（1）系统特点。

1）实现 H_2、CO、CH_4、C_2H_6、C_2H_4、C_2H_2 六种故障气体的检测，其中，CO_2 与 O_2 两种气体的监测过程相互独立，避免双色谱柱、双传感器的双回路设计，从而从根本上解决气体泄露和数据漂移的问题，提升系统检测可靠性和稳定性；

2）冷阱的设置解决油气污染问题，显著减缓色谱柱和传感器的毒化进程，设备使用寿命可显著延长；

3）变压器油闭路循环与电磁激振技术分析效率高，并能保证油样活性；

4）数据通过系统数据处理软件自动上传并进行故障自动诊断，监测精度高；

5）系统数据具备远程检测、诊断和浏览访问功能；

6）系统通信模式支持 RS485、TCP/IP 模式。

（2）系统技术指标（见表 8－1）。

表 8－1　　ES－2010 型变压器油色谱在线监测系统主要技术指标

项目	内容
检测原理	检测 H_2、CO、CH_4、C_2H_6、C_2H_2、C_2H_4 或 CO_2、O_2，可配套检测微水
脱气方法	真空与超声波脱气
分离方法	专用单一色谱柱
检测方式	专用单一气敏传感器
进样方式	数字自动定量进样
温度控制	双回路恒温控制
数据采集	具备自动捕峰以及出峰分段增益功能
通信方式	RS 485、TCP/IP、GPRS
网络协议	TCP/IP 网络协议，可远程监测与维护
显示方式	数据可并入用户监控网络
显示内容	H_2、CO、CO_2、CH_4、C_2H_6、C_2H_2、C_2H_4、O_2、TCG
报警方式	任意设定浓度、增量报警值；声/光报警；报警信号就地远传
分析周期	由用户自主设置，默认 24h/次
数据存储	20 年

续表

项目	内容
控温精度	±0.1℃
环境温度	－40～+85℃
相对湿度	5%～95%，无冷凝
最大日温差	30℃
日照强度	$1kW/m^2$（风速 0.5m/s）
污秽等级	外绝缘爬电比距 25mm/kV
覆冰厚度	20mm（风速不大于 15m/s 时）
工作电源	交流 220V±10%，50Hz
载气	99.999%氮气，压力 0.12～0.25MPa
安装尺寸	800（长）mm×550（宽）mm×1400（高）mm
抗振动	5～17Hz，0.1″双峰位移；17～640Hz，1.5G 峰－峰加速度
抗冲击	加速度：10G 峰－峰

8.2.2　JC－DL/1 型 SF_6 气体浓度泄漏在线监测报警系统设计

1. 系统概述

JC－DL/1 型 SF_6 气体浓度在线监测报警系统可实时在线监测 SF_6 气体的浓度、氧气含量及环境温湿度，并能够将测量结果汇总传送至综合信息平台统一管理，如图 8-8 所示。

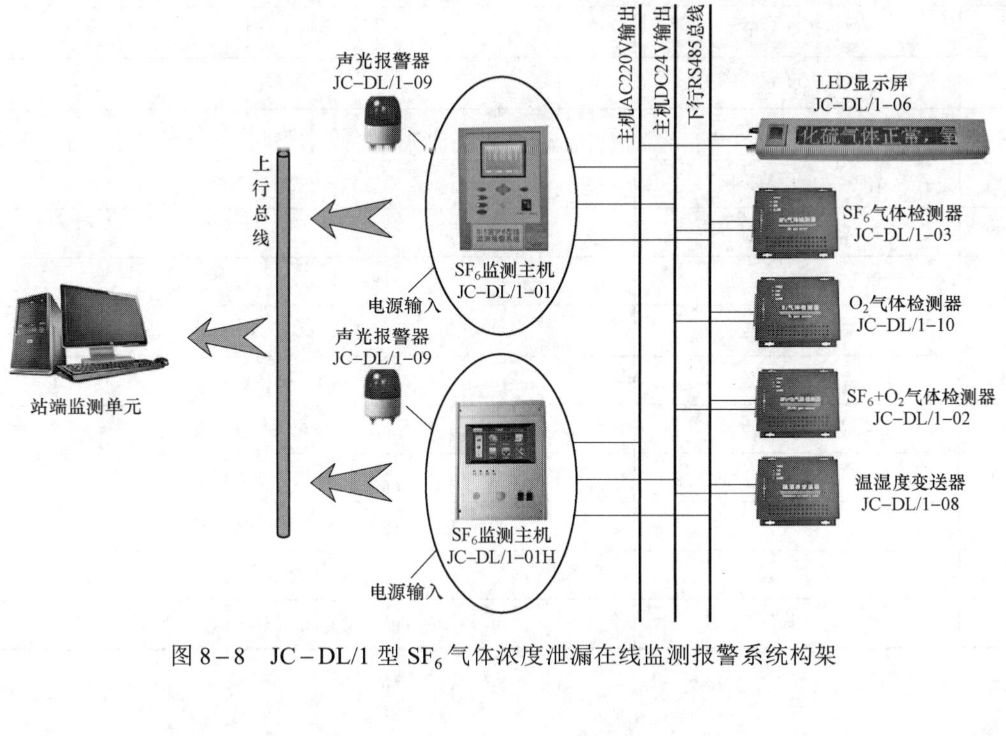

图 8－8　JC－DL/1 型 SF_6 气体浓度泄漏在线监测报警系统构架

2. 主要功能（见表 8－2）

表 8－2 JC－DL/1 型 SF_6 气体浓度泄漏在线监测报警系统主要功能

序号	内容
1	具备 SF_6、O_2 浓度定量检测功能
2	具备环境温湿度定量检测功能
3	可疑点自动跟踪功能
4	现场数据阈值对比，准确报警、控制和动作功能
5	实时检测数据和历史数据可查询
6	可通过加密进程设置时间、检测模式和报警限值
7	具有数据上传到 PC 机的功能
8	具有与消防联动的功能
9	具有人体感应启动语音功能
10	自动零点校准功能、系统自诊断、零漂消除功能

3. 主要技术指标（见表 8－3）

表 8－3 JC－DL/1 型 SF_6 气体浓度泄漏在线监测报警系统主要技术指标

序号	技术参数名称	提供值
1	SF_6 气体浓度测量范围	0～3000ppm（μL/L）
2	SF_6 气体浓度测量精度	±5%F.S
3	SF_6 气体浓度报警点	1000μV/V（50～3000μV/V 可设置）
4	氧气浓度检测范围	0～25%
5	氧气检测浓度	0～25%
6	氧气浓度报警点	18%（0～22%可设置）
7	氧气测量精度	＜0.4%，O_2 在 20.9%时
8	温度显示范围	－40～+125℃
9	温度测量精度	±0.5℃
10	工作电源	AC/DC 220V±20%
11	功耗	监测主机＜15W、检测器＜3W、显示屏＜25W
12	通信方式	RS485 总线方式
13	通信规约	Modbus 协议 RTU 传输 CRC16 校验

续表

序号	技术参数名称	提供值	
14	电磁兼容性能指标	静电放电	4 级
		浪涌（冲击）抗扰度	4 级
		工频磁场抗扰度	5 级
		脉冲磁场抗扰度	5 级
		阻尼振荡磁场抗扰度	5 级
15	机械性能指标	振动响应	1 级
		振动耐久	1 级
		冲击响应	1 级
		冲击耐久	1 级
		碰撞	1 级

8.2.3　LXTX－1 型变压器铁心/夹件接地在线监测系统设计

1. 系统概述

LXTX－1 型变压器铁心/夹件接地在线监测系统可对运行中的变压器铁心及夹件接地电流进行实时监测，抗干扰能力强、精度高，监测数据通过通信传输到后台，后台分析软件对数据进行在线监测及提前预警。

2. 性能特点

（1）可实时在线监测变压器铁心、夹件接地电流值，能够自动报警和复归。

（2）测量精度高、抗干扰能力强。

（3）防水等级高，可在户外使用。

（4）通信规约采用标准 MODBUS－RTU 规约，并预留规约转换接口。

（5）通信接口采用标准 RS485 接口。

3. 技术指标

（1）电流量程：1mA～10A。

（2）准确度：±（2%+1 字）。

（3）分辨率：电流 1mA。

（4）工作电源：AC 85～264V，50～60Hz；DC 120～370V。

（5）使用温度：－25～70℃。

（6）相对湿度：5%～95%。

4. 装置介绍

（1）装置正面。装置正面包括装置面板和装置下侧板，分别如图 8－9 和图 8－10 所示。

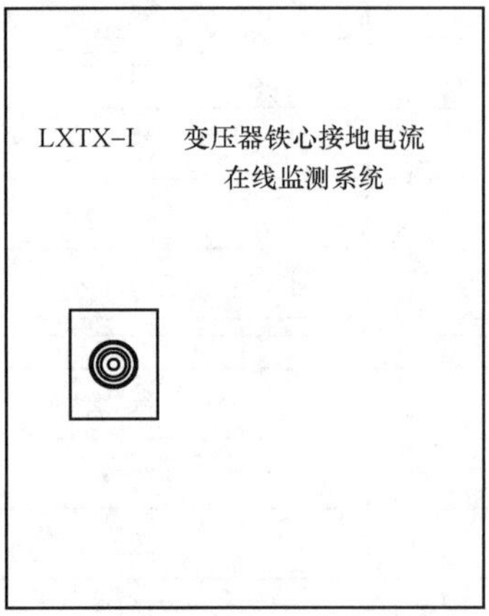

图 8－9　LXTX－1 型变压器铁心/夹件接地在线监测系统装置面板

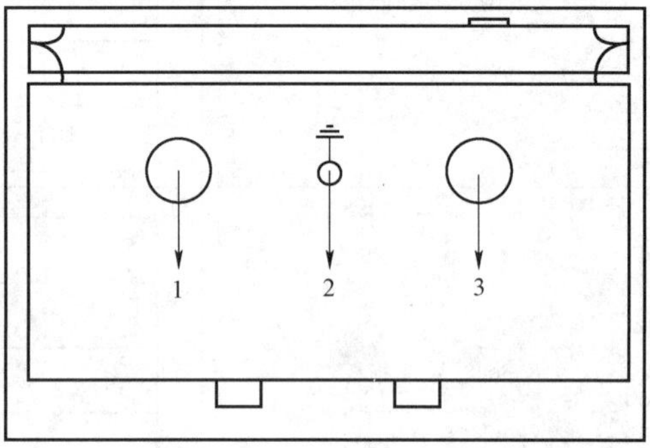

图 8－10　LXTX－1 型变压器铁心/夹件接地在线监测系统装置下侧板

装置下侧板各端口的功能分别为：

1）电源线与通信线进线端口；

2）接地柱；

3）电流信号线进线端口。

（2）装置接线端子。打开机箱门后，在左上方的接线端子是电源接线端子装置，接线端子如图 8－11 所示。

4	FG
3	NC
2	N
1	L

图 8－11　LXTX－1 型变压器铁心/夹件接地在线监测系统电源接线端子

接线端子的各个端口的功能分别为：

1）电源输入端子；

2）电源输入端子；

3）空端子；

4）接地端子。

信号接线端子接线图如图 8－12 所示。

5	6	7	8	9	10	11	12	13	14	15	16
485 B	485 A	NC	FG	+12 V	−12 V	GND	AIN	NC	NC	NC	NC

图 8－12　LXTX－1 型变压器铁心/夹件接地在线监测系统信号接线端子

各端子的功能分别为：

1）RS485B；

2）RS485A；

3）空端子；

4）接地端子；

5）传感器+12V；

6）传感器－12V；

7）传感器 GND；

8）传感器信号输入端；

9）～12）第二路传感器备用端子。

（3）装置拨码开关。装置拨码开关有拨码开关 S5 和 S4，其中，S5 负责设置装置的通信波特率（见表 8－4），S4 负责设置装置的通信地址（见表 8－5）。

表 8－4　　LXTX－1 型变压器铁心/夹件接地在线监测系统通信波特率

编号	1200bit/s	2400bit/s	4800bit/s	9600bit/s	19 200bit/s	38 400bit/s	57 600bit/s	115 200bit/s	其他
1	ON	OFF	ON	OFF	ON	OFF	ON	OFF	其他
2	ON	ON	OFF	OFF	ON	ON	OFF	OFF	其他
3	ON	ON	ON	ON	OFF	OFF	OFF	OFF	其他
4	ON	ON	ON	ON	ON	ON	ON	ON	其他

表 8－5　　LXTX－1 型变压器铁心/夹件接地在线监测系统通信地址

编号	01H	02H	03H	04H	05H	06H	07H	08H	09H	0AH	0BH	0CH	0DH	0EH	0FH	10H
1	ON	OFF	ON	OFF	ON	OFF	ON	OFF	ON	OFF	ON	OFF	ON	OFF	ON	OFF
2	ON	ON	OFF	OFF	ON	ON	OFF	OFF	ON	ON	OFF	OFF	ON	ON	OFF	OFF
3	ON	ON	ON	ON	OFF	OFF	OFF	OFF	ON	ON	ON	ON	OFF	OFF	OFF	OFF
4	ON	ON	ON	ON	ON	ON	ON	ON	OFF	OFF	OFF	OFF	OFF	OFF	OFF	OFF

8.2.4　FYZ－BLQ10 型避雷器状态在线监测系统设计

1. 系统概述

FYZ－BLQ10 型避雷器状态在线监测管理系统能够实时监测高压交流无间隙金属氧化物避雷器在运行电压下的全电流（泄漏电流）、动作时间，以及放电累计动作次数。电流检测采取全隔离的取样方式，测量结果采用数据式总线进行传输，并有后台计算机统一管理系统。现场运维人员可通过局域网进行数据查看、分析、报警阈值修改等操作。当现场监测数据超出设定报警阈值时，系统启动报警光字和声光报警，保障设备安全。

2. 系统架构

系统由三个单元组成：本地检测单元、避雷器监测主机和后台软件单元。本地检测单元采集现场测量数据后，通过 RS485 总线将数据上传至避雷器监测主机，由避雷器监测主机对数据进行集中处理并上传至后台软件单元进行详细分析和管理，见图 8－13。

（1）本地检测单元。电流变送器为主要的本地测量单元，相关采样数据则通过现场构架的用 RS485 总线传送至避雷器监测主机。

（2）避雷器监测主机。避雷器监测主机采用机柜式（FYZ－BLQ10）集中监测主机，下行通信方式为 RS485，上行通信方式为以太网。

（3）后台软件单元。后台软件单元包括服务器、显示器、网络交换机，以及后台中心管理软件。后台中心管理软件基于 Windows 系统开发，系统的监测和分析均采用面向对象的编程技术进行设计，软件结构简单、界面友好。

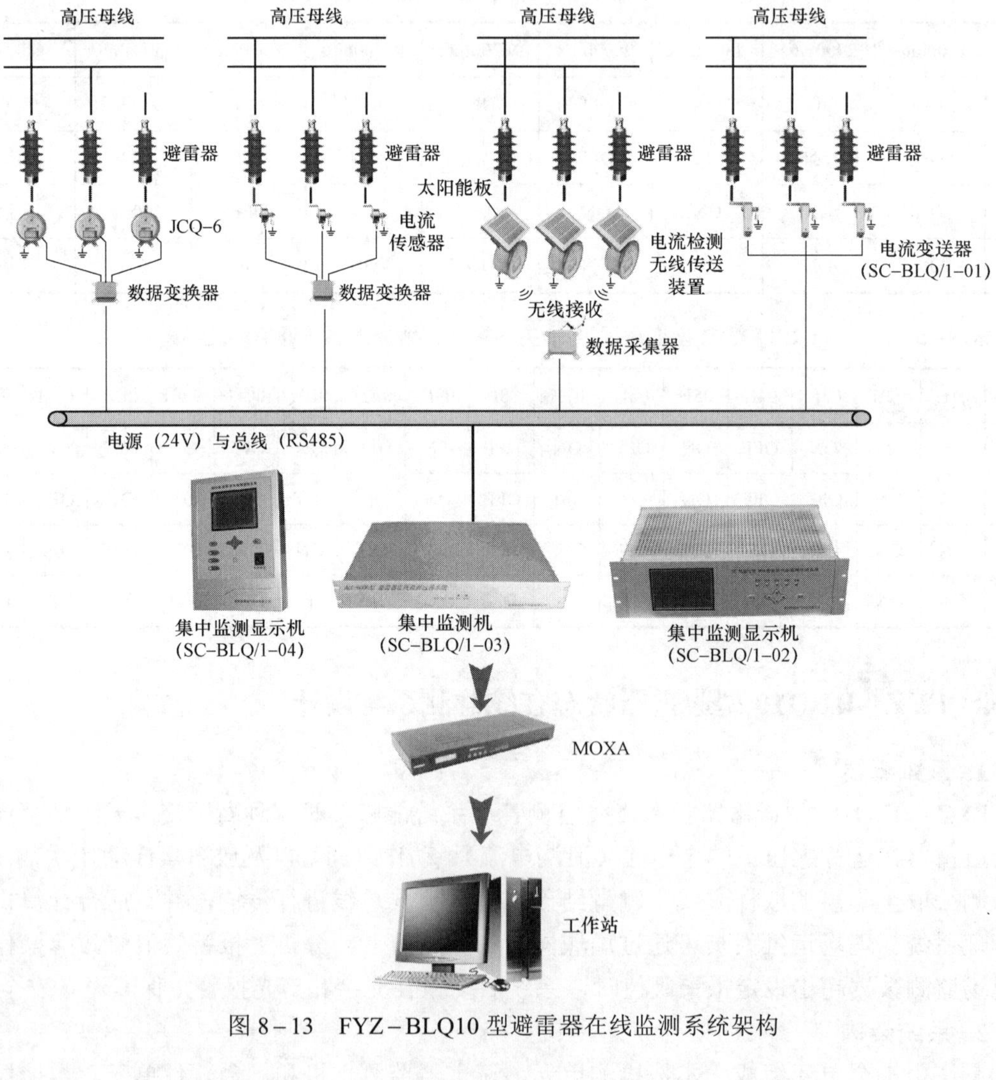

图 8－13　FYZ－BLQ10 型避雷器在线监测系统架构

3. 系统功能及技术指标

（1）电流变送器（FYC－BLQ10）。电流变送器基于无残压全隔离法进行电流检测，电流互感器选用单匝一次穿芯式，具备数据补偿功能，通用性较强。

1）全电流测量范围：0.05～5.00mA；

2）记录放电动作累计次数：0～99 次、正确率：100%；

3）放电动作计数响应值：4/8μS≥50A（峰值）；

4）供电电源：DC 24V；

5）通信接口：1 路 RS485；

6）通信协议：改进型 Modbus；

7）适用环境：温度－25～65℃，不结露的最大相对湿度 95%。

（2）避雷器用监测器（FYC－BLQ20）。避雷器用监测器密封性能良好，适用于长期户外使用。正常运行电压下，避雷器的泄漏电流通过电流表进行检测，而当避雷器流过的动作电流较大时，计数器回路能替代电流表进行测量，一方面保护电流表免受冲击，同时计数器可靠记录避雷器的动作次数，避雷器用监测器的具体技术参数如下。

1）全电流测量范围：A：0～10mA/有效值；B：0～5mA/有效值；C：0～3mA/有效值，测量误差±3%；

2）污秽电流测量范围：100～1000μA；

3）记录放电动作累计次数：0～99 次正确率：100%；

4）放电动作计数响应值：4/8μS≥50A（峰值）；

5）适用环境：温度－25～65℃，不结露的最大相对湿度 95%；

6）适用电压：A：330～700kV；B：110～220kV；C：35kV 以下。

（3）电流检测无线传送装置（FYC－BLQ30）。电流检测量信息通过无线传送装置发送至监测主机，无线传送装置包括检测单元、太阳能供电模块和无线传输模块。

1）供电方式：太阳能供电；

2）全电流测量范围：A：0～10mA/有效值；B：0～5mA/有效值；C：0～3mA/有效值，测量误差±3%；

3）全污秽电流测量范围：100～1000μA；

4）记录放电动作累计次数：0～99 次正确率：100%；

5）放电动作计数响应值：4/8μS≥50A（峰值）；

6）适用环境：温度－25～65℃，不结露的最大相对湿度 95%；

7）适用电压：A：330～700kV；B：110～220kV；C：35kV 以下。

（4）避雷器监测主机。避雷器监测主机的组成元件包括通信单元、CPU 主控单元、液晶显示单元和键盘操作单元，主要功能是接收来自电流变送器或数据采集器的数据，并对接收到的数据进行统一管理和调配，当现场数据超出预先设置的报警阈值时，启动报警并输出动作信号。该装置能通过液晶显示屏查看设备参数和历史数据等信息，具备时间设置和报警阈值设置功能，界面简洁友好、便于操作，见图 8－14。

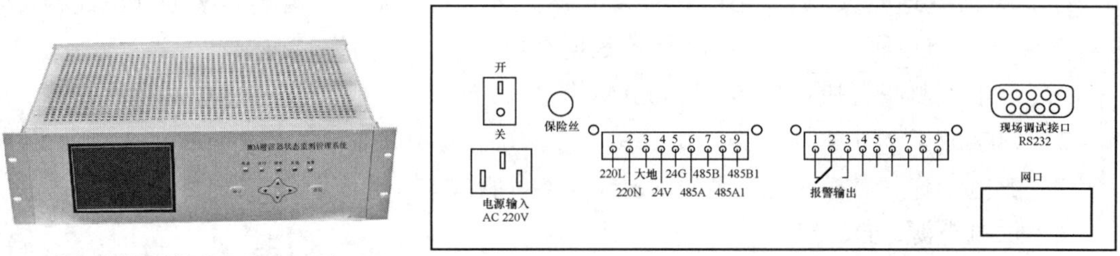

集中监测显示机（SC–BLQ/1–02）　　机箱后面接线端子图

图 8–14　FYZ–BLQ10 型避雷器在线监测系统主机及接线端子图

（5）后台软件单元。后台软件单元基于网络通信设备、服务器和客户机等硬件平台，负责数据采集、列表制作、系统配置以及组态管理。

1）硬件平台简介。硬件平台以服务器为核心，是数据维护、分析及处理的中心；客户机则负责提供人机交互界面，并采用图形、表格、声音等形式反馈数据信息。

2）软件平台简介。软件平台的采集系统实时读取和分析监测单元发送的数据，包括模拟量、开关量、状态量和控制量等；列表系统则负责将各子系统数据转化成可读性较强的表格，如实时数据和历史数据等，并与打印机联机进行汇编打印；组态系统包括主接线图、设备基本运行工况、实时数据曲线与历史数据曲线等界面，提供直观的现场环境状态和设备运行状态。

8.3 典型应用案例

8.3.1 油色谱在线监测系统应用案例

1. 设备概况

某 220kV 变电站 2 号主变压器从投运至今已高负荷运行 20 余年，存在线圈材质差的问题。由于制造工艺不佳，该主变压器抗短路冲击能力不足，不采取相应措施，将存在造成较大故障甚至事故风险。为此，当地运维管理部门要求对该主变压器实行每月一次的变压器油色谱数据采集分析，以便及时排除潜在故障。但变电站的地理位置决定了人工采集必然需要耗费大量的人力和物力资源。针对以上情况，最终决定不停电加装变压器油色谱在线监测系统，实时监测该老旧变压器的运行情况，为运维管理单位提供早期预警。

2. 事件经过

2018 年 1 月，2 号主变压器油色谱在线监测装置检测到主变压器油中乙炔含量超标，向电网运行监控中心发出报警，在线监测数据如图 8–15 所示。

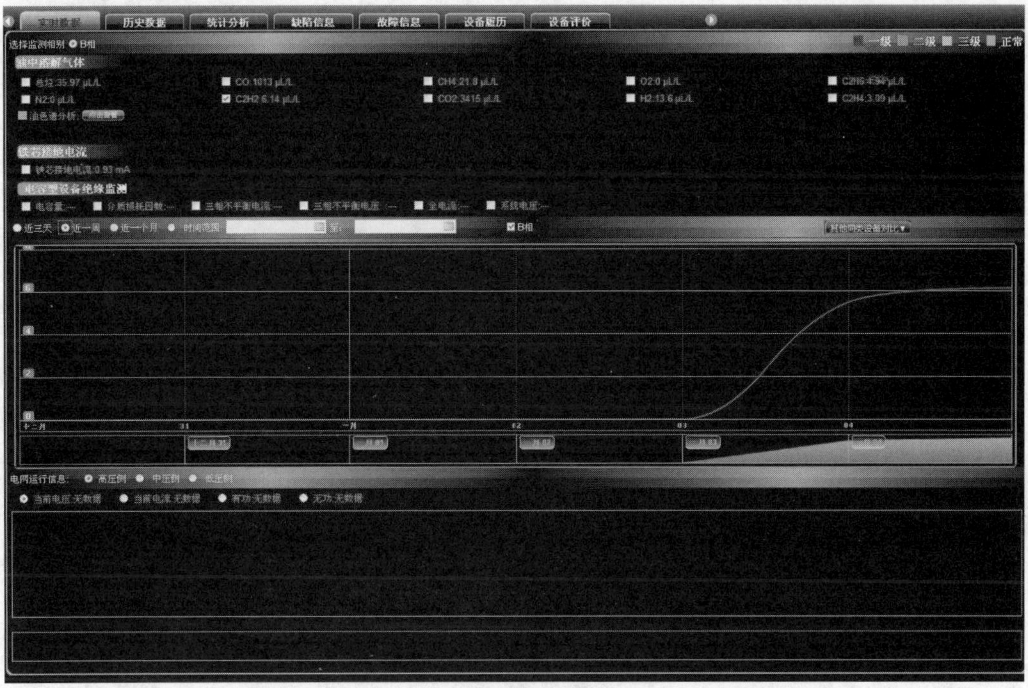

图 8－15　故障主变压器油中乙炔含量在线监测数据

根据采样数据，变压器油中的乙炔含量在 30h 以内，迅速从 0μL/L 上升至 6μL/L 以上，生成速度和含量均超过规定值，详细检测结果如表 8－6 所示。根据在线监测装置的判断结果，变压器内部可能出现故障。

为核实检测结果，检修人员接到报警后随即赶到现场采取油样送检，进行实验室色谱仪检测，对比分析结果证实了在线监测数据的准确性。随后，运行人员将采样间隔由原先的一周一次缩短至 8h 一次，持续跟踪故障发展趋势，初步判断为变压器内部发生电弧放电。后续的变压器停电吊罩检查结果也证实变压器内部绕组确实存在两处匝间短路故障，有效避免了故障的进一步扩大。

表 8－6　　某 220kV 变电站 2 号主变压器油色谱在线监测异常数据　　μL/L

日期	总烃	乙炔	乙烷	乙烯	甲烷	氢气	一氧化碳	二氧化碳
2018 年 1 月 4 日	36.32	5.47	4.92	2.73	23.2	11.6	993	3548
2017 年 12 月 24 日	23.57	0	3.65	1.02	18.9	3.55	1012	3557

3. 总结分析

变压器油色谱在线监测系统能够实现变压器内部缺陷或部件损伤的提前预警，避免故障严重程度升级，可显著缩短检修工作量，减少电网停电时间，降低检修经济成本，以及保证供电可靠性，具有较为广阔的发展前景。

8.3.2 SF_6气体浓度泄漏在线监测报警系统应用案例

1. 应用概况

某发电厂升压站采用 220kV GIS 室内布置方式，GIS 室内的 20 台轴流风机均采用手动的开启方式。室内原先未安装 SF_6 气体监控系统，无法对室内气体浓度情况进行监测并科学控制通风设备，存在安全生产隐患。该工程后期增设一套 SF_6 气体浓度泄漏在线监测报警系统，以便消除现场存在的安全隐患。

2. 系统功能及结构设计

设计新增的 SF_6 气体泄漏监测报警系统配置共包括综合监测报警系统主机、气体探测单元，以及温湿度探测单元。其中，气体传感器装设于断路器下方，可实时检测室内的 SF_6 气体和氧气浓度。主机采集各气体传感器的气体浓度数据，并将信息反馈给综合监控平台。监控平台将实测值与设定值进行对比，当实测值达到预先设定的阈值（SF_6 气体浓度≥1000ppm 或氧气含量≤18%），启动轴流风机进行通风；当实测值满足阈值要求（SF_6 气体浓度≤500ppm，且氧气含量≥20%），停止轴流风机运行，实现监测系统与轴流风机的联动控制。监控系统示意图如图 8-16 所示。

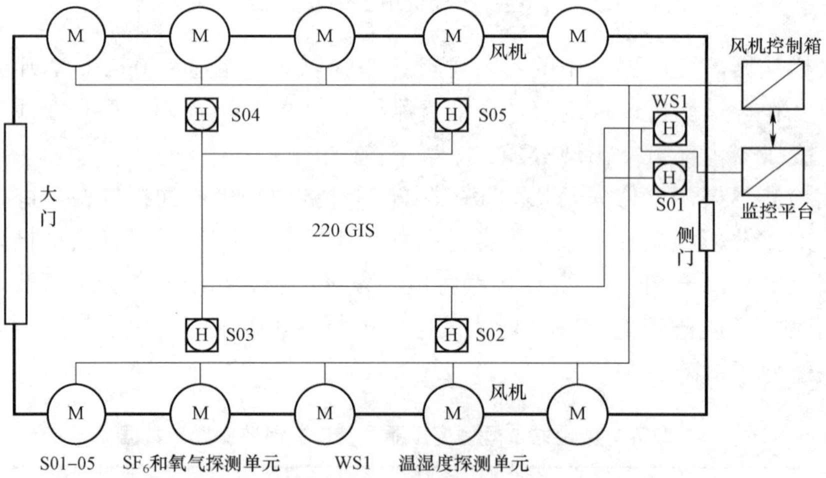

图 8-16 SF_6气体泄漏监测报警系统示意图

3. 应用系统后的经济安全性分析

在未安装综合监测报警系统之前，为保证安全性，通风方式为 24h 运行方式。根据每台风机额定功率 1.2kW 计算，全年耗电量为 210 240kWh。通过加装 SF_6 气体泄漏监测报警系统，运行经济性大幅增加。根据三个月的试运行结果，每台风机的平均运行时间为 2h，则每年可节约用电 192 720kWh，具备良好的经济效益。同时风机启动时间大幅缩短，风机使用寿命可显著延长，相应的设备维护费用显著减少。此外，语音播报功能在有人接近时主动开启，反馈 GIS 室内环境状态，有效地保障了进入室内开展工作的相关人员的安全性。

8.3.3　电力变压器铁心接地电流在线监测系统应用案例

1. 事件概况

以下是某 220kV 变压电站出现的一次铁心接地故障。

（1）故障现象。2017 年 12 月 10 日，某 220kV 变电站运维人员在变压器铁心接地电流在线监测系统上发现，该站 1 号变压器在上午 9 时出现铁心接地电流异常现象，系统发出报警信号并投入限流电阻运行。如表 8－7 所示，根据历史数据对比分析结果，本次铁心接地电流为历史最大值，达到 200mA，情况较为严重。

表 8－7　　铁心接地电流数据表

时间	9 时电流值（mA）	15 时电流值（mA）
2017 年 12 月 5 日	72	81
2017 年 12 月 6 日	95	92
2017 年 12 月 7 日	81	76
2017 年 12 月 8 日	67	50
2017 年 12 月 9 日	90	79
2017 年 12 月 10 日	200	225

（2）变压器异常分析诊断。钳形电流表的现场测试结果与检测系统测试结果偏差较小，经研究决定对变压器进行停电处理。

（3）故障点查找。变压器吊罩检查过程中，发现变压器油箱中存在一螺母异物，该螺母卡在铁心叠片与油箱箱体之间从而形成接地点。将异物取出后，铁心绝缘电阻的测量结果为 2000MΩ，满足绝缘条件，限流电阻被去除。次日，变压器重新投入运行后的铁心和夹件接地电流实时监测结果如图 8－17 所示，至 21:00，变压器铁心接地电流和夹件接地电流已分别下降至 22mA 和 25mA，变压器铁心故障消除。

2. 总结分析

变压器铁心/夹件接地在线监测系统可实时在线监测变压器的铁心电流、接线电阻等数据，具备综合分析变压器铁心接地运行工况的能力，能准确发现变压器内部的铁心多点接地故障，从而保证变压器的安全稳定运行。

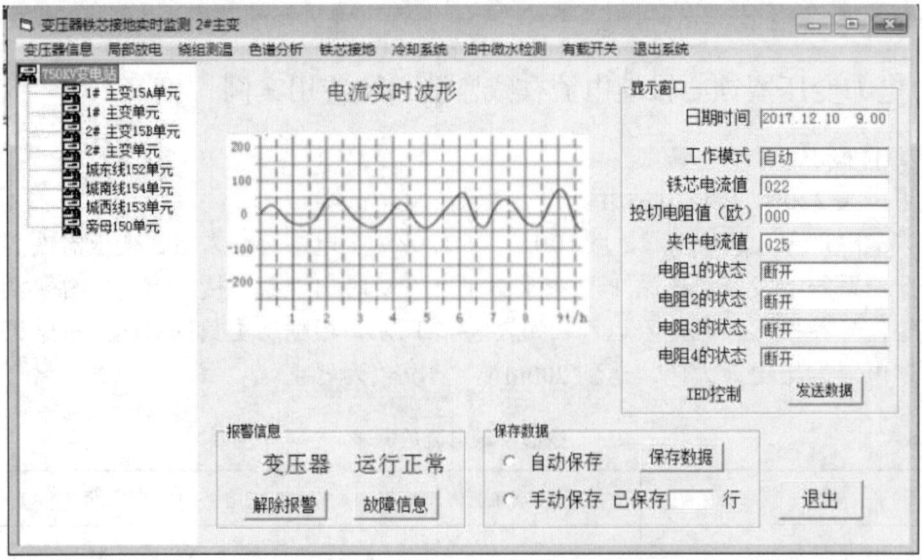

图 8－17 异常处理结束后的变压器铁心和夹件接地电流实时监测结果

8.3.4 避雷器在线监测系统应用案例

1. 事件概况

2015 年 10 月，某 220kV 变电站在线监测系统发现该站 2 号主变压器 110kV 侧三相避雷器在线监测数据异常，A、B、C 三相阻性电流虽然在正常范围以内，但三相的全电流 I_x 均存在明显的升高现象，且波动较为频繁，具体的测量数据趋势如图 8－18 所示。

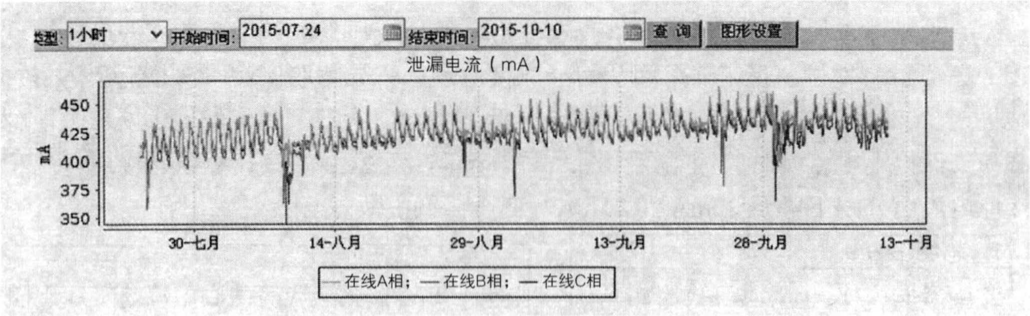

图 8－18 主变压器 110kV 侧异常避雷器泄漏电流在线监测趋势图

为进一步判断缺陷原因，现场运维人员利用红外热成像测温仪对疑似故障避雷器进行测温，发现避雷器本体表面存在不同程度的温度差，A 相红外测温报告结果如表 8－8 所示。

表8-8　　　　2号主变压器110kV侧A相测温报告

<table>
<tr><td>检测地点</td><td colspan="3">220kV某变电站</td></tr>
<tr><td>设备名称</td><td>2号主变压器110kV侧A相</td><td>检测日期</td><td>2015年11月13日</td></tr>
<tr><td>测试仪器</td><td>红外热成像仪</td><td>检测时间</td><td>15时36分53秒</td></tr>
<tr><td>环境温度</td><td>21℃</td><td>检测人员</td><td>肖某、陈某</td></tr>
<tr><td>检测距离</td><td>约2m</td><td>比辐射率</td><td>0.96</td></tr>
<tr><td colspan="2" rowspan="11">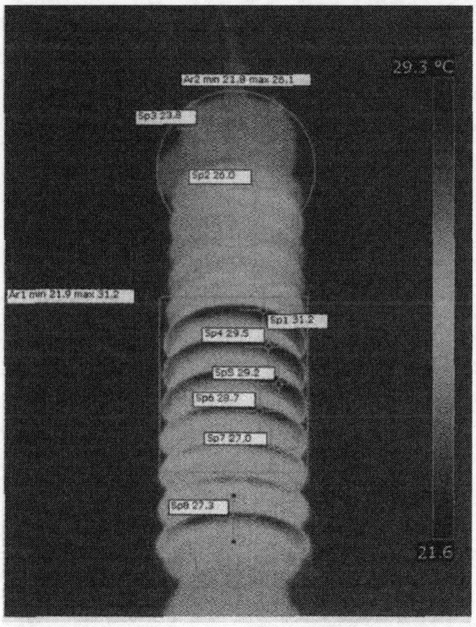
</td><td>测温点</td><td>温度（℃）</td></tr>
<tr><td>Sp1</td><td>31.2</td></tr>
<tr><td>Sp2</td><td>26.0</td></tr>
<tr><td>Sp3</td><td>23.8</td></tr>
<tr><td>Sp4</td><td>29.5</td></tr>
<tr><td>Sp5</td><td>29.2</td></tr>
<tr><td>Sp6</td><td>28.7</td></tr>
<tr><td>Sp8</td><td>27.3</td></tr>
<tr><td>测温区域</td><td>最高温（℃）</td></tr>
<tr><td>Ar1</td><td>31.2</td></tr>
<tr><td>Ar2</td><td>26.1</td></tr>
</table>

通过红外诊断、表面情况勘察和历史试验数据对比，初步判断引起此起三相避雷器泄露电流数值发生较大变化的主要原因是避雷器表面污秽导致。对该设备停电进行现场表面处理后，迄今为止测量结果均正常，验证了表面污秽是导致该避雷器三相绝缘性能降低的主要原因。根据本起案例的分析结果，当阻性电流在正常范围内，但全电流有较明显的升高且波动较频繁，同时三相均存在同样问题时，避雷器表面污秽缺陷的可能性比较大，可以通过在线监测数据情况初步判断避雷器异常缺陷类型。

2. 分析总结

避雷器泄漏电流中全电流、阻性电流等数值的变化可直接反映避雷器设备的绝缘性能。当避雷器在线监测系统监测到避雷器绝缘性能变差后，系统内置的专家系统可进行缺陷类型初步诊断，为电力管理部门和检修部门制定避雷器检修方案提供可靠依据，从而有利于缩短停电时间，降低失电损失，保证电力系统安全经济运行。

第 9 章

环境联动控制子系统

工业生产技术和国民生活水平的不断提高，使得社会对电力的需求不断攀升，近年来社会用电量同比增长率稳步上升，对电力系统带来了极大的挑战。变电站是电力系统运行中非常重要的一环，对电力系统的稳定性有着决定性的作用，因此必须对其运行工况进行控制与评估。现阶段，电力系统的规模呈不断增长的趋势，传统的电力系统构架与工具已经不能对其进行很好的管控，智能电网建设是应对电力系统复杂化、智能化、精细化的有效手段，是电网未来发展的趋势。在智能电网的框架下，变电站的智能化建设亟须开展与研究，对变电站自动化技术进行充实，开展变电站智能化辅助控制，以达到全面提升变电站自动化水平成为目前的迫切工作。

9.1 环境联动控制子系统建设要求

9.1.1 变电站灯光照明系统建设要求

变电站的照明系统按其空间划分可分为室内照明和室外照明，室内照明系统主要负责主控室、保护室、站内生活区域等，而室外照明系统主要负责一次设备区域。目前变电站远程图像监控系统的不断完善，变电站内基本实现采用视频摄像头进行全角度监控，为无人值班提供了安全、可靠的监视手段。然而，变电站照明系统并未纳入初期自动化建设的工程范畴，目前采用的是手动控制的方式，在光线昏暗的区域值守人员无法远程监视设备的运行情况，无法在变电站异常报警时迅速了解现场情况，从而无法实时有效地制定故障应对策略，甚至对火警、墙体震动等异常报警情况也无法进行判断与辨别，这为变电站夜间值守带来了安全隐患。

变电站的智能化建设推进了无人值守的管理模式，减轻了变电站值班员的工作压力，使其只需要负责变电站的运维和操控，配合远方监控中心实现对变电设备及整个电网的监控任务。因此，无人值守的开展使得传统变电站照明系统面临着以下问题。

（1）单一性。目前变电站照明系统仅依靠就地开关设备的单一控制模式，在站内回路处于关闭的情况时，监控人员在夜间无法通过远程监控系统看清站内设备情况。

（2）延迟性。照明回路的就地控制方式会造成故障判别的不及时，同时增加变电运维人员的时间成本，在运维人员赶到故障现场之前，技术人员无法对故障进行及时研判。

（3）资源的浪费性。在缺乏照明回路自动化控制方式的情况下，无法根据变电站站内情况对照明系统进行远方操控，可能造成不需要照明情况下的电能浪费。

考虑到变电站站内的运维、操控、监视、检修等需求，变电站照明系统应该配备光控、时控、远控三种控制方式。光控方式主要针对夜间站内监视的需求，根据环境光线的强弱实现灯光的自动开闭，以区别白天和夜晚的运维场景，具有安装方便、接线简单等优点，但同时也存在照明系统整晚运行的浪费问题。为了弥补光控方式的不足，采用时空开关对照明系统进行定时段的管理，为需要进行夜间监视的时段提供专门的照明，但夜间远程监控设备的时间是不确定的，时空开关也存在无法确定具体时间段的问题。为了克服以上问题，还需要为照明系统配备远程遥控方式，根据远程监视的需求对照明系统进行管理，增强照明系统的主动性与针对性，高效利用照明资源，是一种比较理想的控制方法。

照明系统远程遥控的实现主要有两个建设思路：将照明系统的遥控控制接入到已有的自动化系统遥控回路；设计一套独立于自动化系统的照明系统控制回路。

照明系统的具体控制方式有遥控开灯、遥控关灯和遥控开灯、延时自动关灯两种模式。如果采用全遥控的方式，就可能会发生操作人员忘记关灯的情况，这样会导致忘记关闭照明系统造成浪费；采用遥控开灯、延时自动关灯可以杜绝浪费问题，设定一定的时间使灯光自动关闭，避免浪费。

照明系统的照明灯选择一般也有两种方案：一是安装新的照明灯。涉及照明灯位置的重新确定，根据站内情况进行线路布线，但存在工作量大、经济性差等问题，而且会破坏灯光的整体布局；二是在现有照明灯上安装控制装置，具有工作量小、经济性好等优点，也能满足站内照明需求。

结合照明系统各部分的优缺点分析和论证，选取最合理的组合方案进行系统设计：保持变电站现有的照明系统，在照明灯上增加外部控制回路，采用遥控开灯、延时自动关灯的控制方式。

1. 远程灯光照明控制系统原理

考虑到变电站故障监视和辨别的及时性，采用变电站远程灯光控制模式，运检人员在夜间对变电站的变电设备进行查看时，通过远程照明系统控制后台，为监测需要的摄像头提供照明，方便运检人员对变电站设备状况进行清晰地观察与分析，降低故障研判的延时性。当监测完成后，通过远程操作关闭照明系统，减少电能浪费。

照明系统由局域网计算机、交换机、服务器、控制终端和继电器组成，远程照明遥控通过变电站内的控制终端实现，远程值班人员通过局域网计算机、交换机与控制终端建立连接，向控制终端发送灯光开闭指令，控制终端分析处理指令后对照明系统的继电器进行通断，从而满足照明需求。

2. 远程灯光照明控制系统特点

（1）成本低廉，操作简单。不改变现有接线，只需将局域网计算机和控制终端模块通过交换机相连，经由局域网计算机远程发出指令，就可以对照明系统进行控制；另外，终端控制器只需要用一个12V的直流电源适配器进行供电。

（2）减少了工作量，提高了工作效率。通过监控班的夜间监视，可以通过远程照明控制系统，排除一些误报，减少变电运维人员再到现场检查的工作量。

（3）实时控制，减少电能浪费。远程控制灯光的实时开闭，可以降低变电站站内故障设备的研判延时，提高了故障检测的实时性和可靠性，同时也降低了照明系统的能源消耗。

3. 使用效果

无人值守变电站的远程照明系统控制可以在减少电能浪费的同时，提高变电站照明控制的灵活性、实时性和可靠性。以国网某供电公司为例，在32座变电站中利用传统的就地照明控制方式将消耗 15 475kWh 的电能，利用远程控制方式后电能消耗降为1547.5kWh。由此可见，变电站照明系统远程控制模式通过灯光的灵活控制、高效利用等方式，极大地降低了能耗，解决了就地控制的单方式、高延时、高浪费等问题，提高了变电站运行管理的自动化水平，为值班员夜间设备巡视工作提供了便利，为深入落实变电站智能化应用"运检合一"体系建设奠定了坚实的基础。

9.1.2 变电站暖通空调系统建设要求

为了解决无人值守的变电站存在的电量浪费和安全隐患问题，设计了一套空调智能系统，并介绍了该系统的组成及通信方式。变电站的大部分设备对环境的温湿度都有要求，因此室内很多房间都配有空调系统，运行人员需根据现场环境及时调整空调的模式及温度。但随着变电站数量不断增加、智慧化的不断完善，许多变电站已经变成无人值守，以运维班的模式存在，每个运维班管理的变电站也越来越多。以国网某公司为例，共有33个220kV变电站，30个220kV变电站为无人值守变电站，这就造成变电站空调系统不能及时调整状态，存在一定的电量浪费和安全隐患。

除了运维班所在的变电站外，其他30个站属于无人值守状态。如果变电站空调系统在室内温度太高或太低的情况下未及时调整空调工作方式，会对设备的运行状况和运行年限造成一定的影响，不利于变电站设备的运行。为了保持室内环境温度，长期保持空调的运行会造成电量的大量浪费，以某变电站为例，共有5个小室的空调系统（28台）需要管理，总功率为38 250W，按平均每天多开2h，一年将浪费106 762kWh。由于空调系统不是智能控制，需要人工投退控制调整，除了运维班所在的变电站外，其他30个变电站均是无人值守变电站，距离运维班所在变电站平均有30min的车程，维护工作量大，造成不少人力、财力的浪费。

针对以上问题，设计一套空调智能系统。平时变电站空调系统由智能系统根据现场采集环境情况自行控制，运行人员可以根据手机、计算机等电子设备实时对系统进行查看，及时了解各个站的空调系统运行状况，同时可以根据具体情况对空调系统进行控制，实现对变电站空调系统的实时监控及维护。

1. 空调智能控制系统

空调智能控制系统中存在一个集中管理系统，包含空调控制器、集中控制器、监控中心三个组成部分，它利用基于电力线载波和微功率无线的双模技术对空调系统进行集中配置、统一管理和自动控制，实现了控制系统高效、低廉、可靠的管理。

（1）空调控制器具备与集中控制器保持互通、执行下发指令和信息反馈的功能，主要包括载波发电器、温度检测电路、无线收发电路、电源电路、看门狗电路及实时时钟、红外收发电路、继电器电路（选配）等。空调控制系统中有多个节能控制节点，具有控制节点和路由节点的双重属性，在协助通信网络运作的同时，保持与集中控制器的互通和信息反馈。该产品的功能有：采用红外与空调通信，可实时监控遥控器发送的红外信号；检测房间温度和空调运行状况；自动纠正用户空调设定温度；检测房间温度异常；统计空调日累计使用时间；统计空调累计用电量；主动上报异常信息。

（2）智能路由器是负责通信网络架构的建立与调整的硬件，它主要有两大功能：① 与系统网络节点进行交互。收集节点反馈信息，传达节点控制指令；② 与监控中心进行通信。接受监控中心命令，回馈相关信息数据，实现本地控制。智能路由器的主要组成部分主要有载波收发电路、无限收发电路、WiFi 模块、电源板和 ARM 板。

（3）监控中心是系统预警的重要组成部分，主要由多个上位机监控软件组成，它主要有两大功能：① 对系统中集中器的反馈信息进行监测，如温控器中开关、温度、风速、故障等状态信息；② 对系统中集中器进行控制指令下发，对空调系统的开关和调节进行控制，完成时序调度事件、报警应答等操作。

2. 通信方式选择

目前主流的空调控制通信方式有总线通信和无线通信两种，考虑到巡维中心管控的变电站都已经投入运行，且小室之间相隔较远，使用电力线载波和无线技术结合的双模技术是变电站空调控制系统的可行方案。

（1）总线通信方式。总线通信方式具有通信稳定可靠的优点，一般用于星级酒店等优先级较高的重要场所。目前普遍采用 RS485 型号的总线，但在工程中存在穿墙凿洞和敷设信号线的过程，这为施工带来了较大的难度，更无法在已有的建筑物上进行改造。

（2）无线通信方式。无线通信方式具有无须布线施工、简易便捷的优点，在各种场合都有广泛的应用。但是，它存在价格高、信号覆盖范围优先、组网能力弱、穿墙能力较差等问题，在室内布置无线通信的通信稳定性有待提高，无线设备安装后期运维工作量大。

（3）双模通信方式。双模通信方式是一种综合技术，它结合电力线载波和无线技术对室内的温控器进行控制，利用公司自主研发的电力线载波通信芯片，在已有的供电线路上进行信号传输，将芯片中内置的算法部署在通信网络中，实现了系统的动态组网和可靠控制，同时具有免施工、免布线、免调试、稳定性高、工程简易、数据传输可靠等优点。

3. 空调智能控制系统功能及特点

空调智能控制系统的集中管理系统是核心模块之一，主要具备以下系统功能：远程开关空调、空调按预设时间段开关、资产人员使用管理、远程化实时性监控、资料分析。空调集中管理系统的特点：控制器在本地实现了自动化控制，无须人工成本且支持远程监测，避免为系统带来新增管理成本；新系统的安装不需要改变原有的供电线路结构，也不需要重新构建通信网络，具有便捷性和简易性；系统能实现对空调运行状态的实时监测与稳定操作，其通信网络采用的电力载波和无线通信不需要额外的布线施工，现场安装与后期运维都有很大的便利性。

随着变电站智慧化技术不断发展，站内的各种电力设备不断向智慧化发展，空调等站内辅助设备也慢慢往智慧化发展。考虑到对空调系统在自动调节和自动控制等方面的功能需求，空调智能系统具备定时设置、温度设置、自动感知、自动纠正等功能，可以实时感知室内环境进行本地自适应调整，也可以通过网络对空调系统的风速、温度、模式、定时等功能进行远程控制。本次变电站空调智能控制系统设计及应用为以后站内各种辅助设备智慧化发展提供了经验。

9.1.3 变电站排水系统建设要求

智能变电站已成为智能电网建设的重要环节，它利用先进的科学技术对变电站进行了新的定义，但目前实际工程建设数量仍处于初期阶段。智能变电站的排水系统目前也处于探索阶段，其设计还很不成熟，有待进一步的探讨与研究。以国网某智能变电站为工程案例，考虑实际工程的环境因素，从节水、节能、减排、低碳等方面出发对工程占地、地理位置、地形地貌、水源条件、站区排水、设计范围等相关内容进行综合分析，确定变电站最优排水系统设计方案，提升其可行性、经济性、效益性、环保性。通过对建立技术指标、经济效益、环境评价等多方面的综合评价因子对所设计的排水系统进行综合评价，通过与传统变电站排水系统的比较，为智能变电站排水系统的设计提供了有效参考。

1. 废水处理利用

变电站所排放的废水主要是来自站区的含油废水和生活污水。含油废水在变电站发生火灾等重大事故时才会产生，而变电站发生重大事故的概率较小，且如果发生事故，站内也设有事故油池，可实现油水分离。变电站主要排放的是含油废水，在经过站内事故油池进行油水分离后，会排放出不对自然环境造成污染的生活污水。目前，传统变电站生活污水排水去向一为城市污水管网，二为自然水体。因变电站的选址为不占用或尽少占用经济效益高的土地，所以变电站的建设选址一般都选在城市周边或较偏远的乡村，而站外市政污水管网不完善，如变电站内生活污水与雨水合排入附近的自然水体中，则会对周边自然环境造成一定程度的污染。智能化变电站摒弃以往直接向自然水体排放污水的做法，可充分考虑对生活污水进行有效的净化处理，将净化后的水作为变电站站区的绿化灌溉用水，既实现了水资源的有效循环利用，也降低了废水排放对周边自然环境的破坏及影响。由于变电站所排放废水为生活污水，其有机物含量非常高，可生化性好，因此可以考虑采用生物降解的方法进行处理，达到水质净化的目的。在设计污水处理系统时，需充分考虑工程实际，例如，占地、能耗、运营管理费用等实际问题。由于绿色智能变电站生活污水量较少，若采用常规的生物处理工艺，在变电站区设置钢筋混凝土构筑物对生活污水进行处理，显然是不可行的。参考分散式生活污水处理技术，在变电站生活污水处理工艺设计时，考虑选用目前技术较成熟的一体化生活污水处理设备。一体化生活污水处理设备一般由污泥消化池、生物接触氧化池、沉淀池和消毒池几部分组成。在实际工程运用中，只需配套设计建设污水调节池和集水井，便可实现站内生活污水的净化。利用站内一体化生活污水处理设备，可以使处理后的水质标准达到生活杂用水水平，将处理后的水用于站内绿化灌溉等方面，可以实现节水减排的双重利好。

2. 消防溢流水回收利用

消防溢流水是指消防水泵试运转或消防水池放空或溢流时的排水。在进行消防排水设计时可考虑将消防溢流水排至集水井中，作为站区绿化用水的另一补给水源，以到达节水的目的。

9.2　环境联动控制子系统运检要求

9.2.1　变电站灯光照明场地照明系统运检要求

目前，变电站照明系统中一次设备区照明灯设置地点固定，数量有限，光源角度不能调整，在夜间进行运行操作、紧急工作、缺陷抢修时，不能保证工作人员进行运检工作时有足够的照明光源，夜间工作效率低，工作中存在隐患。

一种变电站一次设备区内方向可调照明系统，包括一支可调节角度的照明灯和一个可旋转的底盘装置，其特征是，这是一种安装于变电站一次设备场地区内的照明装置，可调节角度的照明灯装在一个可旋转的底盘装置上，按照工作需求，调整照明方向与角度，将光源充分照射在一次设备上，缓解变电站照明系统中一次设备区照明灯设置地点固定，数量有限，光源角度不能调整的弊端，在夜间进行操作工作、紧急工作、缺陷抢修时，保证现场工作人员有足够的照明光源，提高夜间工作效率，降低工作中存在隐患。它将彻底解决夜间工作照明光源不足的问题，有效提高夜间工作安全水平，确保电网主网安全稳定运行。

一种变电站一次设备区内方向可调照明系统，其特征是，包括固定地盘，固定地盘上设有旋转模块、支架、角度调节装置和 LED 光源，旋转模块上设有旋转地盘和旋转装置，所述旋转地盘与固定地盘连接，旋转装置与旋转地盘连接，支架与旋转装置连接，LED 光源通过角度调节装置与支架连接。

所述可调节角度的照明灯由LED光源与调节支架组成，所述可旋转的底盘装置由金属加厚钢板组成，二者组成一种变电站一次设备区内方向可调照明系统。各部分机构合理有序，机械部分结构简单，操作方便快捷，它能较好地满足于操作检修工作夜间进行的照明要求，大大提高了电力系统夜间操作检修时的安全性、可靠性以及便利性；具有结构合理、实用方便、可靠性高、效率高等特点。

9.2.2 变电站风机系统运检要求

变电站需要进行相应的无功补偿，保证所输送电能的质量。目前，大多变电站使用电容器、电抗器作为无功补偿设备，电容器、电抗器运行时产生大量热量，通常在电容器、电抗器室设置一些风机，将环境温度控制在合适范围之内，保证设备安全稳定运行。传统的风机投切方式都是人为开关控制模式，为了使其具备实时控制性，需要涉及风机智能化控制系统，使其能够根据温度进行自动控制投切。

1. 室的环境温度

无功补偿设备对工作环境的温度有一定的要求，拿电容器来说，考虑到其内部介质在高温下会发生热击穿和鼓肚现象，电容器的内部介质温度应低于65℃，不能在高于70℃的极端高温环境下工作。另外，电容器外壳的温度应该处于介质温度与环境温度之间，最佳工作温度范围为50～60℃，超过60℃的环境温度会损坏电容器外壳。因此，为了保障电容器的正常工作，需要对电容器的温度进行监测，利用桐油石灰将温度传感探头放置在电容器外壳之间2/3的高度处。电容器室内温度也应该处于适应范围，太高的环境温度可能导致热量封闭在室内损坏电容器。查阅电容器运行技术条件规定，电容器的正常工作环境上限为40℃，其工作环境下限受介质的种类和特性影响，所以必须将投入使用的高压并联电容器温度控制在－40℃和40℃之间。

2. 温控方法

（1）目前方法。以浙江地区为例，由于受到长三角天气特性的影响，内环境温度常年处于－5～50℃区间内，因此只需将无功补偿室的上限温度控制在40℃以内就可以保证设备的安全稳定运行。目前主要采用多组风机对变电站无功补偿室进行降温，当温度过高时采用人为控制开关来投运降温风机。

（2）存在弊端。220kV变电站采用远方AVC系统投切运行控制方式，根据系统无功需求进行自动投切，但是电容器运行管理相关规范中要求电容器不能在40℃以上高温中进行投运，这为夏季极端天气环境下电容器的工作带来了极大的阻碍。在无人值守的变电站中，当天气炎热导致温度过高时，运检人员需前往变电站将电容器室内风机投入运行。然而，风机的长时间运行会导致风机电动机烧毁等故障，运检人员还需要根据天气温度再次前往变电站电容器室将其退出运行，这极大地浪费了人力和物力，且无法保证风机投切的实时性。这样的操作模式存在很大的安全隐患，很容易造成电容器环境温度超过40℃后仍在运行的危险情况。

3. 改进方法

（1）总体方案。为了解决上述传统控制方式存在的问题，可以在风机的控制回路中安装温控系统，实现风机根据环境问题进行投切的功能，在实时控制室温的同时保证自身运行稳定性。风机的温控系统改进主要可以通过在变电站电容器室的风机控制回路中增设温控器和中间继电器，利用其二次节点来对风机的运行通断进行控制，通过设置投切的触发温度达到自动投切效果，避免电容器组发生超温损坏故障。

（2）基本原理。风机的自动投切可以通过控制其电源启动回路来实现，主要有以下两种方法：温控器根据温度变化利用常开接点 WK 的启动来接通中间继电器 ZJ；手动控制 SD 开关来启动中间继电器 ZJ，然后闭合常开接点 ZJ 来接通电动机回路，使风机投入运行。

第一种启动方法需要一些市场上较为先进的数字式温控产品做支撑，将温度感应探头布置在电容器室的合适位置和数量，将探头采集的数据进行分析，并将输出结果连接到风机的控制回路中，根据输出结果通断控制电动机来实现温控。温控器比较传感器的多源温度输入，当输出合闸信号时，通过继电器 WK 接通中间继电器 ZJ，达到启动风机的目的。当温度降低到一定的范围内时，输出分闸信号，通过使继电器失电来断开风机的启动回路。第二种启动方法是直接通过手动开关控制 SD 的通断，对风机的投切进行直接控制。

（3）实现方法。利用手动自动一体化集成数字式温控器可以对上述两种启动方法进行实现。首先，在变电站内根据实际情况进行温感探头的布点和数量规划，形成温感系统接线图和施工图。然后，选用典型的变电站作为试点工程，在风机控制回路中安装集成数字式温控装置。最后，根据设备厂家提供的产品说明书，结合相关的规章制度编制相应的运行维护管理办法。

这种在电容器室的风机系统控制回路中增设手自一体化温控系统的方法，可以使风机根据温度进行自动投切，在保证电容器室内温度实时控制的同时节省大量人力物力，避免电容器组发生超温运行情况。

9.2.3　变电站排水系统运检要求

1. 变电站废水概述

变电站排水系统主要对施工期废水和运行期废水进行处理和排放。施工期废水一般包含施工生产废水和生活废水，施工生产废水是在冲洗站内混凝土转筒和料罐的过程中产生的，考虑到站内施工分散、范围较广，施工废水难以形成水流；生活废水是日常生活中施工人员产生的生活洗漱废水、食堂废水。

运行期废水主要包括生活污水及主变压器区域事故含油废水，其中生活污水主要是运行期间变电站运维人员、站内工作人员产生的卫生间生活污水、生活洗漱废水、食堂废水，其污染物与施工期生活污水相似。事故含油废水主要的污染物为变压器油，由于主变压器排油较少发生且主变压器排油时首先通过事故排油管网排至事故油池进行油水分离，分离出的废水中油含量较少。

2. 排水系统简介

该变电站室外排水系统采用雨污分流排水系统，室内排水系统采用废污合流制。该变电站的生活污水主要是站内主控楼卫生间、厨房的生活污水，因为该变电站生活污水量较少，因此室内排水采用合流制，将主控楼卫生间、厨房的生活污水经过室内生活污水管网收集至化粪池，由化粪池经过沉淀处理后排入一体化生活污水出力设备，这种出力设备可以进行净化处理形成达标的水质，将达标后的水回收使用，供应给变电站绿化用水系统，实现智能变电站废水零排放的目标。

3. 220kV 智能变电站给排水系统设计及优化

结合 220kV 电压等级智能变电站的实际情况，对排水系统的优化设计方案在智能变电站中的可行性、经济效益、社会效益、环境效益进行分析，对工程项目的设计范围、设计依据、站址概况、水源条件等资源进行调查与分析，在此基础上对变电站排水系统优化设计方案进行反复论证，并与传统变电站排水系统进行对比，通过对比分析结果验证该方案的有效性、可行性、经济性和价值性。

（1）选用地埋式一体化生活污水处理设备，采用生物降解方法对变电站运行期间产生的所有生产废水及生活污水进行处理，处理后的水质均达到回用标准，用于站区绿化，变电站运行期间无废水外排，达到零排放标准，实现了节水、减排的绿色变电站设计建设目标；

（2）消防系统的设计主要从安全性、经济型和适用性出发，优化消防供水设备的配置，提高消防溢流水的利用，布置水喷雾供应系统的管道和雨淋阀，满足消防排水供给系统的设置合理性、布置美观性、节水环保性等要求。

综上可见，该 220kV 智能变电站给排水设计充分体现了“节能、低碳、环保”的理念，在保证较好的经济效益基础上，实现良好的环境效益，符合智能运检理念，取得了一定的阶段性成果。

9.3 典型应用案例

9.3.1 变电站场地智能照明环境联动控制子系统应用案例

在传统的控制系统中，变电站运维人员需要就地进行人工手动操作灯光，极大地造成了人力和电能的浪费。因此，需要开发一种基于光敏元件控制的变电站智能照明系统，从根本上解决人力和电能消耗问题，实现变电站高效率、低成本、易操作的管理模式。

针对智能变电站的照明需求，从系统的主要特点、主要功能、使用效果等方面进行阐述。智能照明控制系统可以使变电站在照明控制和管理水平上得到提高，降低照明系统的维护成本，而且照明系统的科学管控可以节约能源成本，减少照明系统的运营成本，这种运行模式不仅符合变电站建设要求，还符合国家电网公司建设坚强智能电网的发展目标。

1. 智能照明控制系统的基本概念

智能照明控制系统是一个可以根据环境变化、需求调整、个性要求等条件自动进行照明调节的系统，它通过采集系统中各种信息，利用逻辑分析、推理、判断对信息进行分析与处理，并以存储、显示、传输等形式对相应的工作状态信息进行反馈控制，最终达到预期的照明控制效果。智能照明系统主要功能包括灯光控制、窗帘控制、安全防范等，其采用的控制方式有分散与集中控制、远程控制、延时控制、定时控制、光线感测控制、红外线遥控控制、移动感测控制、与其他设备系统联动控制等，具有便捷性、灵活性、易修改性、易操作性、易维护性等特点。

2. 智能照明控制系统的主要特点

智能照明控制系统将计算机技术、通信技术和数字调光技术结合在一起，实现了传统的人工控制模式向自动化、智能化控制的转变。它的主要特点有：① 对任意可控制回路进行连续照明调光和开闭；② 利用传感器的布置对不同场景下的灯光进行自动控制；③ 根据人体红外线检测技术对灯光进行自适应控制；④ 根据场所光线强弱对室内照明强度进行调节；⑤ 根据设定的时间进行自动控制；⑥ 利用手持红外遥控装置对灯光进行远程遥控控制。

智能照明系统只需要一条总线就可与中央系统进行联网，不需要进行大量的电缆敷设和繁杂的控制设计。系统的控制模块在进行现场控制时，只需要在原有强电箱中的控制模块与现场控制用一条 24V 总线进行连接，这样的方式具有安全可靠，操作方便，功能修改、控制修改方便灵活等优点，在一定程度上实现能源节约和能效提高。

3. 智能照明控制系统的主要功能

（1）智能照明系统能给予现场工作人员极大的选择灵活性，工作人员可以利用定时功能让灯光按照需求开启和关闭，也可以通过现场控制方式在工作间的智能面板上临时调整灯光场景，控制方式主要分为单回路控制、组合回路控制、分区域控制等。

（2）智能照明系统可以实现基于感知的自动灯光开闭操作，通过部署安装的移动传感器对站内灯光回路、电源、空调、设备、风机等进行开关控制，在无须任何控制面板和开关的情况下实现“人在灯开空调开，人离灯灭空调关”的感知控制。

（3）智能照明系统可以灵活地控制站内电动窗帘、百叶窗等设备，根据需求和设定对其进行升降、开闭、角度翻转等操作。

（4）智能照明系统可以作为辅助监视子系统，对每一路微型断路器的投运情况、运行状态、故障情况进行监视，也可以对线路中的重要电气量（如负荷电流）进行监视。

（5）智能照明系统可以实现会议室影音设备的智能化控制，利用程序编写实现影音、灯光、投影的一体化综合控制。

（6）智能照明系统采用的是分布式控制构架，具有较强的扩展性，可以实现与其他系统的联动与集成。

（7）智能照明系统支持远程遥控管理模式，通过远程管理软件对整个系统进行监视与控制。

4. 使用智能照明系统可达到的效果

（1）实现不同场景预设、多种场景切换下的灯光控制与调整，提供淡入淡出时间、灯光柔和度变化等多重选项。

（2）实现室内灯光变化和艺术效果体现，营造立体感、层次感、舒适感好的环境。

（3）利用智能调光器的输出限压保护功能实现灯具寿命延长。

（4）实现基于室内亮度的照明强度自动调节。

（5）实现利用照度传感器的室内光线恒定。

（6）实现与门禁系统、消防系统、安防系统等多个系统的联动功能。

5. 照明灯具的合理选择

本设计中为照明系统选用LED灯具，相比常用的荧光灯、白炽灯等灯具，它具有如下优势。

（1）相比于传统光源，LED灯具具有亮度和光色可调的优势，能实现多种场景下的室内装饰和气氛渲染。

（2）在动态控制方面，LED灯具有良好的可控性，可以根据用户的需求进行集群控制设计，实现室内照明的智能便捷管理。

（3）LED灯具的体积小、外形美观，在装饰性上有更多优势，可实现室内“见光不见灯”的效果。

（4）LED灯具中不含汞等污染物，使用寿命也较长，能在一定程度上促进节能减排。

6. 智能变电站中的应用方案

在某220kV变电站进行智能照明系统的应用，在应用中仅考虑主控楼、35kV开关室等室内部分。

（1）方案配置（见表9－1）。

表9－1　某220kV变电站进行智能照明系统的应用

区域	配置
一层办公区域	办公室门口就地配置智能控制面板，对相应灯具进行直接控制
二层公共区域	利用移动探测器进行人员感知，对所述区域的照明系统进行自动控制，实现“人在灯开，人走灯闭”
二层会议室	在会议室门后配置五联智能照明控制面板，实现会议室灯具的分模式分组控制、电动窗帘的开闭控制、电动幕布的升降控制
二层办公室	在办公室门口配置智能照明控制面板，实现灯具的分模式分组控制、电动窗帘的开闭控制
二层主控制	在主控室门口配置五联智能照明控制面板，实现灯具的分模式分组控制、电动窗帘的开闭控制、主控楼回路的集中控制
35kV开关室	在开关室两个出口配置二联智能照明控制面板，实现灯具的分模式分组控制

（2）中央控制平台。在主控室安装承载中央控制平台的控制主机，将远程管理软件安装在 window 控制主机上，实现对整个 i－bus 系统的远程集中监控。

智能照明系统的主要优势表现在于，它能在场景变化灵活的情况下实现照明控制智能化和照度控制一致化，达到降低能源消耗、延长灯具寿命、减少运维费用、提高管理水平的目的。在未来，智能照明系统的发展方向将是智能化、小型化和标准化，利用先进技术将照明控制箱和智能控制器集成设计成为一体化照明智能控制箱，投入使用时只需要用外部线路进行连接，极大地提高安装的便利性和可靠性，实现减少人力成本和增加经济效益的双重目标。由此可见，智能照明控制系统将会在未来智能变电站的建设中得到越来越多的应用。

9.3.2　智能变电站全面感知的辅助综合监控系统联动配置应用案例

智能变电站的全面感知技术是全面建设智能电网的基础，而建设完备的辅助综合监控系统是实现智能变电站全面感知的重要途径。提出一种智能变电站辅助综合监控系统典型配置方案，为建设智能变电站的全面感知提供更有效的技术支持。建设坚强智能电网是国家电网近年来提出的重大发展目标，它为电网的运行安全化、管理精益化、投资精准化、服务优质化提供了新的思路，能动地发挥电网在经济社会中的优势。智能变电站全面感知是国家电网公司建设智能电网的基础，是运检合一建设的需要，是电网调度自动化发展的必然趋势。随着智能变电站设备自动化、智能化水平的不断提升，以及在线监测、智能图像识别、新型传感器、智能巡检等新技术的快速发展，实现智能变电站全面感知已具备了足够的技术基础。智能变电站全面感知的关键技术之一是站内辅助综合监控系统的配置。

1. 智能变电站全面感知存在问题

随着智能变电站视频监控系统发展和智能变电站的建设，全面感知变电站主要设备状态的时机已经成熟。目前新建的大部分智能变电站已配置辅助综合监控系统，但是辅助综合监控系统在应用过程中仍存在以下问题。

（1）现有的大部分辅助综合监控系统主要用于防火防盗、安全保卫、主控室内场景监控等，只能监视环境总体外观，不能监视设备运行状态，且缺乏夜视功能，夜晚或无光照条件下摄像主要应用红外技术，只能获取模糊、黑白图像。

（2）现有辅助综合监控系统的摄像头未起到操作后检查设备实际位置的作用。目前，对智能变电站内的一次设备程序指令是否执行到位，主要依赖于设备上传至监控系统的遥信状态信息，而一、二次设备提供的电气接点信号存在误报的可能。此外，现有智能变电站辅助综合监控系统所配置摄像头清晰度无法满足远方控制要求，实际上无法起到操作后检查设备位置的作用。如果辅以人工检查确认，就违背了远方控制节省人力物力的初衷，如果略去人工确认，又与现有安全规程相违背，导致集中远控模式与传统运维模式在安全级别上不对等。

（3）部分智能变电站的辅助综合监控系统具备设备运行状态监视功能，但是存在摄像头数量过多、布点接线复杂的问题，经济性差，影响设备运行、检修、维护的可靠与便利。

（4）目前大部分智能变电站的辅助综合监控系统仅配置视频监控设备，导致无法获取变电站内动力环境、消防等信息。

2. 智能变电站辅助综合监控系统硬件配置

智能变电站辅助综合监控系统利用了全面感知技术，集成了视频监控子系统、消防安全子系统、动力环境子系统、灯光/空调控制子系统、安全智能锁控子系统、门卫登记子系统等多个系统。配置1套变电站辅助综合监控系统的一体化监控平台，实现对各子系统的报警信息的统一管理及报警联动。

辅助综合控主机：用于辅助综合监控系统中视频数据的集中处理。可对视频处理单元NVR、站端综合监测单元进行综合管理，对数据信息进行集中监控，并负责各子系统设备间的联动操作。可与站端后台进行通信，接收站端后台的调阅命令，且满足站端本地系统的监控要求。

站端综合监测单元：用于接入安消防子系统、动力环境子系统、灯光/空调控制子系统、门卫登记子系统、安全智能锁控子系统等数据。

视频处理单元：用于网络摄像机数据的采集、存储与处理，具备设备状态图像智能分析功能。

视频监控子系统：由前端视频设备、网络设备等组成，对智能变电站重要设备、站内安防等进行视频监控和记录，利用信息技术与站内的消防安全子系统、灯光/空调子系统、监控子系统等进行交互，形成了视频报警、录像等联动功能。

安消防子系统：由电子围栏、门禁及火灾报警系统等组成，用于接入变电站周界电子围栏、门禁、火灾报警装置及主变压器消防的报警信号，并具备报警及与摄像机、站内照明的联动功能。当接收到周界电子围栏发出的入侵信号或火灾报警系统探测器的报警信号时，该子系统将及时发出报警信号，并联动相应摄像机、灯光，进行录像。

动力环境子系统：由环境数据处理单元、温湿度传感器、SF_6气体传感器等组成，实现对设备室的环境温湿度、SF_6气体进行实时监视。系统运行所需的传感器部署会根据实际需求环境测点位置进行配置，其数据出力单元一般布置在站内二次设备室。

灯光/空调控制子系统：灯光控制子系统接收安消防子系统、视频监控子系统开启或关闭灯光的指令，实现全站照明分区远程控制，具备远程定时开关灯的功能。空调子系统接受远方调度端的指令远程启、停空调，并具备远程设置空调启动温度的上、下限的功能。

门卫登记子系统：由门卫监控工作站、门卫登记设备、配套管理软件等组成。门卫登记设备主要用于对智能变电站人员、车辆的进出等信息进行文字和图像记录，替代进出站人工登记。

安全智能锁控子系统：由一匙通管理机、电脑钥匙、图形平台等组成，实现智能管理与控制开关锁，具有批量、在线采码的功能，实现对智能变电站大门、配电装置室门、开关柜柜门、保护柜柜门等统一管理。

3. 智能变电站辅助综合监控系统典型配置方案

（1）辅助综合监控系统视频监视对象。

1）安防视频监视对象。智能变电站安防监控设备主要用于监视变电站周界、大门及控制楼等，满足变电站安全防范的要求，具体包括：监视变电站人员及车辆进出和站外进站道路情况；监视控制楼进出情况；监视变电站周界情况，保证全站围墙周界监视无盲区；监视户内设备室（二次设备室、通信机房、蓄电池室、所用电室、配电装置室、电容器室、电抗器室等）房门的进出情况。

2）设备遥控视频监视对象。智能变电站设备遥控监控设备主要用于监视刀闸分合情况，满足智能变电站遥控操作时的要求，具体包括：监视 AIS 设备的隔离开关、接地开关等设备外观、分合闸指示及动静触头连接情况；监视主变压器中性点刀闸分合闸指示、动静触头连接情况等。

3）设备视频监视对象。智能变电站监视设备主要用于监视变压器及中性点设备的整体外观、冷却器外观、油位表、压力表、呼吸器外观、硅胶颜色及渗漏油等；监视智能控制柜外观、HGIS 和 GIS 设备外观、隔离开关和接地开关的分合闸指示、表计指示、隔离开关拐臂位置等；监视 AIS 设备断路器、隔离开关、接地开关的整体外观和表计指示；监视电流互感器、电压互感器、避雷器的整体外观及其表计指示；监视控制柜、汇控柜外观；监视导线线夹、接线板的连接情况。

4）现场作业视频监视对象。智能变电站现场作业监视设备主要用于监视变电站内作业区，即当变电站有检修作业时，对检修作业现场及人员的行为进行监视，具体包括监视 HGIS、GIS、AIS 变电站配电装置区、开关柜室作业现场及运维人员的行为。

（2）视频监控子系统设备布置原则。

1）安防监视：① 智能变电站每个入口配置 1 台用于车牌识别的网络高清枪机；配置 1 台红外网络高清枪机，用于监视变电站进出人员及进站道路情况。② 智能变电站围墙周界每 50m 配置 1 台红外网络高清枪机，用于监视围墙周界情况；不规则围墙适当增加布点，保证围墙周界无监视盲区。③ 每间设备室配置 1 台网络高清球机。室内高清球机用于监视设备室人员进出情况并兼顾室内设备全景和现场作业监视。当配置的摄像机不能监控到设备室与外界直接相通房门的人员进出情况时，应适当增加配置网络高清球机，保证每个与外界直接相通的房门无监视盲区。

2）全遥控监视：① 智能变电站内的 AIS 刀闸设备，每个间隔配置 3 台网络高清一体化云台摄像机，在技术人员遥控操作时，对刀闸分合情况进行监视，兼顾对设备全景和现场作业区的监视与视频巡视等。② GIS、HGIS 设备不配置刀闸遥控监视网络高清一体化云台摄像机。③ 在每台主变压器上配置一台一体化网络高清云台摄像机，对主变压器中性点刀闸分合情况，并兼顾对现场作业区的监视与视频巡视等。

3）设备监视：① 每台主变压器配置 1 台网络高清一体化云台摄像机用于监视变压器整体外观、冷却器外观、油位表、压力表、油枕等。② GIS、HGIS 变电站：每个间隔

（3/2 接线按断路器）设置 2 台网络高清一体化云台摄像机用于组合电气设备整体外观、控制柜外观、表计指示等。③ AIS 变电站：利用遥控监视摄像机兼顾设备监视。

4）现场作业监视：① AIS 变电站，利用遥控监视摄像机兼顾现场作业监视。② GIS、HGIS 变电站，利用设备监视摄像机兼顾现场作业区监视。③ 主变压器利用遥控监视摄像机、设备监视摄像机和全景鸟瞰监视摄像机兼顾主变压器作业监视。④ 户内开关室于开关柜柜前、柜后分别配置 1 台网络高清球机。

（3）安消防子系统设备布置原则。110kV 及以下智能变电站电子围栏的防区不少于 2 个；220kV 变电站电子围栏的防区不少于 4 个；500kV 及以上变电站电子围栏的防区不少于 6 个；每个防区的长度不应大于 150m。110kV 及以上电压等级智能变电站需配置 1 套火灾报警系统，主要的构成部分有火灾探测器、火灾声光警报器、手动火灾报警按钮、消防应急广播、消防专用电话、火灾报警控制器等。

（4）动力环境子系统设备布置原则。SF_6气体监测装置配置：对于每个 SF_6 备室内，配置 SF_6 监测主机 1 台、SF_6 气体传感器 6 个（可根据房间面积大小适当增减传感器数量）、红外检漏仪 1 台、风机控制器 1 台。室各配置 1 个温湿度传感器（可根据房间面积大小适当增加传感器数量）。水浸传感器配置：站内电缆沟最低点配置 1～2 个。

（5）灯光/空调控制子系统设备布置原则。灯光控制器配置：二次设备室、通信机房、蓄电池室、站用电室、配电装置室、电容器室、电抗器室等户内主要设备室分别配置 1 台灯光控制器。户外配电装置区按照现场照明分区，每个照明分区各配置 1 台灯光控制器。空调控制器配置：二次设备室、蓄电池室、通信机房、配电装置室等安装空调的主要设备室，每台空调各配置 1 台空调控制器。

随着电力技术的不断发展，智能电网规模的不断扩大，维护所需耗费的人力、物力资源压力日益增大，因此迫切需要研究智能变电站辅助综合监控系统配置，实现对智能变电站的全面感知。对变电站辅助综合监控系统进行研究，可实现智能变电站内重要设备状态、站内环境、人员进出情况等信息的监控，减少运维人员的配置，提高企业生产效益具有重要的理论和应用价值。

9.3.3 变电站智能照明控制系统在变电站建筑中的应用案例

变电站沿用的传统照明系统控制模式以手动开关控制为主，在照明系统配电网或者线路回路上设置通断开关，一般根据需要以人为的方式或者远程控制的方式进行操作。经过变电站自动化水平的提升，利用自控系统中电气触电作为照明系统的通断方式，这一模式也适用于区域控制。然而，这种新型的控制模块是嵌入在变电站自控系统中的，它不具备独立性，因此可能出现变电站自控系统的故障而引起照明系统的正常运行。考虑到这一弊端，现阶段将微电子技术和数字网络技术应用到照明系统中，形成一个智能照明控制系统的独立系统模块。智能照明控制系统由系统单元、输入单元、输出单元组成，它们之间的连接线形成了一个总线型式或星型混合式的智能控制系统网络，最终依靠计算机控制平台和网络通信技术实现系统构建。智能控制系统可以实现对供电系统的实时监控与跟踪、平滑电流与电压、降低电路功耗等功能，在满足变电站站内区域多样化照明需求的同时，降低照明灯具和线路的工作温度，甚至可以延长灯具寿命、优化线路布局、减少管控风险、降低维护费用。

1. 工程概况

某户内变电站包含一座生产综合楼，采用上述设计方法对照明系统进行设计。生产综合楼的空间结构分为地下一层和地上三层，其测量参数为：建筑长 81.4m、宽 31.7m、建筑占地面积为 2407m^2、地上建筑面积 4470m^2、地下建筑面积 780m^2、总建筑面积 5250m^2。生产综合楼的室内结构包括生活区域和生产区域，生活区域划分为值班室、备餐间、卫生间、工具室、会议室、楼梯间等，生产区域划分为主变压器室、半地下电缆层、10kV 设备间、GIS 设备间、蓄电池室、电容器室及二次设备室等，对于生活区域需要保证照明系统的绿色节能要求，对于部分生产区域则需要保证照明系统的亮度及安全性。

2. 智能照明控制系统在变电站工程的应用

该系统的工程设计采用了“I－BUS”的智能照明控制系统，主要包含中央控制部分、现场控制部分、模块部分。该系统将各模块化元件通过数据总线连接成一个智能照明系统，系统中各元器件相互之间独立工作，且任一元件的损坏不会干扰到其他部分。

（1）中央控制部分。系统二次设备的控制，需要依靠中央控制主机的设置，利用 winswitch 控制软件来实现设备间的控制关系。系统具备功能如下。

1）管理功能。根据变电站建筑照明系统的日常运行和管理工作需求，通过计算机控制平台利用软件进行程序编写，设定合理的照明控制系统设定。

2）区域分割控制功能。变电站不同功能区域对照明亮度有着不同的需求，面对由环境因素（日照时长、天气情况等）和电气设备运行工况（环境温度、湿度变化等）组成的多种场景，照明系统会设置具备个性化、差异化功能。

3）智能控制功能。变电站照明灯具的使用寿命是影响运行经济性的一大因素，需要利用中央计算机对照明系统进行智能调节。对于运行时长过长的灯具，照明系统需要科学地调整其“休息”时间，采用零星运行的方式可以达到延长灯具寿命的目的。灯具的照度值也是影响灯具寿命的一大因素，利用程序编写设置灯具的照度数值，根据室外自然光线的亮度情况，通过建筑中的分布式传感器与控制器，自动调节建筑内各灯具的照度值，在满足建筑实际照明需求的情况下极大化灯具群体寿命。

4）数据统计功能。智能照明系统在基础控制功能外还具备自动数据记录功能，会利用软件记录变电站中各个元器件的运行工况、时长等参数，记录的数据会在后台被用于技术分析与处理，通过图片化和表格化的形式将统计分析后的数据反馈至计算机平台上，为技术人员进行故障检测、故障原因分析、系统运行计划修订、控制程序编写等工作提供参考与依据。

5）诊断与故障报警功能。智能照明系统可以辅助中央计算机进行故障检测，实时监测线路电流和电压波动、保护开关状态、灯具损坏情况等，协助实现自动故障报警、故障定位和故障线路电源切除。

6）联动功能。智能照明系统可以与消防、通风、通信等多个独立系统进行功能联动，在面对火灾、地震等极端灾害场景时根据消防信号开启特定灯具，为火灾区域提供应急照明与逃生路线指导，同时通过分布式控制器关闭通风系统设备、开启消防泵和有毒气体排出系统，为工作人员保护人身安全提供帮助。

（2）现场控制部分。现场控制部分的设计要根据现场布局和需求情况进行，包含的设备主要有控制开关、探测器、传感器和时钟管理器等，各种设备要根据建筑物不同功能区域的要求进行布置，例如，控制开关要设置在房间入口处以便于工作人员操作。现场控制部分具有的功能如下：

1）调光控制功能。变电站会议室、二次设备室等特定区域对照度有要求，需要利用控制系统将照度值保持在某个设定的区间，因此控制系统需要具备从零到最大值的照度调节功能，保证外部条件变化时室内照明情况满足工作需求。

2）开关控制功能。变电站走廊、楼梯间等公共区域对照度没有特别的要求，可以利用智能开闭控制装置对其进行节能控制，并将控制功能选项投射到中控台或者就地触控屏上。

3）灯光时钟控制功能。变电站的建筑物外轮廓照明、大门灯柱照明、建筑物内部大厅等特定公共区域只需要在固定时间提供照明，可以对这些区域的照明系统进行每日定时开启与关闭。

4）场景变换控制功能。变电站主变压器室、配电装置室、GIS 室等主要工作区域存在多个工作模式（如全开模式、检测模式、清扫模式等），不同的工作模式对室内的灯光要求不同，利用现场编程对多种场景状态下的灯光进行设置。

5）动/静感测功能。变电站存在一些人员流动较少的区域，这些区域应该设置成触发型的自动开启和闭合功能，当物体进入该区域或者在该区域移动时照明系统开启，当区域内没移动物体时照明系统关闭。

6）遥控功能。变电站会议室投影展示区域需要对照明灯具进行遥控控制，可以设置灯光遥控感应装置，通过电话或者远程遥控器来控制不同场景变化下灯光的实时控制，并对灯具的运行状态进行查询、控制、故障预警等操作。

（3）模块部分。变电站智能照明系统的继电器开关输出控制模块由开关控制器、调光控制器等模块组成，各模块都具有可编程性，可以利用预设的程序来实现特定的功能。

3. 智能照明控制系统的优点

（1）控制模式智能化。不同于传统的照明控制系统采用面板进行直接电源控制，智能照明系统的设计具有传输通信数字化、管控系统智能化、照明效果个性化等特点，通过设备中传感器经由总线将收集的数字信号传送给驱动器，建立起基于大数据的智能化操作系统。智能化操作系统可以根据外部环境变化、个性化喜好、特殊功能需求等多重因素设定照明系统的状态，通过灯光亮度、灯具组合方式等模式差异实现系统的自我调节。

（2）经济安全、绿色节能、高效开放。变电站智能照明系统从系统安全性出发，采用了弱电开关或远程遥控的控制方式，避免出现人体与电气强电部分接触造成的安全事故。同时，在实时调节站内设备负荷水平时，通过软件定义的精细化控制有效平抑线路电压幅值的波动，减少了线路和灯具的损耗。精细化控制采用了软启动和软关断技术，极大程度上避免了电流对灯丝的热冲击，延长了灯具 2～4 倍的使用寿命，节约了设备的使用成本和运维成本。在灯具设备的使用上，智能照明系统使用了具有绿色环保特性的节能灯，结合控制系统的时间和照度设置，最大限度地避免了资源浪费。在网络协议选择上，智能照明系统可以在多个网络视窗中进行操作运行，通过 RS232 结构接口以多种网络协议实现网络互联。此外，智能照明系统的设计考虑了灵活性、功能性、兼容性的扩展，其系统运行采用开放代码，通过简单的程序调试与其他系统进行互动连接，在功能上与其他系统具有很好的兼容协同性。

4. 适用广泛、维护管理方便

智能照明控制系统在面临功能变更、系统更改等情况时，仅需要对相应的传感器和驱动器等元器件进行更换和更新，不需要重新进行线路布置和建设，具有设备管理方便、运维简易、系统易安装、使用便捷、更换迅速等特点。

在国家“节能减排、绿色环保”的号召下，结合“运检合一”的理念将智能照明控制系统应用在变电站中，充分体现了对“绿色、节能、环保、智能、高效、便捷”的深刻认识，将照明控制系统中简单的灯具功能控制转化为建筑物环境、场景、照度的一体化自动控制，突出了现阶段智能运检技术水平。未来的智能照明控制系统将会在控制模式、功能互补、需求个性等方面不断完善，将会持续推动智能运检体系的不断建设。

第 10 章

智能消防子系统

智能消防是一种利用大数据、云计算、无线传感器等新技术，依托新通信网络进行通信，将火灾的发现、消防报警、消防联动等整合，实现消防的智能化处置。智能消防有信息全面感知、系统安全互联、服务智能可靠等特征。

10.1　智能消防子系统建设要求

10.1.1　智能消防系统的需求分析

1. 业务需求

监管中心：能实时接收各消防装置发送的告警信息及告警点周围环境图像，通过图像、数据、声光信息的综合比对，确认火警真实性、地点及火警严重程度。按接收信息的不同监管中心将火警、故障进行分类，对火警信息进行真假疑似事件分辨，按照真实火警优先的原则处理报警信息。定期对各消防设施进行巡检，通过手持智能终端对各消防设施进行管理，实现消防管理的信息化。监管中心是整个智能消防系统的核心，接收各个消防装置发送的信息，值班人员通过监管中心对火警信息进行处理，确认真实火警，立刻汇报 119 火警中心。

联网单位：安装在变电站的消防设施通过物联网采集装置将各项火警信息传送到监管系统。智能消防系统消防设施可以安装摄像头，将现场的视频信息传送到监管中心。

2. 功能需求

（1）联动功能。要求智能消防系统可以实时地接收和显示火灾报警系统各个监控点发出的报警信息，能够自动地通过信息比对对火灾告警进行判断，过滤掉误报的信息，把真实的火灾告警及火灾位置及时传送到消防指挥系统，提高智能消防系统火灾告警的可靠性与及时性。

（2）巡检及故障跟进功能。要求系统能实时监测变电站内火灾报警系统的实时运行状态，相关设备可以通过自动或人工进行巡检，设备运行故障能够及时被发现，故障状态、故障类型及时被确认并处理。智能消防系统发生故障时维修人员能及时到达现场对设备进行检修，处理结果通过智能消防终端上报到监管中心。

3. 分项功能需求

（1）搭建基础运行环境的需求。智能消防系统要求能自动接收火灾信息、消防装置自动巡检、视频远程监控现场、监督管理等功能，需要先进的物联技术、移动通信技术的支持。

（2）开发智能消防管理系统。在监管中心后台，建设主要包括对智能消防系统各项设施的巡检记录、消防人员的在岗情况查询，对变电站现场进行的防火检查等记录查询，同时进行工作人员的权限管理、联网终端管理的综合管理系统。

（3）开发视频联控系统。监管中心能够调用消防防控点的实时视频，调取重点消防位置的状况，提高消防管理工作的效率及成效。

4. 性能需求

（1）大容量的接入设计要求。变电站内消防控制点会逐渐增加，系统要保障后续消防装置联网能安全稳定的接入，确保智能消防系统有效稳定运行。

（2）强大的报表分析功能。可以按照年、月、日进行报表统计，对数据进行分析，为问题处理提供数据支撑，及时发现存在的缺陷和隐患。

（3）消防设施的联动。当某一处的消防设施发生报警时，通过视频查看消防设施附近的状况，通过定位显示设施的位置和信息。

5. 安全保密需求

（1）物理安全。保证系统和设备的运行不受自然灾害和设备老化等因素影响。

（2）网络安全。防止病毒的非法入侵，定期扫描运行环境，防范网络事故，保证网络正常运行。

（3）信息访问安全。制订不同的访问权限，不同账户智能访问设定的数据资源，保证资源的安全性和私密性。

（4）防计算机病毒。在系统中安装防病毒软件；对防病毒软件及时升级；提高使用人员的防病毒意识。

10.1.2　消防子系统架构

变电站智能消防系统的网络构架包括感知层、网络层、平台层、应用层 4 层结构，安全防护贯穿各层次（见图 10－1）。其中感知层实现智能互联；网络层实现全时空覆盖；平台层实现开放共享；应用层实现智能应用；安全防护实现安全可靠。

（1）感知层。

1）实现终端统一接入。

2）接入终端设备赋予唯一 UDID 及 IPv6 地址。

3）数据融通和边缘智能。

（2）网络层。

1）构建“空天地”协同一体化通信网。

2）网络资源灵活调配（软件定义网络）。

（3）平台层。

1）依托物联管理中心（SMP）构建统一主站。

2）数据一次采集，处处使用。

（4）应用层。

1）提升智慧化运营能力。

2）打造能源互联网生态。

智能消防系统 4 层架构的最底层为感知层，是上面网络层、平台层、应用层三层结构的基础。感知层是要实现信息采集和信号处理功能。利用 WiFi、ZigBee、LoRa、NB－IOT 等先进的无线组网技术，通过消防设备巡检和隐患排查、精确定位、传感器等设备和手段，对消防设施运行环境、运行状况、报警信息等数据进行采集，是智能消防系统一种必要的数据支撑。

网络层是利用已广泛普及的移动互联网技术，传输来自感知层的数据。在感知层和平台层之间起到承上启下的作用，是智能消防系统不可或缺的一环。

作为智能消防核心的平台层，位于感知层与网络层之上。平台层的作用是将大量的数据融合成一个可联通的网络。各数据中台使用数据技术，采集网络中的海量数据进行计算、存储和加工。数据中台把统一后的数据形成一个标准的数据，然后再处理，最终形成一个大数据资产层，服务于系统内的为各项业务，提质增效。

位于四层架构最顶端的应用层是智能消防系统的用户接口。应用层将分析和处理后的数据经过融合，从而为消防终端客户提供丰富的服务。应用层接收平台层传来的数据信息，再进行移动终端展示、处理和决策，终端下发的控制信息经平台层和网络层再下发以控制感知层的设备。

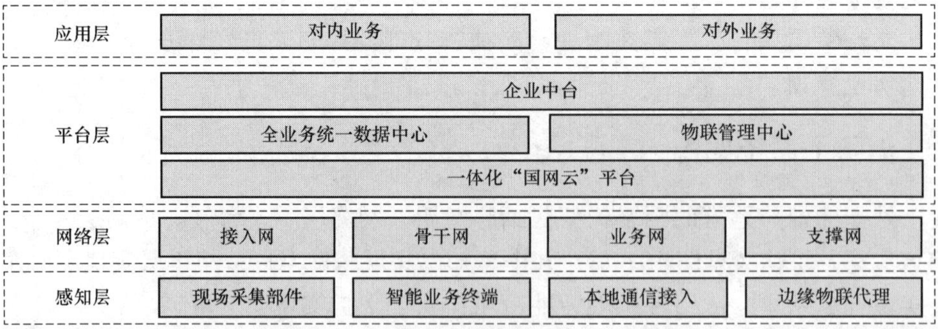

图 10－1　变电站智能消防系统的网络构架

10.1.3　智能消防感知层技术研究及功能实现

智能消防系统感知层主要使用 6 种设备进行消防相关的数据采集，包括消防报警系统智能采集器、室外消火栓智能监测装置、灭火器智能监测压力表、消防智能视频监控、智能液位传感器、智能温湿度传感器，这 6 种设备的技术原理及功能实现分别阐述如下。

1. 智能消防报警系统智能采集器

（1）功能实现。对火灾自动探测报警系统、消防联动控制系统进行物联监测，通过在原有消防报警主机旁安装用户信息传输装置，接收自动火灾报警系统的火警、屏蔽、故障、监管、联动信息，将数据汇聚到智能监控总控平台，并按报警等级相应地选择短信、微信、语音电话、人工客服等方式实时推送到单位消控室人员、安全管理人、消防安全责任人。

（2）技术原理。如图 10－2 所示，消防报警主机将数据通过智能采集器接入物联边缘代理网关 SEB 设备，再通过 SEB 与 SBN（物联业务节点）建立的网络安全通道传输至智能监控总控平台。

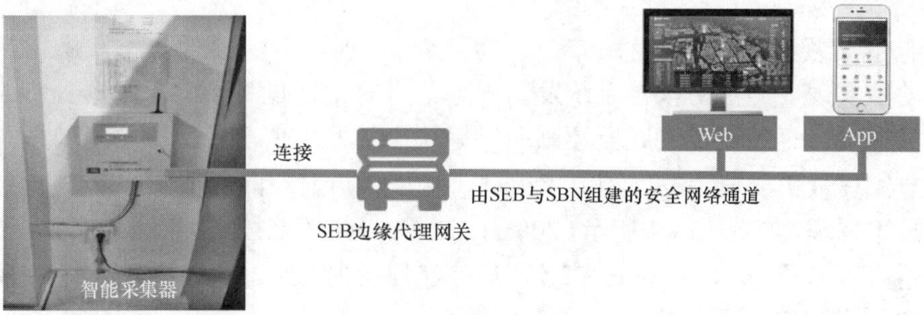

图 10－2　智能消防感知层技术原理

2. 室外消火栓智能检测装置

（1）功能实现。室外消火栓智能检测装置通过实时获取室外消火栓压力值和工作状态，将数据自动传输至智能监控总控平台，发生异常后能够自动报警，用户可在智能监控平台实时查看相关报警数据。解决了传统消火栓水压不够，无水状态无法及时发现的问题。

（2）技术原理。水压传感器接入消火栓管网，实时读取消火栓水压，“智能消防传输模块”将数据通过智能消防无线 LoRa 协议，由室外专用的物联边缘代理网关 SEB 设备接收，再经由 SEB 与 SBN（物联业务节点）搭建的安全网络通道传输到智能监控总控平台。

3. 灭火器智能监测压力表

（1）功能实现。灭火器智能监测压力表给传统灭火器增加了压力实时在线监测功能，可将数据传输至智能监控总控平台，一旦压力异常可实现自动告警。解决了传统干粉灭火器压力过压或欠压却无法及时发现的问题。

（2）技术原理。如图 10－3 所示，智能消防数字压力表内部由 2 个主要部件组成：“压力传感器模块”、“智能消防传输模块”。“压力传感器模块”采集干粉灭火器实时压力值，并将压力值提供给“智能消防传输模块”，模块将实时压力值数据，通过智能消防无线LoRa协议，由物联边缘代理网关SEB设备接收，再经由SEB与SBN（物联业务节点）搭建的安全网络通道传输到智能监控总控平台。

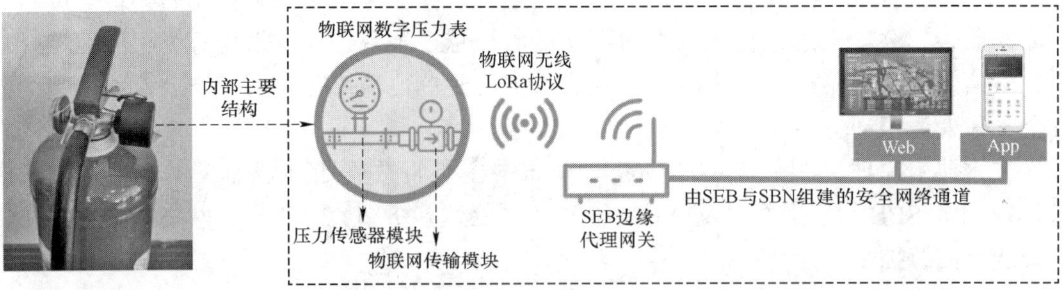

图10－3　灭火器智能监测压力表原理图

4. 消防智能视频监控

（1）功能实现。当消防报警系统发出火警信号时，通过与烟感探测器、感温电缆等前端设备的联动，迅速调取关联监控画面以确认火警发生情况。最终实现以全方位的信息化智能方案以最快的速度发现和消灭火灾，保证人员财产的安全。

（2）技术原理。如图10－4所示，200万1/2.7″ CMOS壁挂式智能摄像机，4mm F2.2，水平视场角：87°，对角104° 6mm F2.0，具有红外夜视，通过边缘代理网关SEB与消防报警主机实施联动和画面呈现。

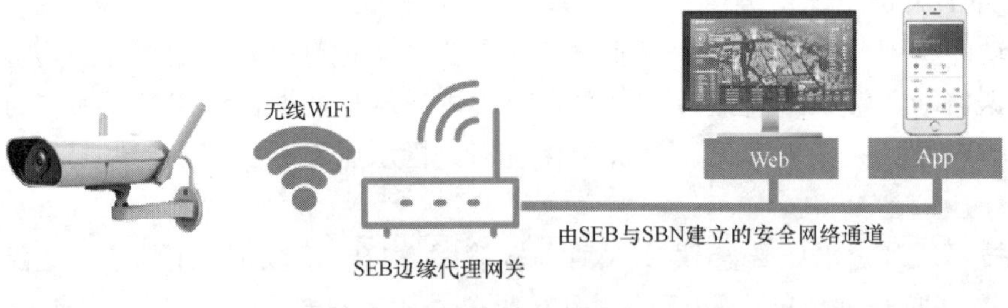

图10－4　消防智能视频监控原理图

10.1.4　智能消防网络层技术研究及功能实现

1. 整体网络架构

智能消防系统的网络架构及接入与国网物联网的整体网络兼容，从云、管、边、场、端的角度全方位适配。整体架构逻辑如图10－5所示。

如图，在联网单位增加SEB物联边缘代理网关，在边缘端建立了感知层设备接入能力，可以灵活地通过不同协议将感知层设备通过SEB边缘代理网关接入到国家电网现有网络。增加的 SBN 物联业务节点，与 SEB 边缘代理网关搭配使用，在两者之间建立安全的数据传输管道，既保证智能消防感知层上传的数据安全，同时降低对国家电网原有网络的改造。最终，智能消防系统的数据经由安全的数据传输管道，通过 SBN 物联业务节点传送至智能消防业务平台进行统一展现。

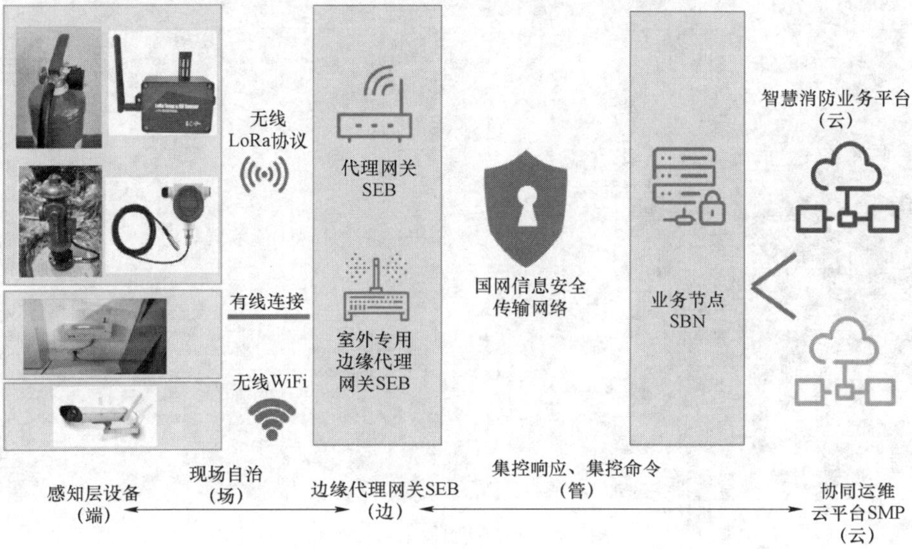

图 10－5　智能消防网络层整体架构逻辑

2. 具体网络接入功能实现

（1）感知层设备接入网络。

感知层 6 种智能消防设备，通过 LoRa 无线、WiFi 无线以及 LAN 有线连接，分别接入物联边缘代理网关 SEB 中，其中，室外消火栓智能监测装置、智能干粉灭火器、智能液位传感器、智能温湿度传感器共 4 种感知层设备使用智能消防 LoRa 无线传输协议，接入 SEB；消防报警系统智能采集器这 1 种感知层设备通过 LAN 有线连接，接入就近部署的 SEB；消防智能视频监控这 1 种感知层设备通过 WiFi 无线连接，接入就近部署的 SEB。

综上，整个感知层设备接入智能网络的部署工作，无须增加额外的网络布线工作，不破坏联网单位原有部署，极大地降低了部署难度。

（2）SEB 边缘代理网关及 SBN 业务节点接入方式。

新增的智能消防网络设备包括 SEB 物联边缘代理网关及 SBN 物联业务节点设备，两种智能消防网络设备都只需就近接入联网单位现有部署的网口就可以快速完成接入国家电网网络，无须额外的布线工作，同时针对感知层设备信息的传输，SEB 及 SBN 将自动建立安全的数据传输管道。

10.1.5　智能消防应用层技术研究及功能实现

智能消防系统应用层系统的呈现方式主要有两种：智能监管总控平台和手机智能管理 App，见图 10－6 和图 10－7。

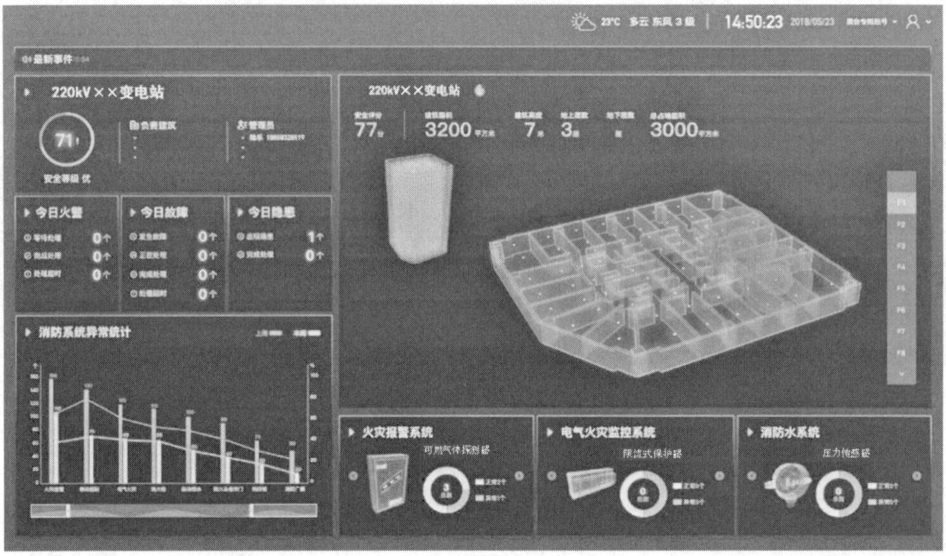

图 10－6　智能监管总控平台

通过这两种方式，实现防火分区火警多种方式预警和管控，实现可量化、高效便捷的消防安全管理模式，最终希望通过智能消防电力物联信息数据中心实现。

1 级自治：变电站消防安全智能自我管控。

2 级自治：国家电网供电公司消防指挥中心实现智能防御、智能调度、全面高效的自动化管理。

3 级自治：国家电网大数据分析中心通过对数据模型的人工智能演算分析出各事件的预判结果，从而进一步优化业务管理模式、驱动业务创新。

图 10－7　手机智能管理 App

10.1.6　系统个性化接入基本要求

变电站内均设有消防给水系统，但由于缺少相应的智能监测设备，无法实时监测水箱、水池的水位，消火栓管网压力和水泵控制柜的运行状态，水位缺失、水压异常、设备故障无法第一时间被发现和处置，当发生火灾时可能出现无水可用的情况。对于上述现状，并结合现场的实际情况，增加相应传感器和采集装置对变电站内的消防用水情况进行实时监测，保证火灾时消防用水的正常使用。

1. 系统架构

能够实现对消防管网里面水压的实时监测，保证消防水压满足要求，使消防水箱里面的水位处于正常值（见图 10－8）。当监测到水位异常或者水压不满足要求时能够及时迅速发出报警信息，通知运检人员及时消除隐患。

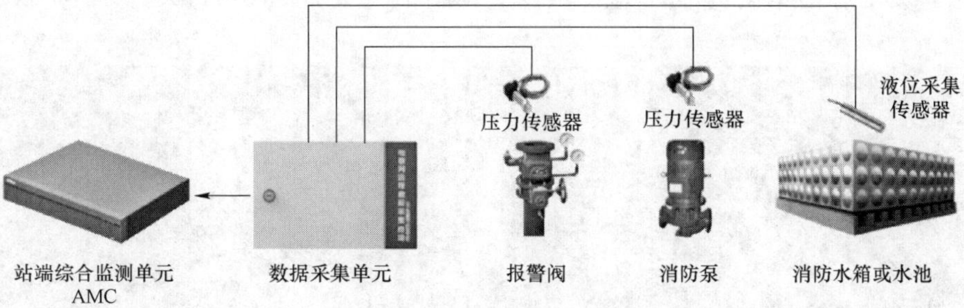

图 10－8　消防水源管网水压监测架构

2. 站端设备部署原则

前端部分新增采集单元（液位变送器、压力变送器等）、信息采集装置两部分。

采集单元在系统中对消防用水系统进行实时状态数据采集，包括探测消防水池液位传感器、消防栓系统中的水压传感器等。

数据采集单元在系统中起数据汇聚与传输作用，实现数据接入管理、数据上传等功能。包括接收各个节点的水压力监测、水泵电源状态、水池液位信息等，经过协议转换后，通过 I1 规约，将数据发送给站端综合监测单元，由站端综合监测单元发送至变电辅助设备一体化监控平台。

消防水系统水压和液位监测点布点建议，如表 10－1 所示。

表 10　1　　消防用水监测点布点表

系统名称	设备名称	布控说明
消火栓系统	在线压力传感器	每幢楼顶层/底层各设置 1 个； 消火栓回路最不利点各设置 1 个
消防水箱/贮水池	在线液位传感器	每个消防水箱/蓄水池放置 1 个

10.2　智能消防子系统运检要求

10.2.1　智能消防子系统运检管理及效益提升分析

智能监管总控平台的运检管理及效益提升包括以下内容。

（1）监控台。集中监控台创新了消防管理模式，平台在 GIS 地图基础上以建筑物为管理单元显示消防设施（包括感烟探测器、感温电缆、室外消火栓、液位传感器、干粉灭火器等）的实时运行、监管及预警信息、记录巡检和维保工作的测试数据，形成自动研判、有的放矢的消防监管新模式。助力管理部门智能消防建设，协助管理部门实现消防信息化建设与智能消防建设的完美融合（见图 10－9～图 10－11）。

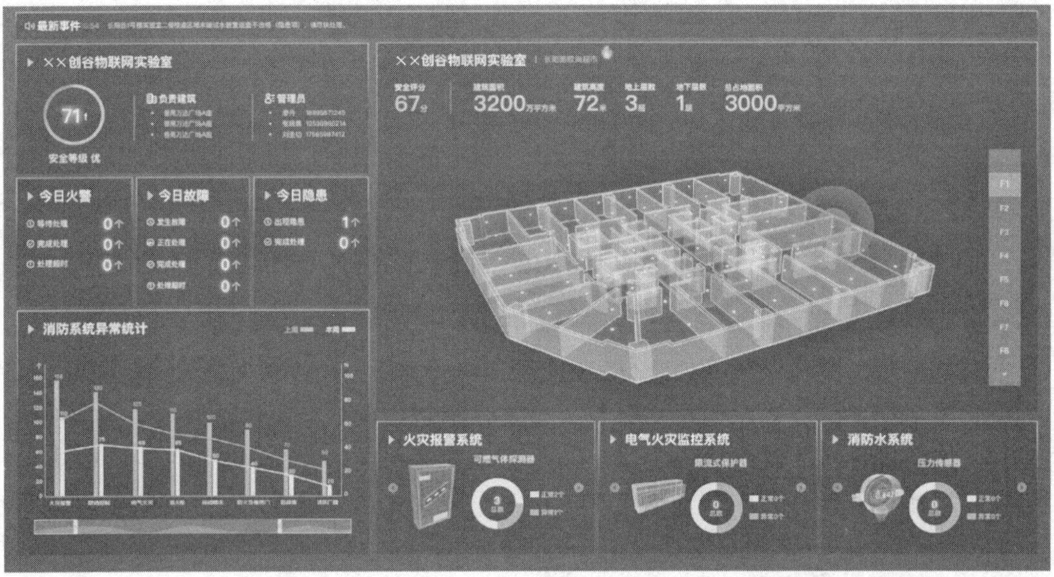

图 10－9　监控台运行界面

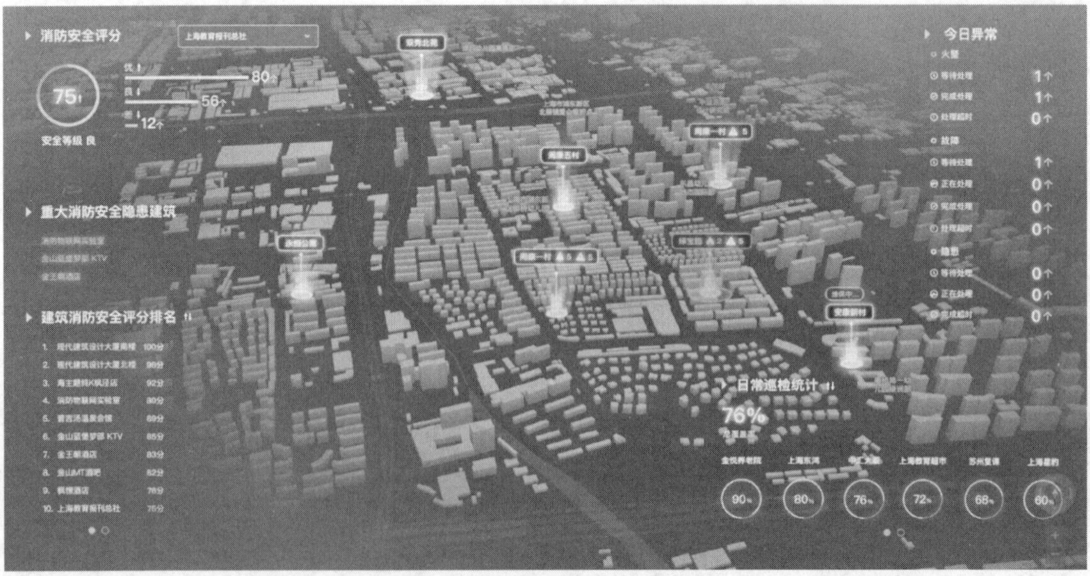

图 10－10　监管中心及安全评分

（2）应急预案管理和执行。当发生火情时，平台及时启动火灾应急预案，通过大数据分析技术，即时展示火灾的整体情况，迅速智能展开人员疏散，研判最佳消火栓取水点引导灭火人员高效灭火，做到心中有数，高效管控（见图 10－12、图 10－13）。

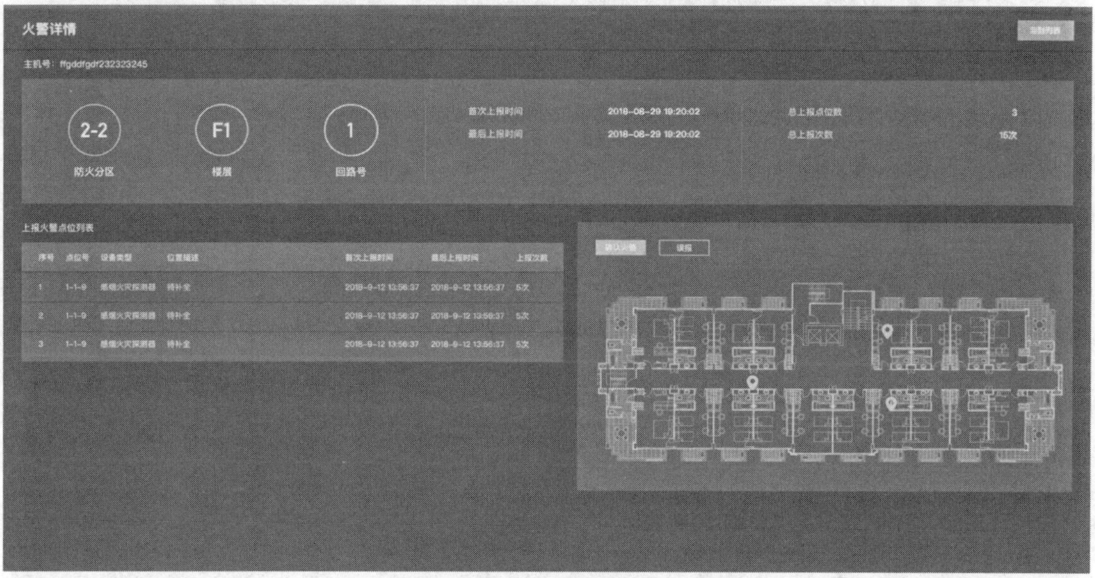

图 10－11　火警详情图

图 10－12　应急疏散逃生

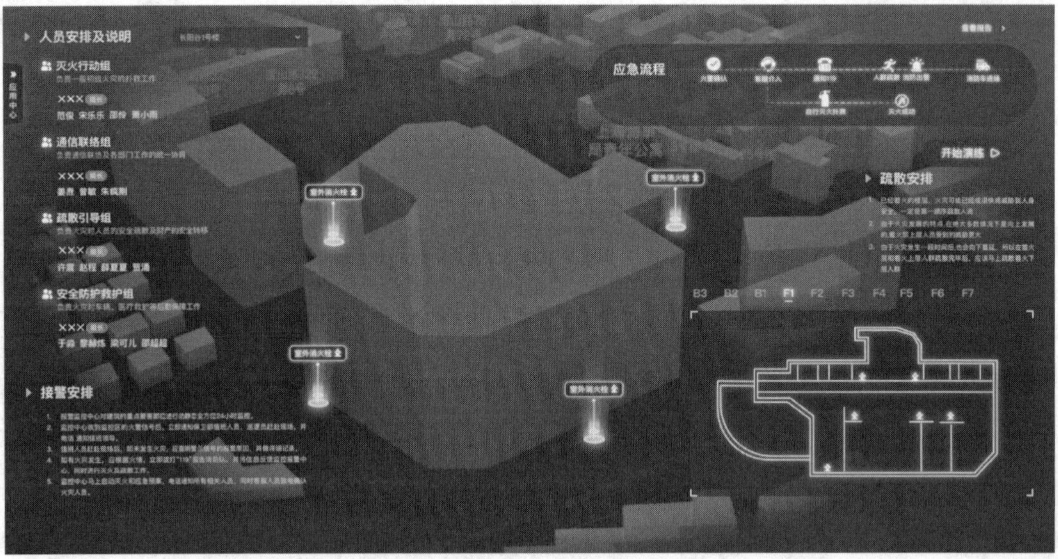

图 10－13　就近最佳消火栓取水点

（3）消防视频智能监控。当消防报警系统发出火警信号时，通过与烟感探测器、感温电缆等前端设备的联动，迅速调取关联监控画面以确认火警发生情况（见图 10－14），以最快的速度控制火灾，确保人员财产安全。

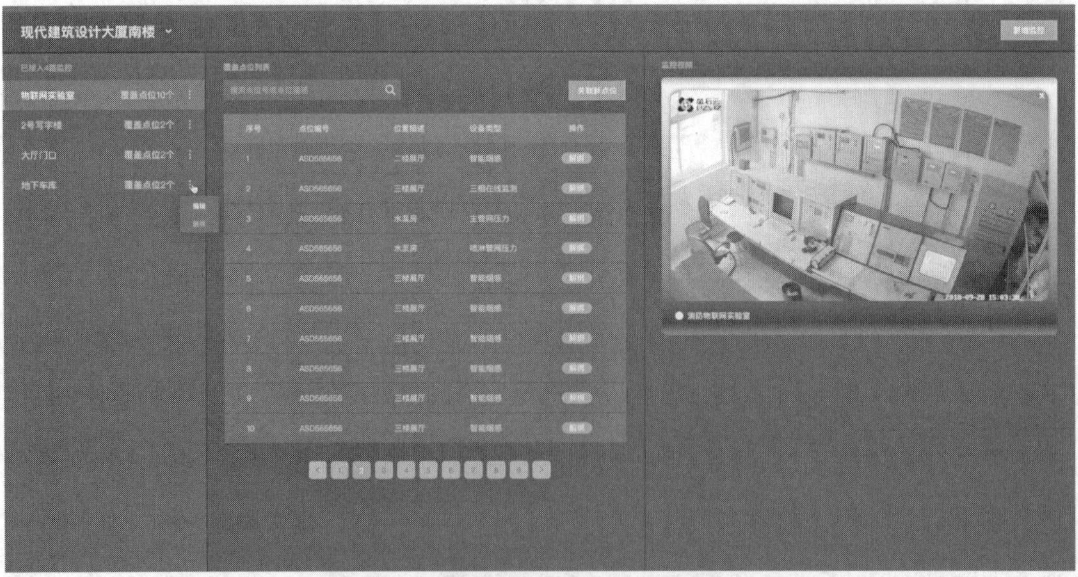

图 10－14　烟感探测器报警后联动监控画面

（4）全生命周期管理。后期即将推出消防设施的电子台账及全生命周期监管，待智能消防全面推出后，为终端设备可以被赋予唯一 UDID 及 IPv6 地址且在源端实现数据融通和边缘智能做准备。

（5）手机智能管理 App。除了能和集中监控平台一样呈现消防设备运行预警数据信息之外，同时也改变传统的纸质作业模式，使消防维修、维保作业更透明系统化，App 中提供消防设施故障一键报修，实现管理方与维保工作无缝对接，从火灾报警系统故障的自动上报、日常工作中的人工故障上报，到故障的指派、分发、协同处理，直至故障的确认和解决，上传故障维修单据。设施运行数据真实有效，故障预警及时处理，设施完好率一目了然（见图 10－15～图 10－17）。

投入期管理

- 完善设施/系统和业务相匹配
- 人员技能培训及提升
- 制定相关维护流程及制度
- 建立备品备件库

产出期管理

- 建立故障处理系统
- 系统实时监控
- 业务匹配评估
- 业务负载规划
- 优化计划
- 巡检计划

衰退期管理

- 旧配置及评估方案（报废/调整性能）
- 新配置及评估方案（升级/购置）
- 业务分流方案
- 系统降级方案

图 10－15　手机智能管理 App（一）

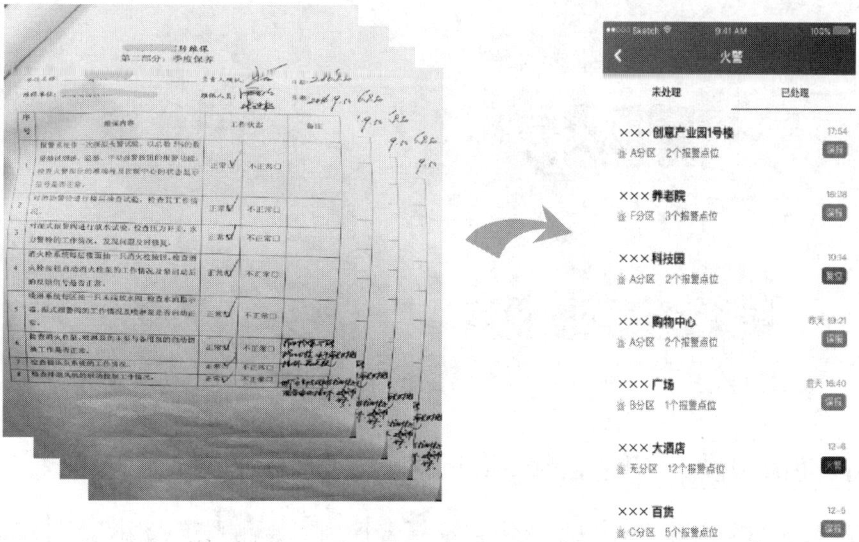

图 10－16　手机智能管理 App（二）

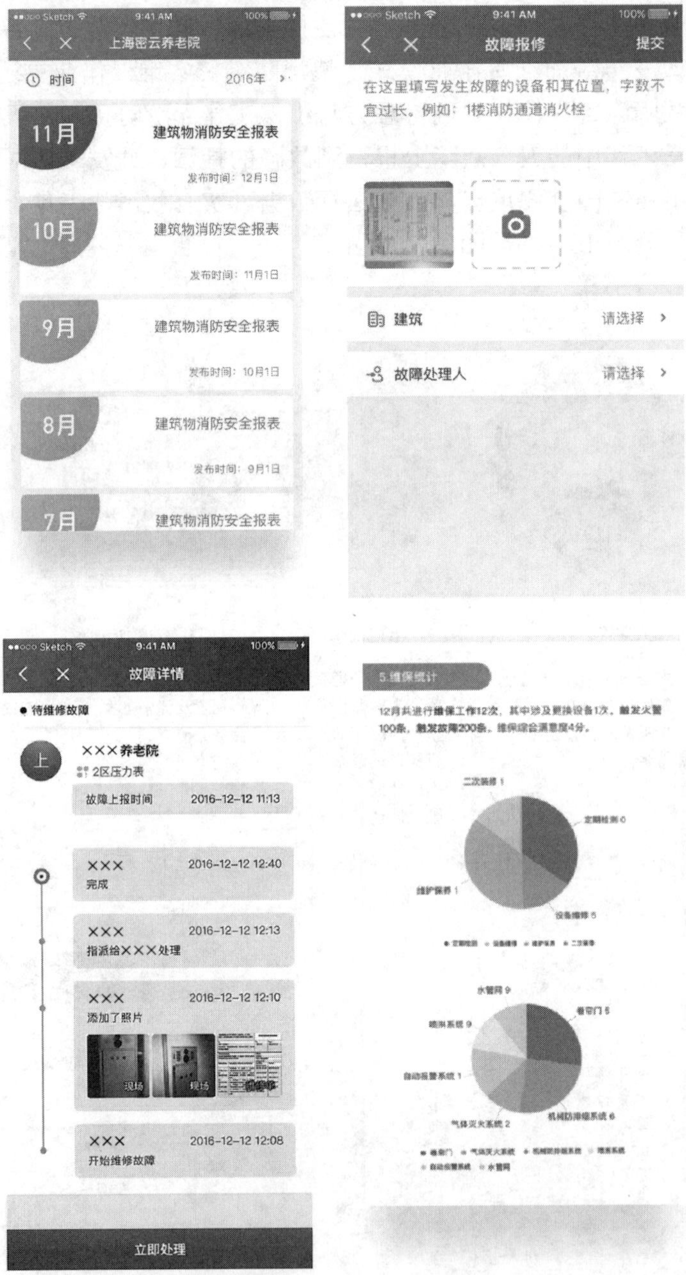

图 10－17　手机智能管理 App（三）

10.2.2　智能消防设施智能监测终端运检

变电站智能消防监测终端包括火灾自动报警控制器监测系统、消防水系统监测系统、控制室人员在岗在位情况监管系统、疏散通道视频监控系统、消防车通道视频监控系统、消防设施设备巡检检查系统等。

1. 火灾自动报警控制器监测系统运检检查

火灾自动报警控制器监测系统检查项目有接口协议转换终端、CRT 接口卡、RS232 转接头、RS232 专用接口线、有线宽带网络等。见表 10－2。

表 10－2　　火灾自动报警控制器监测系统运检检查项目表

检查设备	检查内容
接口协议转换终端	（1）供电； （2）通信网络； （3）接线方式； （4）监测状态； （5）告警状态； （6）备用电源； （7）报警点更改； （8）外观损耗
CRT 接口卡	（1）安装位置； （2）接口； （3）外观损耗； （4）接线
RS232 转接头	（1）接口损耗； （2）接线松动
RS232 专用接口线	（1）接口损耗； （2）接线松动； （3）线缆损耗
有线宽带网络	（1）网络稳定性； （2）数据传输速率； （3）接口损耗； （4）接口松动

2. 消防泡沫喷淋监测系统

消防泡沫喷淋监测系统检查项目有消防泡沫喷淋系统数据采集模块、压力传感器、液位传感器、无线传输终端、电源适配器。见表 10－3。

表 10－3　　消防泡沫喷淋监测系统检查项目表

检查设备	检查内容
消防泡沫喷淋系统数据采集模块	（1）供电； （2）通信网络； （3）配置参数； （4）监测状态； （5）告警状态
氮气压力传感器	（1）接线方式； （2）测量数据准确性
泡沫压力传感器	（1）接线方式； （2）测量数据准确性
无线传输终端	（1）供电； （2）通信网络； （3）配置参数
电源适配器	（1）输出电压； （2）输出电流

3. 值班室值班人员在岗在位情况检查系统

值班室人员在岗在位情况监管系统检查图像采集终端、宽带 VPN 路由器、定时器插座（GND－1）、设备控制箱、宽带网络。见表 10－4。

表 10－4　　门卫室人员在岗在位情况监管系统检查表

检查设备	检查内容
图像采集终端	（1）供电； （2）连接方式； （3）外观损耗 （4）图像是否正常
宽带 VPN 路由器	（1）供电； （2）通信网络； （3）路由功能； （4）接口
定时器插座（GND－1）	（1）供电； （2）配置定时时间； （3）定时启停功能
设备控制箱	（1）外形损耗； （2）除灰层杂质
宽带网络	（1）网络稳定性； （2）数据传输速率； （3）接口损耗； （4）接口松动

10.2.3　数据中心运检

1. 定期巡检

定期对智能消防系统的数据中心例行检查，及时发现服务器故障并进行优化，保证服务器能够高效、稳定、正常运行，形成检查记录，巡检内容包括如下几项。

（1）数据中心外网检查：检查各外网链路是否存在堵塞状况。

（2）数据中心内网检查：检查数据中心的各个服务器与服务器之间网络是否存在堵塞状况。

（3）服务器、存储器检测：服务器资源检查及 CPU 和内存使用率检查。

（4）磁盘容量检查：检查磁盘容量和剩余存储空间预计可使用周期。

（5）数据库检查：检查数据库的存储空间，日志，进程状态、性能、访问记录等。

（6）系统运行检查：检查智能消防系统中各子系统的内存使用率、CPU 使用率是否出现异常等。

（7）服务器安全检查：使用专门的检查工具对智能消防系统中各个服务器进行扫描，及时发现系统存在的安全隐患。

2. 智能消防系统软件的升级完善

定期组织人员对智能消防系统平台进行升级和完善，包括对智能消防系统内的平台或者移动终端的不断优化和改进等。

10.2.4　监测中心运检

1. 定期巡检

组织人员进行定时例行检查，对监测中心终端设备及系统的运行情况进行全面检查，对潜在隐患与问题进行深入检测，消灭故障于未然之时。对监测中心终端设备配置情况进行仔细检查，优化系统和设备的运行环境，确保其始终处于高效的工作状态，及时根据检查情况对设备进行相应处理。形成检查记录以供备查。

2. 利用厂家电话支持服务

若系统发生故障时可以通过联系厂家售后服务人员对系统进行维护，并详细记录系统的运行状况和故障信息。

10.3　典型应用案例

某供电公司自 2018 年 5 月开始，逐步推进 220kV 某变电站智能消防建设工作。通过移动互联技术手段，在智能消防管理方面开展探索与试点建设。目标实现火情观察、消防设施状态实时监测、消防维保验收、隐患缺陷及时消除、临时消防管控各方面的智能。使变电站消防管控力度得到加强，消防设施巡查频率得到增加，提高工作效率，确保人身及设备安全。

10.3.1　某变电站智能消防的网络构架

变电站智慧运检系统的网络构架包括感知层、网络层、平台层、应用层 4 层结构，安全防护贯穿各层次。其中，感知层实现智联；网络层实现全时空覆盖；平台层实现开放共享；应用层实现智能应用；安全防护实现安全可靠。

智能消防系统 4 层架构的最底层为感知层，是上面网络层、平台层、应用层三层结构的基础。感知层是要实现信息采集和信号处理功能。利用 WiFi、ZigBee、LoRa、NB－IOT 等先进的无线组网技术，通过消防设备巡检和隐患排查、精确定位、传感器等设备和手段，对消防设施运行环境、运行状况、报警信息等数据进行采集，是智能消防系统一种必要的数据支撑。

网络层是利用已广泛普及的移动互联网技术，传输来自感知层的数据。在感知层和平台层之间起到承上启下的作用，是智能消防系统不可或缺的一环。

作为智能消防核心的平台层位于感知层与网络层之上。平台层的作用是将大量的数据融合成一个可联通的网络。各数据中台使用数据技术，采集网络中的海量数据进行计算、存储和加工。数据中台把统一后的数据形成一个标准的数据，然后再处理，最终形成一个大数据资产层，服务于系统内的各项业务，提质增效。

位于四层架构最顶端的应用层是智能消防系统的用户接口。应用层将分析和处理后的数据经过融合，从而为消防终端客户提供丰富的服务。应用层接收平台层传来的数据信息，再进行移动终端展示、处理和决策，终端下发的控制信息经平台层和网络层再下发以控制感知层的设备。某变电站智能消防总体架构设计图见图 10－18。

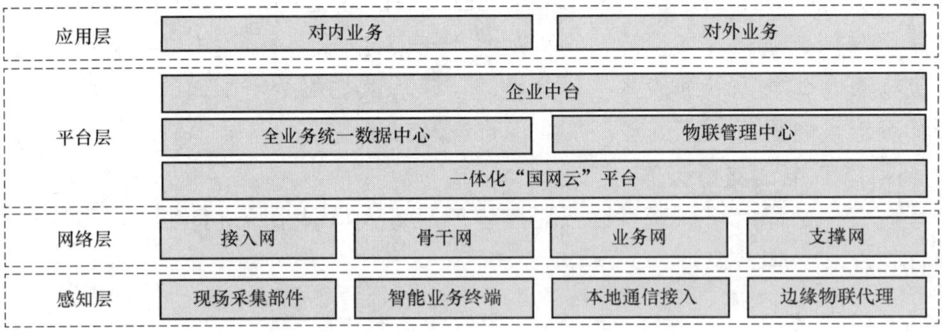

图 10－18　某变电站智能消防总体架构设计图

220kV 某变电站的智能消防系统也有着对应的 4 层结构：感知层早期使用了 LoRa 方式组网的智慧灭火器，通过几个灭火器组成一个小型局域网，整个变电站的灭火器组成多个局域网，然后分别将灭火器压力通过无线网上传至消防云平台，目前 220kV 某变电站智慧灭火器进行了升级后使用的是 NB－IOT 无线组网技术，各个灭火器自带的无线设备能直接将压力上送至平台。由于变电站消火栓数量少且较为分散，所以通过对消火栓加装带有 4G 网络的传感器，直接将各个消火栓压力上传到消防云平台。烟感信息通过网线传输至消防报警系统传输终端后统一上送至消防云平台，而 4G 移动烟感可以直接将烟感信息上传至消防云平台。后期随着技术研发的推进还能将视频监控信息也加入进消防云平台进行火情监控。见图 10－19～图 10－21。

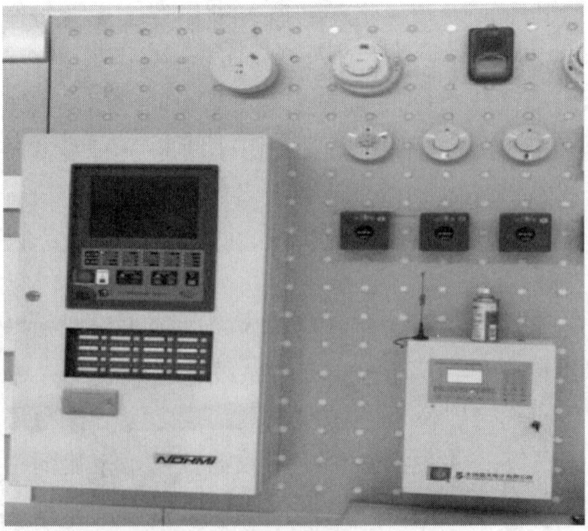

图 10－19　消防报警系统传输终端

图 10－20　室外消火栓监测装置

图 10－21　干粉灭火器智能压力表

网络层目前根据消防设施的种类不同采取不同方式结合来传输消防信息。智慧灭火器早期采用 LoRa 方式组网，换代升级后目前采用 NB－IOT 方式。消火栓、移动烟感采用 4G 网络上传数据的方式。普通烟感和摄像头目前采用网线传输数据的方式。

平台层目前使用智能消防云平台（见图 10－22），所有消防设施数据最终统一上送到该平台进行分析和统计。平台在 GIS 地图基础上以建筑物为管理单元显示消防设施运行、管理信息、维保工作信息、消防设施监管信息等，形成自动研判、有的放矢的消防监管新模式，推动了消防相关数据资源的共享。远景平台层能将数据传输至浙电数据中心进行统一管理、分析，实现数据一次采集，通过平台可共享到智能消防全业务数据中心，并且有多层数据加密确保信息安全。

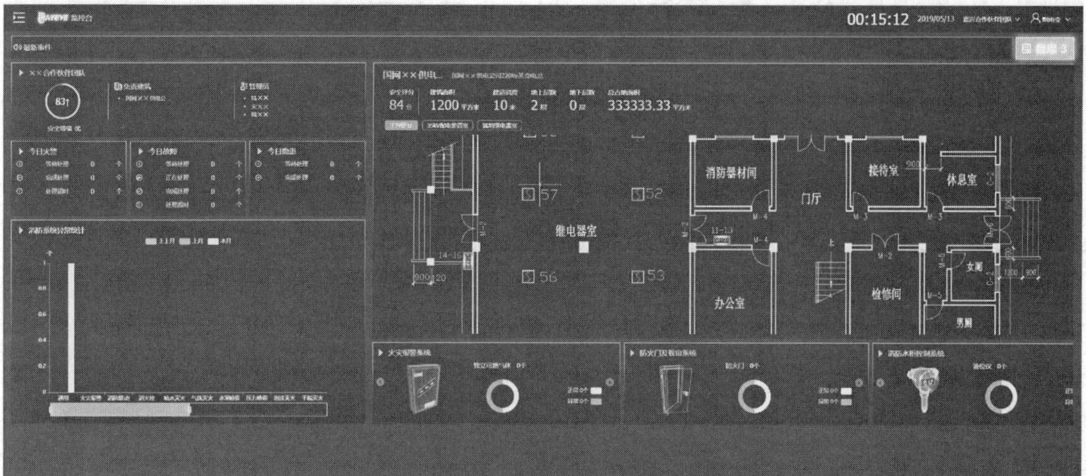

图 10－22　智能消防云平台

应用层目前主要采用手机 App、电脑网页终端的方式实现。通过该平台能看到整个变电站的消防设施监测情况（见图 10－23）。

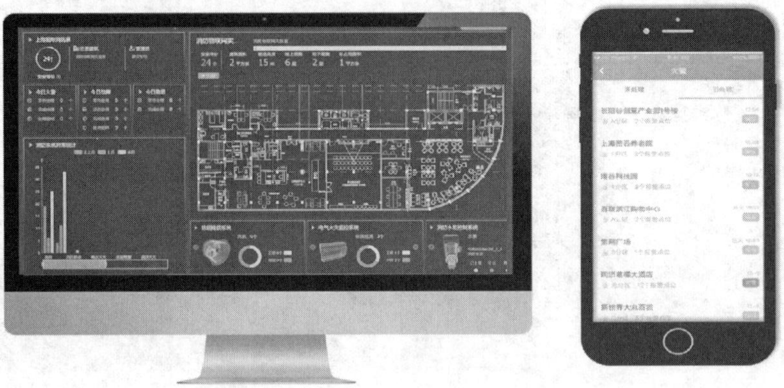

图 10－23　电脑网页及手机 App 终端

综上所述，220kV 某变电站智能消防系统智能消防构架可以总结为表 10－5～表 10－7。

表 10－5　　220kV 某变电站智能消防系统第一阶段架构

220kV 某变电站智能消防系统第一阶段（早期阶段）				
应用层	电脑网页/手机 App			
平台层	智能消防云平台			
网络层	LoRa（局域网）	4G	网线	网线
感知层	灭火器监测	消火栓监测	烟感	摄像头

表 10－6　　220kV 某变电站智能消防系统第二阶段架构

220kV 某变电站智能消防系统第二阶段（当前阶段）					
应用层	电脑网页/手机 App				
平台层	智能消防云平台				
网络层	NB－IOT（蜂窝网）	4G	网线	网线	4G
感知层	灭火器监测	消火栓监测	烟感	摄像头	移动烟感

表 10－7　　220kV 某变电站智能消防系统第三阶段架构

220kV 某变电站智能消防系统第三阶段（远景阶段）						
应用层	国家电网内网电脑/手机 App					
平台层	浙电数据中心					
网络层	智能消防智能运检终端					
感知层	灭火器监测	消火栓监测	烟感	摄像头	移动烟感	其他智能消防设施

10.3.2　某变电站智能消防系统实现功能

目前 220kV 某变电站智能消防系统主要包括以下功能。

（1）灭火器、消火栓压力值智能监测及烟感告警实时监测。通过感知层的传感器及相应的网络终端上传各个灭火器、消火栓的压力值至智能消防云平台，运检人员在平台网页中即可查看所有相关数据，极大提高了变电站消防设备的巡检效率。见图 10－24～图 10－26。

（2）线上智能消防维保。智能消防监管系统改变传统的纸质作业模式，使消防维保作业更透明更系统。手机 App 中提供消防设施故障一键报修，实现管理方与维保工作无缝对接，从火灾报警系统故障的自动上报、日常工作中的人工故障上报，到故障的指派、分发、协同处理，直至故障的确认和解决，上传故障维修单据。设施运行数据真实有效，故障预警及时处理，设施完好率一目了然。见图 10－27 和图 10－28。

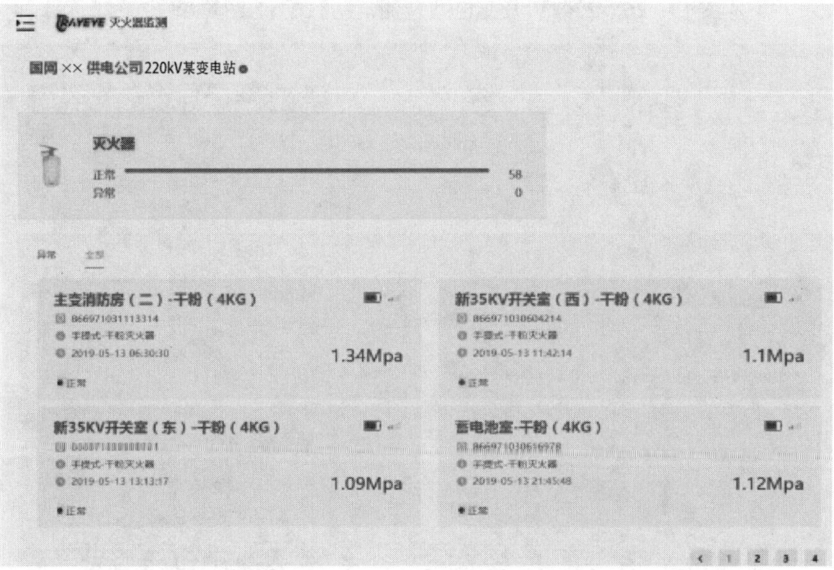

图 10－24　220kV 某变电站智能消防云平台灭火器压力监测

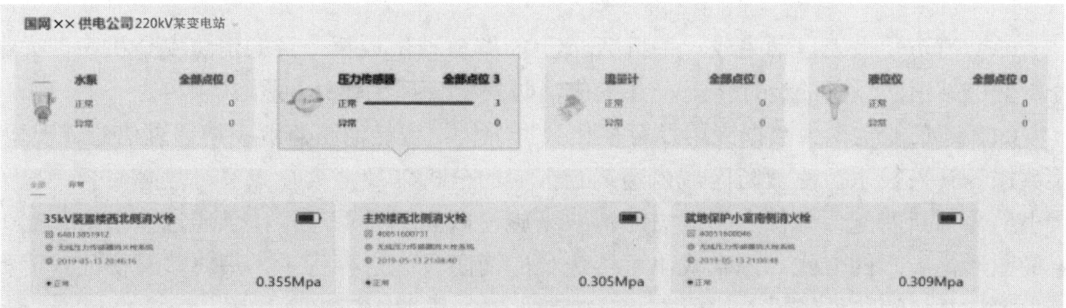

图 10－25　220kV 某变电站智能消防云平台消防栓压力监测

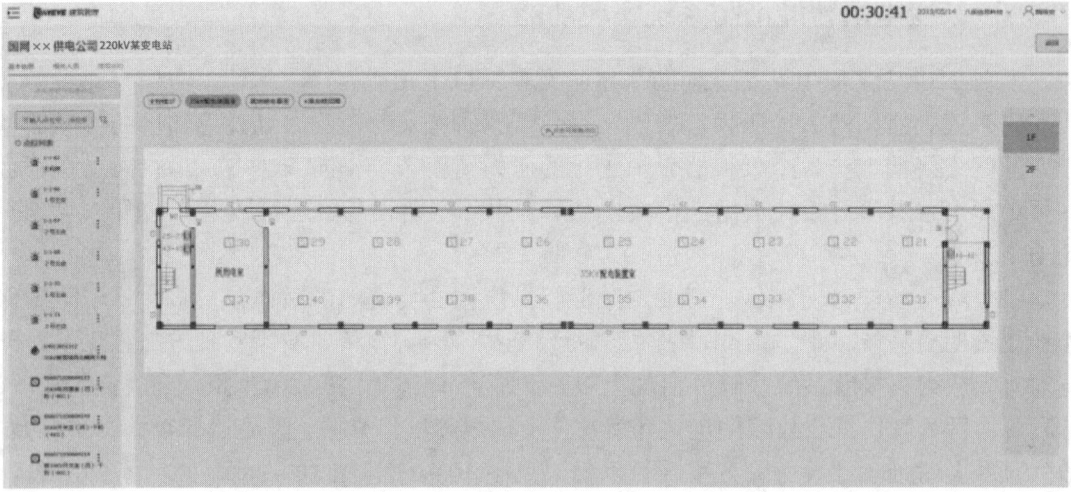

图 10－26　220kV 某变电站智能消防云平台烟感实时监测

图 10－27　手机 App 功能界面

图 10－28　手机 App 消防维保界面

（3）消防月报表自动生成。手机 App 上能够自动生成每个月的消防安全报表，详细分析变电站消防设备的运行情况，并量化消防安全管理工作（见图 10－29）。

（4）远景能实现大数据应用及可视化数据分析。智能消防监测系统通过信息、智能、大数据等新兴技术，对消防区域内建筑物火灾的分析以及消火栓点位、故障与否、压力大小综合判断匹配，确保发生火灾时消防设施可以立刻投入运行；且通过模型的建立使用最图形化展示的方式，综合找出可供选择的消防设施进行标示。最终以最快的速度找出火灾点并使消防设施投入使用，及时控制火灾（见图 10－30）。

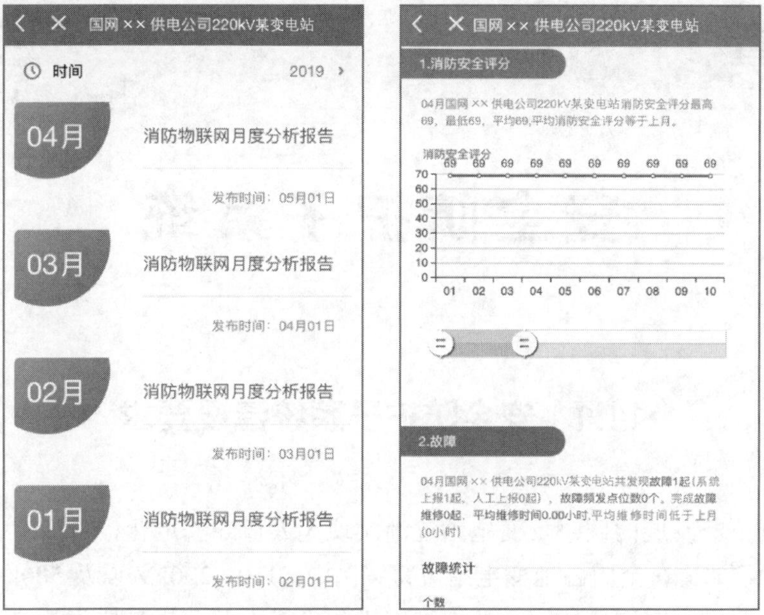

图 10－29　手机 App 消防月报表

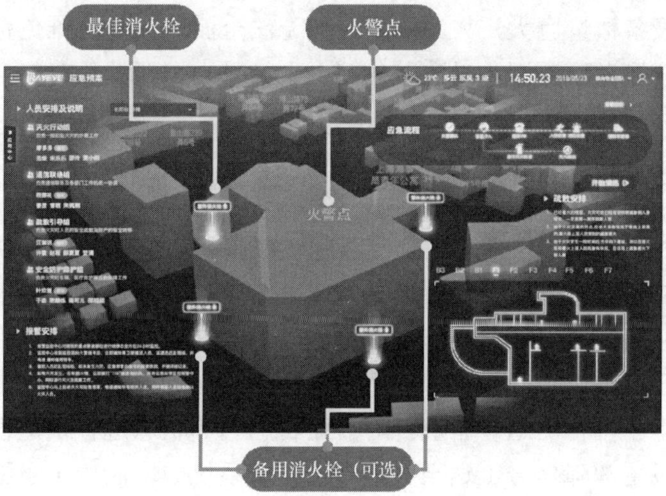

图 10－30　大数据应用及可视化数据分析

第11章

安全防护子系统

11.1 安全防护子系统建设要求

电力系统不断发展的同时，变电站逐渐实现无人值守普遍化，从而对变电站安全防护提出了新的要求。在全国各地变电站盗窃案例中，110、220kV以及500kV变电站等不同电压等级均为大型封闭场所，各变电站内设备价格不菲，极易成为不法者垂涎以及光顾的目标。各变电站虽已配备安保人员，但是每个变电站一般只配备一个保安执勤，变电站占地较大、设备数量巨大，人力防范显然无法全面而及时，难免存在安全盲区，稍有疏忽，极易被偷盗者钻漏洞，以致财务甚至人员受损，严重危害整个电网安全稳定运行，造成不良社会影响。

11.1.1 变电站安防围栏的配置

变电站采用的安防围栏一般为固定围栏配合高压电子围栏。

周界防盗报警系统的常用手段之一是高压电子围栏。此类设备是由高压电子围栏主机和高压电子围栏两部分组成。高压电子围栏主机的功能是产生、接收高压脉冲电子信号（一般电压小于5000V，每个脉冲波的持续时间≤0.1s、间隔时间≥1s、输入能量≤5J），同时，实时监测电子围栏的运行工况，对短路、触网等状态进行快速告警，并把相应的入侵告警信息及设备故障信号上送至变电站安防子系统中；高压电子围栏则是高压脉冲的有形承载，是由支撑杆与金属导线等构件组成的。高压电子围栏可通过系统软件实现多层级联网。某变电站的高压电子围栏安装情况见图11-1。

高压电子围栏主要给入侵者双重威胁（生理和心理）、有形阻挡，并可报警。从而结合报警和警戒的双重优点。高压电子围栏的运行模式是一种被动的防越入、防入侵形态，在出现入侵者时，对入侵行为进行就地击退、发出告警，延迟入侵时间。但高压电子围栏对入侵者的生命不存在威胁，从而降低了该设备的危险性。高压电子围栏将入侵报警信息上送至安防子系统，再由安防子系统进行不同层级的通知，保证设备运维管理单位能够快速了解各变电站的安全情况，快速地作出处理。

图 11－1　某变电站安防围栏图

高压电子围栏系统由前端脉冲电子围栏、传输线缆和控制中心三部分组成。系统采用标准 CAN 总线制通信方式，实现脉冲主机和报警主机之间双向通信。根据厂区周界的实际情况划分防区及电子围栏式周界探测器，每个防区不大于 70m，并在厂区出入口设置红外对射探测器；通过防区模块与报警主机通信。当有入侵行为发生时，消控中心内的防盗报警主机发出声光报警并显示发生警情的区域。

1. 系统功能要求

（1）该系统设备故障率低，运行可靠、稳定；

（2）能够有效打击入侵者，双重威胁，威慑力大；

（3）适用于不同环境，报警准确性高，防范效果突出；

（4）现场声光报警对入侵者进行心理威胁，同时能够快速引起安保人员或附近人员的注意；

（5）安全可靠，对人体无直接伤害；

（6）分区分层告警，能够快速定位入侵点；

（7）可与派出所直连，实现快速响应；

（8）能够召唤图像监控，联动辅助灯光系统，实现夜间视频监控；

（9）能够实现报警时间详细信息的自动记录、自动保存，方便查询与追忆；

（10）高压电子围栏系统入侵探测器的报警响应应快速，响应时间应小于 2s；

（11）高压电子围栏系统所使用的报警主机应与室内报警系统分开。

2. 主要设备技术参数

（1）高压电子脉冲主机技术参数。高压电子围栏系统的电子脉冲主机的功能是提供高压脉冲信号，该高压信号在高压电子围栏上形成完整回路。当发生入侵时，回路被破坏，高压电子脉冲主机立即发出报警信号并上送至安防子系统。高压电子脉冲主机一般安装于保安值班室，外置有特制的防护箱，从而实现防水、防盗的功能，保证高压电子脉冲主机的安全稳定运行。

高压电子脉冲主机应具备以下功能：

入侵告警信号应分为常开告警输出与常闭告警输出两种，从而满足不同的联动设备的信号类型要求，实现多设备联动，提升安防子系统的兼容性与扩展性；应满足不同的通信协议要求，包括 CAN、TCP/IP 等，通过告警主机与系统控制器完成组网监控，同时，应兼容相关软件，完成权限控制、电压调整、报警响应时间调节等功能，组成报警网络；触网报警：实现当人体接触围栏前端时，脉冲主机即发出报警信号，使系统报警的同时也使前端围栏免遭破坏；旁路报警：当入侵者用金属导体搭接在围栏上试图用旁路方法入侵时，主机立即发出报警信号，让防范无懈可击；短路报警：当高压电子脉冲围栏不同维度合金线出现纵向短路或是横向短路时，立即发出告警信号，点亮液晶屏进行信息报送，同时伴随声光告警提示；断路报警：当高压电子脉冲围栏合金线发生单线断路或是多线断路时，立即发出告警信号，点亮液晶屏进行信息报送，同时伴随声光告警提示；运行状态可视化：通过配置大尺寸液晶屏，实现系统工作状态的直观判定，强调高效人机交互；根据实际情况，应配置多类型电源，满足现场的直流与交流电源；控制器远方操作：提升工作效率，实现远程控制权限、布防、输出电压调整、撤防等功能；高压电子脉冲主机应具备电压切换的功能，实现不同安全等级的电压要求，实时调整现场运行电压；符合 GB/T 7946—2008《脉冲电子围栏及其安装和安全运行》的要求；脉冲持续时间：0.1s；脉冲电压峰值：5000～10 000V；脉冲电流峰值：10A（0.3ms 以上时＜300mA）；脉冲间隔时间：1s；每个脉冲最大电量：2.5mC；每个脉冲输出的最大能量：5.0J。

（2）报警主机技术参数。高压电子围栏报警主机，即电子围栏控制器，是高压脉冲主机的管理设备。报警主机通过相应的通信协议与高压脉冲主机进行通信，通信协议主要为 CAN。高压电子围栏报警主机相当于高压电子围栏的大脑，是实现远程控制的关键环节，也是实现不同设备联动的核心设备，同时能够满足报警发生时的电子地图动态显示报警防区、报警记录打印、声光联动等一系列功能。

高压电子围栏报警主机应配置高速 RS232 接口，实现第三方接口功能，满足变电站内自动化的连接要求。高压电子围栏通过报警主机的 ECP 总线扩展 IP 通信设备。

（3）金属导线技术参数。

1）高压电子围栏金属导线具备导电率良好的功能特性，同时应满足户外运行的抗氧化、耐老化的运行要求。

2）材料的断裂伸长率 12%。

3）每 100m 金属导线的电阻值 2.5Ω。

4）金属导线在 400N 至 500N 的拉力下断裂。

5）由于脉冲主机出口运行时存在高电压，该部分的连接导线，其绝缘层抗脉冲电压 15kV。

6）脉冲主机出口连接导线的芯线部分应采用与高压电子围栏金属导线材质一样的导线。

（4）终端杆/受力杆技术参数。

1）终端杆和受力杆由于户外运行环境复杂，应满足相关的耐腐蚀性要求。

2）防区终端受力杆采用直径 30mm、管壁厚度 3mm 的铝合金管制作。

3）防区区间受力杆采用直径 20mm、管壁厚度 2mm 的铝合金管制作。

4）终端杆、受力杆的固定件采用多孔位带刻度，铝合金材质制作的可调式构件，以适应不同的安装条件。

5）防区支撑杆应采用软性的、直径 10mm 的玻璃纤维杆。

6）绝缘子的抗脉冲电压 15kV。

3. 应用范围

高压电子围栏由于防入侵效果优秀，能够很好地实现封闭式管理的要求，广泛应用于各种场景，包括政府机构、变电站、工厂、重点文物场所、工业重地、学校、机场等有围墙及需要围墙的场所。

高压电子围栏的安装位置可以分为三类，即独立式、附属式和墙顶式。如图 11－2 所示，是某 220kV 变电站的电子围栏安装配置示意图。

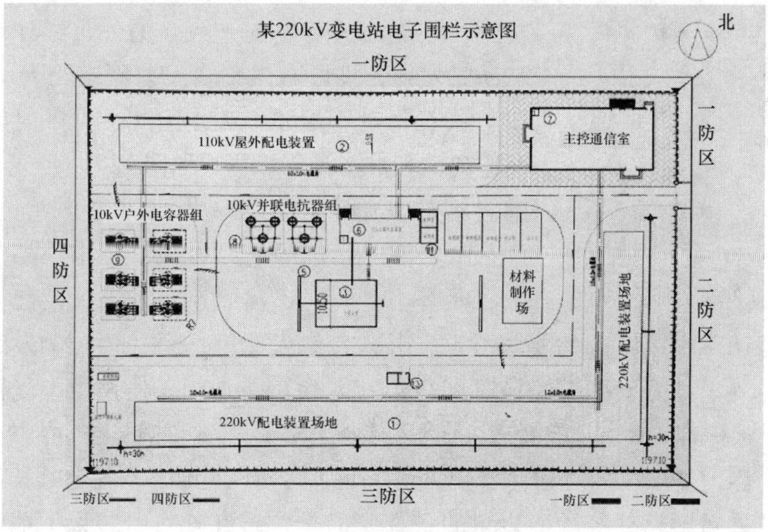

图 11－2　安防围栏配置示意图

独立式安装的高压电子围栏，其突出特点是直接在地面上完成架设。独立式电子围栏的高度一般为 2m 左右，配置有 10～12 根线缆。为避免危害设备与人身安全，保证人员与设备正常运作，通常要求加装高度不低于 1.2m 的围栏或隔离装置，从而形成物理隔离带。另外，其间的净空距离应不小于 1m，从而保证电子围栏的带电部位处于难以接近的封闭区域内。

附属式安装方式的电子围栏十分常见，其依托于围墙，在提升传统围墙安全级的同时，提升土地利用率。但是，该类安装方式对现有围墙要求较高。首先，要求围墙的牢固度足够，能够满足电子未来支撑杆的张力与压力。其次，要求围墙额高度应不小于 2m。最后，对有网孔的围墙有所要求，要求围墙网孔直径不应大于 20mm，避免有入侵人员伸手进入，破坏或影响电子围栏的正常工作。

高压电子围栏最为常见的安装方式为墙顶式，在国内较为普及，顾名思义，其安装于围墙的顶部。可以垂直安装或倾斜一定的角度安装。电子围栏的高度为 0.8m 左右。

11.1.2 变电站红外对射报警器的配置

红外对射全名叫光束遮断式感应器（Photoelectric Beam Detector）。该类报警器的组成部分包括球面镜片、瞄准孔、LED 指示灯、光束强度指示灯等。其工作原理是通过红外发生器发射红外线，让红外线穿过透明光学镜面实现聚焦后发射至远方，最后利用接收器完成接收，表征传播路径没有阻断。当红外线光束被遮断时，接收装置接收不到发射装置发来的光束，立即发出告警。同时，红外线光频位于人眼无法识别的区域，不可见且易扩散，所以需要光学球面镜进行聚焦后发射，才能形成稳定的光束。另外，红外对射发射器为脉动式发射，即断点发射，发射频率约为 1000 束/s。这就意味着光束能量并不大，因此，红外对射的红外线传输距离一般在 600m 以内。如图 11－3 所示，为红外对射感应器实物情况。

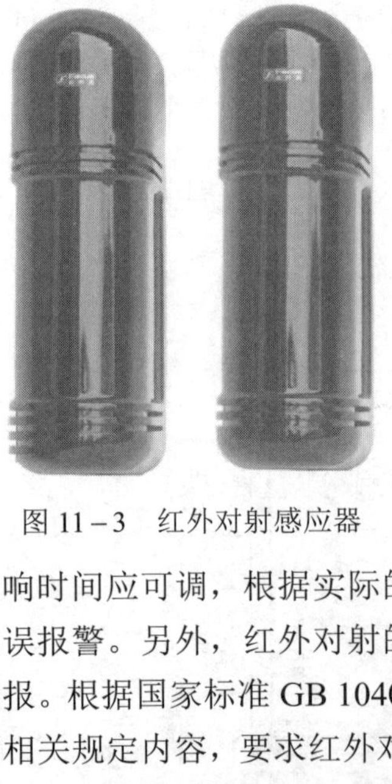

图 11－3　红外对射感应器

由于变电站红外对射一般安装于户外，运行环境复杂，偶有小鸟飞过，风吹杂物，因此，红外对射感应器应响时间应可调，根据实际的要求整定红外入侵触发时间，避免由于触发时间太短而发生误报警。另外，红外对射的响应时间也不宜太长，防止因入侵发生不能被及时发现而漏报。根据国家标准 GB 10408.4—2000《入侵探测器　第 4 部分：主动红外入侵探测器》的相关规定内容，要求红外对射告警出发时间应不小于 40ms。该规定时长是根据安装于围墙之上的红外对射运行经验而设置的条件。但是，若红外对射装设于地面或是位置较低，就可能存在入侵人员快速侵入的情况发生，必须缩短响应时间，从而保证在任何情况下都能够准确告警。按照人类奔跑速度极限即 10m/s 计算，可以知道最短的响应时间应不小于 20ms。因此可知，相应国家标准 GB 10408.4—2000 也就规定了不大于 20s 时不告警，即规定了告警的最小时长。

红外对射现场安装情况如图 11－4 所示。

图 11－4　红外对射现场安装情况

1. 红外对射的应用优点

（1）隐蔽的检测方式，实现快速报警。由于红外对射的红外线为不可见光束，可以让入侵者在毫不知情的情况下发生触警。

（2）盲区与死角是红外对射的最大隐患，因此，采用多光束的红外对射装置，杜绝盲区与死区，实现安防全覆盖。

（3）完备的防卫能力。应保证红外对射光束的密度与高度，杜绝入侵人员采用跨越方式入侵，完备的红外对射安全防范功能，保证安全防范的范围满足安全等级要求。

（4）良好的抗干扰特性。应设置遮断多光束为告警条件，避免由于飞虫、飞鸟、落叶等环境干扰因素而产生的误报警事件，保证红外对射告警装置的抗干扰性良好。

（5）具备较强的抗破坏能力。报警信号输出器可实时监测设备运行情况，在发生电源线或信号线切断时能够通过无线设备发出告警信号。

（6）可全天候工作。根据 GB 10408.4—2000《入侵探测器　第 4 部分：主动红外入侵探测器》中的内容条款（第 4.1.7 探测距离），为满足在户外使用时能够抗御雨、雾、霾、强烈水蒸气、强烈阳光对于射束的衰减等不良天气及气象条件干扰的基本要求，应具备最大射束距离不小于各制造厂商规定的探测距离的六倍。

2. 红外对射的报警特点

（1）红外对射装置内置有自动过滤系统，能够自动调节以克服强光、日光以及汽车灯光等有意或无意的影响，抗光强一般可以达到 5 万 Lux。

（2）红外光束穿透性强，在实验中能够穿透多层有机玻璃，具备一定的抗环境干扰能力。

（3）红外对射装置具有全密封结构，能够很好地避免环境变化所带来的扰动与影响，适应不同变电站的不同运行环境条件。

（4）红外接收装置配置多级 LED 灯，能够准确校准信号接收强度，保证设备运行精确性。

（5）红外光束的适应性较强，能够根据实际要求灵活调整遮断周期。

（6）周界探测范围：由各个型号决定，最大可达距离 1100m。

（7）防雷的电路设计。

3. 红外对射的系统原理

主红外对射入侵探测器由两部分构成，其中发射机负责红外光束的发射，接收机负责红外光束的接收与告警。当红外光束被遮断比例达到设定值时，接收机进行判别，立即发出声光告警信号，并上送报警信号至安防子系统，实现快速告警与区域定位。

红外对射系统的主要构成部分为电源及稳压模块、处理模块（单片机）、传感模块、报警模块。处理模块通常采用 STC89C52 单片机。而传感模块则一般为红外对射传感器。另外，在电源部分，红外对射传感器也可采用可再生的太阳能作为电源，更加清洁无污染，同时降低了电源回路设置，安装更为简单。报警模块可快速实现现场的声光告警，同时进行远程告警，通过无线模组 SIM900A 报送告警短信并上送至安防子系统中，实现安防子系统的整体联动、事故响应、入侵记录等功能。

红外对射装置的全称为主动红外入侵探测器。该类设备的构成元件包括发射器、接收器、光强 LED 指示灯、光学透镜等。当红外对射装置工作时，通过红外发生器发射红外线，让红外线穿过透明光学镜面实现聚焦后发射至远方，最后利用接收器完成接收，表征传播路径没有阻断。当红外线光束被遮断时，接收装置接收不到发射装置发来的光束，接收装置则产生跃变信号，并将信号发送至处理模块，由处理模块发出响应的告警动作（根据现场需求发出声光告警、信息上送、告警短信等动作）。

红外对射的发射电气回路是由 4 个两输入与非门元件构成，为多谐振荡器，该多谐振荡器的振荡频率取决于电气回路中的电阻电容大小，一般频率为 1～15kHz。发射电气回路驱动三极管发射红外脉冲信号后，红外接收电气回路进行接收。红外接收电气回路是由红外线光电转换器、电信号放大器、解码器及功率开关控制元件等组成。由于红外线频宽较大，因此接收管必须与发射管配套，防止出现红外线不接受情况的发生。当红外接收管 S 接收到发射管发射的红外信号后，经 IC2 放大器后加至 IC3 译码器，LM567 的输出端 8 脚将为低电平。当红外发射管和接收管之间有遮挡物时，IM567 的输出端 8 脚将跳变为高电平，此时单片机将获得该跳变信号，从而引发系统报警。

4. 红外对射的工作原理

红外对射装置中的接收端光电传感器一般采用二极管、三极管、硅光电池、硅雪崩二极管等元件构成，按 GB 10408.4—2000《入侵探测器　第 4 部分：主动红外对射入侵探测器》中的相关规定：“探测器在制造厂商规定的探测距离工作时，辐射信号被完全或按给定百分比遮光的持续时间大于 40ms 时，探测器应产生报警状态。”红外对射装置中不同位置的传感器可以设定为不同的参数，选择最优的最短遮光时间，可以大幅减低系统的误报警概率。

在 GB 10408.4—2000《入侵探测器　第 4 部分：主动红外入侵探测器》中规定，主动式红外对射发射端所发红外光束应为定发散角，具体内容如下：“室内使用时，发射机与接收机经正确安装和对准，并工作在制造厂商规定的探测距离，辐射能量有 75%。被持久地遮挡时，接收机不应产生报警状态。”在室外使用条件下，由于存在温度和太阳光的干扰，相应的红外感应将会发生灵敏度降低的情况。为了降低此类误报警事件发生的概率，安装工艺要求发射端应与接收端轴线完全重合。

主动红外对射发射端一般采用二极管作为源，其优势是重量轻、体积小、寿命较长，可采用交流电源或直流电源，驱动回路采用晶闸管与集成电路。入侵探测器驱动电源通常采用自激型互补多谐振电路，电源驱动红外发光二极管两端，从而发出占空比很高的红外光束，该光束经脉冲调制，可以在大幅降低电源功耗的同时，进一步增强探测器抗干扰的能力。红外对射发射端与接收端的安装方式一般为两种，即 L 形支架安装和 I 形支架安装，如图 11－5 所示。

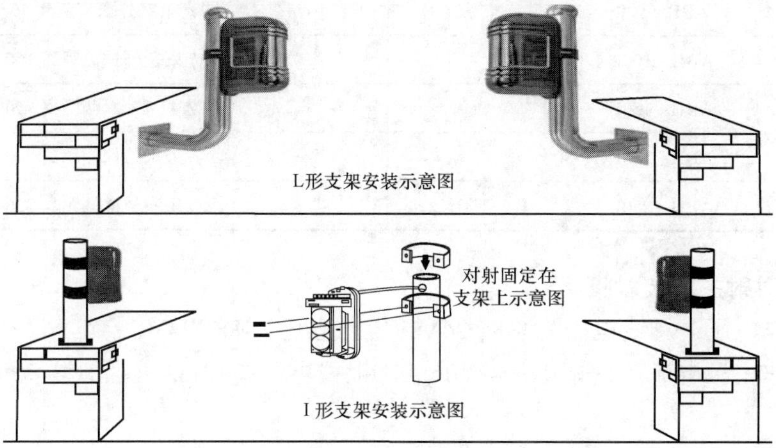

图 11－5　红外对射安装方式

5. 红外对射的主要分类

按照光束数量可分为双光束红外对射、三光束红外对射、四光束红外对射，见表 11－1～表 11－3。

表 11－1　　双光束红外对射

型号	规格（m）
ABT－40	双光束室外探测距离 40
ABT－60	双光束室外探测距离 60
ABT－80	双光束室外探测距离 80
ABT－100	双光束室外探测距离 100

表 11－2　　三光束红外对射

型号	规格（m）
ABE－50	三光束室外探测距离 50
ABE－100	三光束室外探测距离 100

续表

型号	规格（m）
ABE－150	三光束室外探测距离 150
ABE－200	三光束室外探测距离 200
ABE－250	三光束室外探测距离 250

表 11－3　　四光束红外对射

型号	规格（m）
ABH－50L	四光束室外探测距离 50
ABH－100L	四光束室外探测距离 100
ABH－150L	四光束室外探测距离 150
ABH－200L	四光束室外探测距离 200
ABH－250L	四光束室外探测距离 250

6. 红外对射主要技术指标

（1）工作电压：总线电压为总线 24V；电源电压为 DC 24V。

（2）工作电源电流：调试电流≤20mA，报警电流≤12mA，监视电流≤8mA，总线电流≤2mA。

（3）灵敏度等级：一级：1.3±0.3dB；二级：1.7±0.3dB；三级：2.3±0.3dB。

（4）指示灯：不同状态灯光不同。调试状态：绿色指示灯与黄色指示灯以一定的方式点亮或闪亮；正常运行状态：红色指示灯周期性闪烁；火警报警状态：红色指示灯常亮，黄灯熄灭；设备故障状态：黄灯常亮。

（5）保护面积：探测器最大保护面积为 14&TImes；100=1400m^2，最大宽度为 14m。

（6）外壳防护等级：在普通应用环境条件下，设备外壳防护等级应为 IP－20；在特殊应用环境条件下，设备经胶封处理后，外壳防护等级应达到 IP－66。

（7）使用环境：温度：－10～+55℃相对湿度≤95%，不结露。

7. 红外对射的应用范围

红外对射应用非常广泛，其中以报警最为普遍，普遍应用于变电站、供电所、仓库、供电局大楼围墙周界及主要出入口大门。典型的红外对射系统结构如图 11－6 所示。

在传统变电站安防系统中，红外对射报警器主要配置在大门上方位置。变电站智能化辅助系统，要求进一步提升变电站安防子系统的智能水平，因此，红外对射报警器得到了大范围的应用。不仅可以在大门上方实现安全防护，而且可以实现站内各高压区域的告警，防止人员误入高压带电区域，实现变电站内高压设备安全防护的功能。各个红外告警器通过网络接入辅助控制系统，按照 61850 通信协议将告警信号送入电力数据网，实现变电站安全防护智能化提升。

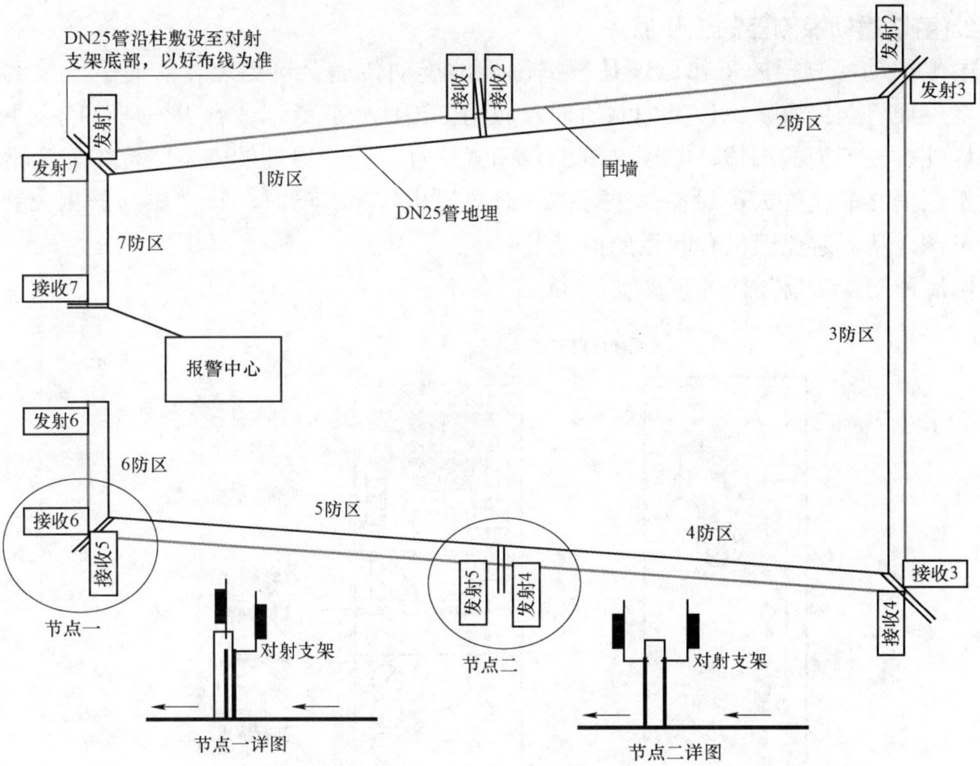

图 11－6　典型的红外对射系统结构

11.1.3　变电站围墙震动探测器的配置

围墙震动探测器的工作原理是根据围墙的震动传递至检测装置从而引发检测器的动作，实现周界入侵告警。该类探测器通常应用范围比较广泛，适合任何可能发生敲击等破坏性入侵行为的墙体，实现区域的封闭式管理，在变电站的安全防范中较为常见。该类探测器在非允许人员对墙体进行破坏时，发出告警。同时，该类探测器相应的灵敏度应可调，从而避免误报和漏报的情况发生。

1. 围墙震动探测器的安装方法

震动探测器安装位置必须贴合在被保护物上，一般是门窗或墙体。安装时应选择被保护物的平面部位，同时要将固定螺丝拧紧、不留间隙，从而实现探测器的全面贴合。只有这样，探测器才能在震动发生时准确感知，快速报警。震动探测器的告警原理有两种，第一种是震动幅值达到设定的阈值时发出告警，第二种是震动幅值未达到设定的阈值时多次震动也应发出告警，从而保证了震动探测器的运行可靠性。主要应用在重要库房，如金库、弹药库；无人值守的变电站；天花板、玻璃门窗。

其主要的安装方式有安装在保护物体表面；安装于墙体内部，防止被外力破坏，对墙体进行保护。

2. 围墙震动探测器的工作原理

围墙震动探测器的工作原理是根据围墙的震动传递至检测装置从而引发检测器动作，实现周界入侵告警。该类探测器通常应用范围比较广泛，适合于任何可能发生敲击等破坏性入侵行为的墙体，实现区域的封闭式管理，在变电站的安全防范中较为常见。该类探测器在非允许人员对墙体进行破坏时，发出告警。同时，该类探测器相应的灵敏度应可调，从而避免误报和漏报的情况发生。

围墙震动探测器结构原理图如图 11－7 所示。

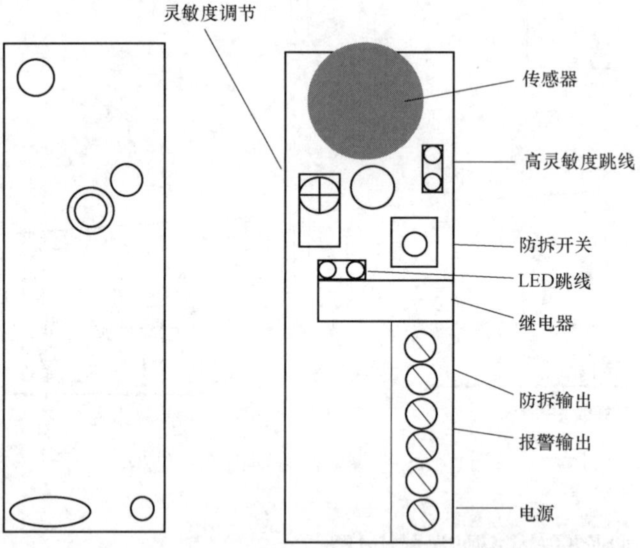

图 11－7　围墙震动感应器结构原理图

围墙震动探测器内部配置有震动分析回路以微处理器控制装置。震动分析回路实现对震动进行检测与分析，通过灵敏度设置满足不同的现场要求。同时，震动分析回路应对不同材质的墙体震动都能够快速检测与分析，包括玻璃、混凝土、木头、金属、砖墙等。不仅如此，围墙震动探测器应支持串级使用，从而保证大面积的防护。

围墙震动探测器的检测方式为固态方式，耐机械疲劳性能优良，不易发生误报警和漏报警。与此同时，围墙震动探测器相较于其他的周界防范技术，受环境影响较小，不存在光线、温度等扰动因素，能够很好地适应户外围墙安防的运行要求，可靠性表现优秀。

3. 围墙震动的防护范围

不同材质防护范围不同，砖墙防护范围直径为 7m、钢板防护范围直径为 6m、木板防护范围直径为 7m、混凝土防护范围直径为 3m、复合板防护范围直径为 8m、石膏板防护范围直径为 5m、玻璃防护范围直径为 7m。

4. 围墙震动的技术参数

（1）探测方式：声波传感。

（2）探测范围：不同材质的探测范围不同，钢板探测直径为 6m，平板玻璃探测直径为 7m，木板探测直径为 7m，混凝土探测直径为 1m，砖墙 2m 探测直径为 4m。

（3）工作电压：DC 9～16V。

（4）工作电流：17mA@DC 12V。

（5）报警触点：C、NC、NO，触点容量：DC 0.1A 24V。

（6）防拆触点：NC；触点容量：DC 0.1A 24V。

（7）报警时间：约 2.2s。

（8）开机时间：约 2min。

（9）工作温度：−20～+50℃。

（10）储存温度：−20～+60℃。

（11）安装方式：表面安装。

11.1.4　变电站红外双鉴报警器的配置

红外双鉴报警器，顾名思义是采用两种不同原理的鉴别方式实现报警，其中一种鉴别方式通常为红外对射，能够很好地克服单一技术所带来的缺陷与隐患。目前，应用较为广泛的是红外对射与微波监测配合，另外，空气压力监测、音频监测、视频监测等各类技术都可与红外相结合形成双鉴告警。

以常见的微波—被动红外双鉴探测器为例，其探测性能良好、报警可行度高、设备误报率极低，相较于传统的单技术探测器，表现极其优秀。微波—被动红外双鉴报警探测器实物如图 11－8 所示。

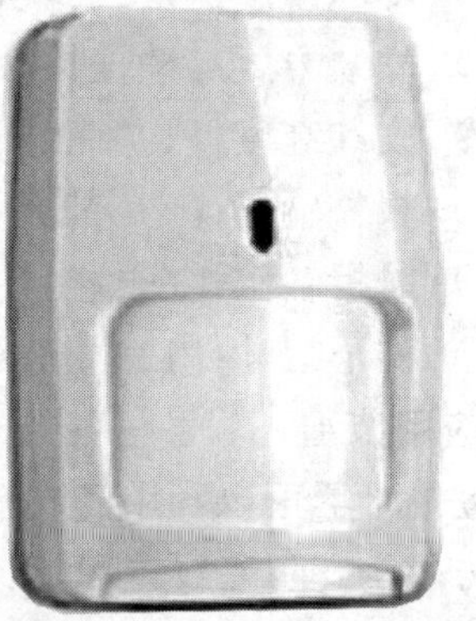

图 11－8　微波—被动红外双鉴报警探测器实物

微波—被动红外探测器，顾名思义，其原理为微波探测技术和红外探测技术相结合，共同鉴别、与门报警。该探测器对其检测区域进行实时监控，一旦发生入侵，两种探测技术同时识别，也就意味着只有两者同时表征入侵发生时，才输出报警信号，因此能够大幅降低误报警事件的发生概率。它很好地结合了微波原理的高可靠性、不受热源影响的特点，还保持了红外检测技术对亮度的低要求优势，双重保障、互为补充。

1. 双鉴报警探测器的特点

微波—被动红外双鉴告警器有如下特点：

（1）结合两种不同的原理（红外探测与微波监测），利用模糊逻辑分析，根据大数据算法，排除外界干扰，完成只针对人体移动的实时监测，从而杜绝了由环境波动带来人的影响。

（2）提升温度适应能力，杜绝温度死区。根据补偿算法，实现高精度温度拟合曲线补偿，防止由于温度变化带来的灵敏度降低，保证双鉴告警装置的高林敏度，不发生有温度影响产生的误报和漏报。

（3）微波探测技术抗干扰性强，在复杂运行环境中检测稳定可靠，具有较宽广的覆盖范围。

（4）软件可编程，满足多应用场景需求。

2. 双鉴报警探测器的技术参数

（1）探测速度：0.3～3m/s。

（2）探测角度：110°。

（3）自检时间：45s。

（4）报警延时：3/30s 可选。

（5）报警指示：红色 LED。

（6）红外传感器：双元热释传感器。

（7）微波天线种类：平面式天线附高频 GaAsFET 振荡器。

（8）微波频率：10.525GHz。

（9）工作温度：－10～+50℃。

（10）环境湿度：最大 95%RH（无凝结现象）。

（11）安装方式：壁挂。

（12）安装高度：1.7～2.5m。

（13）报警输出：NC/NO 可选择，接点 DC 28V100mA。

（14）防拆输出：NC 接点 DC 28V100mA。

（15）外形尺寸：123mm×62mm×46mm。

3. 应用范围

双鉴报警器可以利用其高精确报警技术实现室内安防告警，主要应用于变电站室内空间的防入侵安防配置。

11.2 安全防护子系统运检要求

国家电网公司《变电站运维管理规定》安防设施要求如下：无人值守变电站须具备完善的安防设施，应能实现安防系统运行情况监视、防盗报警等主要功能，相关报警信息应传送至调控中心；无人值守变电站实体防护措施应可靠有效，并报有关部门审查；无人值守变电站的大门正常应关闭、上锁，装有防盗报警系统的应定期检查、试验报警装置完好；运维人员在巡视设备时应兼顾安全保卫设施的巡视检查；按相关保卫规定，未经审批和采取必要安全措施的易燃、易爆物品严禁携带进站；运维人员在巡视设备时应兼顾工业视频设施的巡视检查，发现设施异常时应及时安排处理。

11.2.1　变电站安防子系统特点

各变电站分布呈散点，往往远离生活区，已全面实现无人值守，出警及时性差；传统围墙功能较为单一，无法有效防止入侵者攀爬窜入。变电站一旦发生安全防范事故，将造成巨大的人身以及财产危害，因此，变电站安全防范要求等级极高；变电站运行环境存在大量电磁波，要求安防设备抗干扰能力强。

11.2.2　变电站安防功能运检要求

变电站围墙安防设施要求：变电站外侧围墙配置有防盗倒刺，相关安装要求应符合当地公司要求；周界安防配置有红外对射或是电子围栏的，相应告警信号需接入报警系统。

围墙大门安防设施的要求：变电站对开式大门应在大门上留有小门，方便平时非车辆进出使用；变电站大门高度应符合当地公司要求，大门的顶端应与围墙保持一致，应配置有防盗倒刺与红外对射报警装置，红外报警装置安装位置应在大门内侧，应避免产生报警死区，相应告警信号需接入报警系统；变电站大门采用电动驱动的，也应在大门上留有小门；变电站大门采用电动驱动的，也应在大门上留有小门；变电站大门的下边应配置有防小动物设施，防止小动物从门下缝隙进入变电站；变电站一般应采用实体大门，位于城区的全室内变电站可采用镂空大门。

站内建筑安防设施要求：开关室的底层不设窗户；变电站建筑物应配置有防盗门窗，相关门窗的制作要求必须符合各地市公司规范。

变电站防盗报警系统要求：各变电站安防告警系统报警总信号应分别接入生产监控系统与当地变电站的视频监控系统；变电站安防告警应包括周界围墙入侵告警、大门入侵告警、开关室入侵告警、控制室入侵告警。

11.2.3　变电站安防子系统的运检功能配置

变电站安防子系统是无人值守电站安全运行的第一道安全防线。变电站安防子系统主要包括各区域防盗入侵告警信息。安防子系统的告警信号发生器以高压电子围栏、围墙震动探测装置、红外对射装置、微波探测装置为主。变电站入侵警情发生后，告警信息通过电力数据网络传输至安防子系统，安防子系统部署一套报警输出装置，将告警信号通过电力数据网送至集控站与调控中心，同时在现场与各集控站产生对应级别的报警输出（声、光等）；在调控中心、生产指挥中心与集控站中将变电站入侵相关视频图像迅速弹出。

变电站安防子系统基本构架应包括以下几点：

（1）变电站智能安全防范子系统需要对变电站全站的周界安全以及各设备区的误入进行实时监控和智能感知，子系统应以“智能化”为中心、以全天候管控为目标，不断满足电力系统稳定运行、安全生产的发展要求。

（2）变电站安防系统应满足现有变电站智能发展兼容性要求，按照 IEC 61850 网络通信协议，实现变电站内的视频、音频、环境数据、周界告警、误入告警、人脸识别、身份验证等数据的采集，并能按照各地区各不同类别的变电站要求上送相应信息至电力数据网，方便调控中心及生产指挥中心实时监控。

（3）变电站智能安全防范子系统应采用多层级结构、多区域划分的分布方式，提供相应的接口，满足省级主站系统、地市级系统以及站端安防子系统的功能要求，三级系统必须至少包含接口系统、网页浏览以及主分控中心等。

（4）变电站智能安全防范子系统视频、音频、环境数据、周界告警、误入告警、人脸识别、身份验证等相关数据在系统监视界面上进行全面展示、告警提示和一体化控制。

（5）变电站智能安全防范子系统的站内设备能够满足脱机运行。当变电站智能安全防范子系统与电力数据网断线或服务器崩溃情况下，应能够保证安防系统的可靠运行，实现脱机记录变电站安全运行，保证变电站安全防范不受影响，实现就地存储、联动报警、设备控制等功能。

（6）变电站智能安全防范子系统所有操作、设置变动、系统告警、告警复归等信息都应详细记录，生成相应运行日志及报表，报表应保留 3 个月以上以供查询。

11.3 典型应用案例

本节介绍某 110kV 变电站安防子系统典型配置案例。图 11－9 为该变电站安防子系统结构。

安防子系统					
安防围栏	围墙震动	红外对射	红外双鉴	人脸识别	门禁系统

图 11－9　某变电站安防子系统结构

11.3.1 安防围栏

安防围栏采用 3.5m 固定围墙与 1.5m 高压电子围栏配合的方案。现场安装如图 11－10 所示。

图 11－10　现场安装的安防围栏

设计规范采用：

（1）GB 50348—2004《安全防范工程技术规范》。

（2）GA/T 75—94《安全防范工程程序与要求》。

（3）GB 50314—2015《智能建筑设计标准》。

（4）DB11/T 1439—2017《建筑智能化系统工程设计规范》。

（5）Q/GDW 11《变电站运维管理规定》。

（6）Q/GDW 1799.1—2013《国家电网公司电力安全工作规程　变电部分》。

周届入侵探测器配置于高压电子围栏上，是安防围栏告警系统中决定安全可靠稳定运行的最重要因素。在系统设防状态下，若有不法分子企图从围墙入侵变电站，则将首先由高压电子围栏进行电击阻挡，探测器监测告警，发出声光告警提示，吓退入侵者。

11.3.2　红外对射报警器

该变电站红外对射报警器主要针对高压安防围栏的防误入进行配置，为安防围栏以及围墙震动的补充措施，三者共同构成了户外的入侵防御体系，实现变电站周界安全防护，实现 24h 全天候安全防护，一旦有人员或动物入侵，立刻发出声光告警信号，同时将告警信息上送至安防子系统中，通知运维人员发生入侵的时间、地点，并自动启动高区域高清监控摄像头自动调整、录像。现场安装如图 11－11 所示。

图 11－11　对射关联的视频监控

安防子系统可根据自动录像及告警信号自动生成高压区域入侵报告，以供运维人员存档查看，实现有迹可循。同时，红外对射报警器与高压电子围栏的报警信号控制单元安装于变电站保安值班室中，实现统一管理、统一查看、快速响应的目的。

11.3.3　围墙震动

某变电站围墙震动感应器安装布置点如图 11－12 所示。

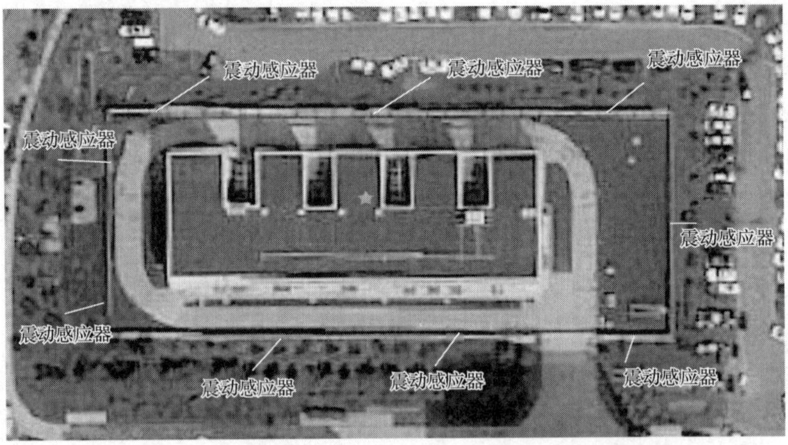

图 11－12　某变电站围墙震动感应器安装布置点

多点布置的震动感应器能够实现变电站围墙的安防功能。震动入侵探测系统由控制器、传感器及报警控制器三部分组成（见表 11－4～表 11－6）。

表 11－4　　数码显示装置

输入电压	AC 220V	输入电流	0.5～1A
输出电压	DC 14～18V	静态电流	（100 只传感器计算）500mA
输出方式	3 位 1inch 数码管	工作电流	＜600mA（移动时）
环境温度	－30～+70℃		

表 11－5　　信号发射模块

工作电压	DC 12V	静态电流	40mA
输出方式	数据传输	输出电流	＜110mA
环境温度	－30～+70℃		

表 11－6　　传感器

工作电压	DC 12V	静态电流	＞0.4mA
输出方式	开路（移动时）	输出电流	＜36mA（移动时）
环境温度	－30～+70℃		
主要技术参数			
探测距离	12m	灵敏度	可调
报警延时	1～8s	报警输出	常闭干触点
电源	DC 11～13V	使用环境	－30～+50℃
相对湿度	≤80%		

11.3.4　红外双鉴报警器

该站红外双鉴报警器采用红外线与微波的双技术告警，采用或的逻辑关系实现快速告警。某变电站为全室内变电站，红外双鉴能够实现对变电站室内入侵的防护，实现高精度、高敏捷、高智能报警。当不法分子企图闯入变电站时，会遮断双鉴报警器的微波束或者红外束，从而实现高灵敏报警，启动声光告警器，吓退入侵者，并将入侵信号上送至安防子系统，以供值班保安及运维人员快速发现。双鉴报警器参数见表 11－7。

表 11－7　　双鉴报警器参数

探测距离	15m×18m
检测速度	0.2～3.5m/s
灵敏度	二级可调
报警输出	NC
工作电压、电流	9～15V/DC 35mA
工作温度、湿度	－30～70℃、5%～95%（RH）
PIR 区域	44
安装高度	3.2～4.0m
安装方式	壁挂式
防拆输出	常闭（NC）触点容量 AV/DC 28V/0.2mA
防小动物	10kg
抗白光干扰	≥8000Lux
抗电磁干扰	30V/m（10～1000MHz）
应用范围	室内使用

11.3.5　门禁系统

该变电所门禁系统采用密码管理，各个房间的进门必须采用输入密码才能进入。不同变电运检人员密码不同，采用一人一码的管理方式。该密码管理方式可以通过密码判别开门人员身份，进一步提升变电站现场的安防管控水平。密码要求 8 位数字，允许五次输入错误，一旦第六次输入错误，将错误信息上送至安防子系统并将该门进行锁定。错误信息由安防子系统上报给运维管理人员，仅由管理员才能将锁定的房间进行解锁。密码门禁结构原理如图 11－13 所示。

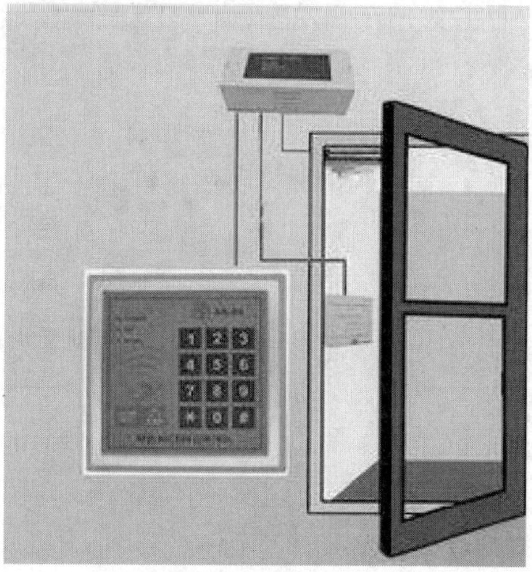

图 11－13　密码门禁结构

门禁系统接入安防子系统，安防子系统实时

记录人员进出各个房间记录，采用 GPS 对时，保证变电站各个房间的安全管控实时化。

11.3.6 人脸识别

人脸识别技术，显而易见是一种根据人的面部特征信息从而开展的人员身份识别的技术。该技术通过前端感知，采用摄像头采集所需图像或视频，基于计算机人脸算法自动在捕获的图像中识别人脸并完成追踪。该项技术通常也叫作面部识别或是人像识别。人的面部特征与指纹、虹膜等其他生物特征都是独一无二、与生俱来的，人脸的唯一性和不易复制性为人员身份识别提供了支撑。与此同时，人脸识别与人类其他的生物特征比较起来具有如下特点：

（1）非强制性。该技术不必要求人员专门配合设备实现采集，完全可以在人员无意识的状态下轻松获取有用信息。

（2）非接触性。人脸识别技术可实现零接触识别，人员不需要和任何设备接触便可获取所需图像。

（3）并发性。多线程工作，实现在实际应用场景下的多人脸识别。

该变电站在各个房间以及大门入口设置有人脸识别。大门处人脸识别，主要针对所有进站人员进行识别，与数据库内所有运维人员进行对比，并记录下非运维人员面部特征，以备后期踪迹查询。各个房间内的人脸识别可以配合红外对射高压区域安全防护，实现误入人员识别。现场安装如图 11－14 所示。

该变电站采用的人脸识别方案是基于主动的近距离红外图像识别技术。它能够避免光线变化所带来的影响，识别性能卓越，不仅如此，该技术在整体性能，包括识别精度、系统稳定性和识别速度等多维度均已超过传统的 3D 图像人脸识别技术。

图 11－14　110kV 开关室安装的人脸识别摄像头

参 考 文 献

[1] 程军. 传感器及实用检测技术 [M]. 西安：西安电子科技大学出版社，2008.

[2] 刘锡轩. 计算机应用基础 [M]. 北京：清华大学出版社，2013.

[3] 毛琛琳，张功望，刘毅. 智能机器人巡检系统在变电站中的应用 [J]. 电网与清洁能源，2009，25 (9)：30-32，36.

[4] 李震. 山东电网变电站机器人系统设计与应用研究 [D]. 河北：华北电力大学，2017.

[5] 崔彦彬，刘欢. 变电站智能巡检机器人系统的设计 [J]. 现代制造技术与装备，2014，4：1-3.

[6] 张志飞. 变电站机器人智能巡检系统应用研究 [D]. 河北：华北电力大学，2015.

[7] 谢伟杰. 智能巡检系统在变电站中的应用 [J]. 黑龙江科技信息，2014，25：80.

[8] 吴立新，刘平生，卢健. 无人机分类研究 [J]. 洪都科技，2005，3：1-11.

[9] [美] 法斯多姆，等，著. 无人机系统导论（第二版）[M]. 吴汉平，等，译. 北京：电子工业出版社，2003.

[10] 程龙，周树道，叶松，等. 无人机导航技术及其特点分析 [J]. 飞航导弹，2011 (2)：59-62.

[11] 周焱. 无人机地面站发展综述 [J]. 航空电子技术，2010，41 (1)：1-6.

[12] 吴昊疆，许文杰，高宇，等. 变电站特殊巡视无人机研究 [J]. 通讯世界，2016 (23)：239-240.

[13] 魏晓伟，张金祥，王建伟，等. 变电站内巡检无人机飞行器控制技术 [J]. 科技资讯，2018，016 (034)：1-2.

[14] 张金祥，魏晓伟，王建伟，等. 变电站特殊巡视无人机探究 [J]. 西部论丛，2017 (8).

[15] 丘荣中. 变电站无人机巡检技术的发展探讨 [J]. 机电信息，2019 (30)：93-94.

[16] 汤晓石，周刚，徐浩，等. 变电站智能地线管理系统的研制与应用 [J]. 科技与创新，2016，000 (007)：P. 73-74.

[17] 姚大川. 变压器油色谱在线监测系统典型故障分析 [J]. 中国科技纵横，2014，22：131-132.

[18] 王超. 变电站在线监测系统的智能化改造研究 [D]. 北京：电气工程学院，2013.

[19] 杨润生. SF_6气体泄漏监控报警系统在 GIS 高压组合开关室中的应用 [J]. 中国高新技术企业，2013，12：31-32.

[20] 国家电网公司人力资源部组编. 国家电网公司生产技能人员职业能力培训专用教材 变电运行（220kV）上 [M]. 北京：中国电力出版社，2010.

[21] 国家电网公司人力资源部组编. 国家电网公司生产技能人员职业能力培训专用教材 变电运行（220kV）下 [M]. 北京：中国电力出版社，2010.